管理科學

李治綱　編著

MANAGEMENT SCIENCE

作者序

現今教學型大學之商管學院同學，對於專注在沒有實務意義的方程式上，或不斷地進行代數的推導，以及探討演算程序與數學方法之意義，皆已失去耐心。同時，在運用 Excel 試算表處理求解程序中的重複性計算工作時，同學可能會因不熟悉該軟體之繁瑣程序、指令，而難以專注於決策分析中。

本書主要是提供讀者決策情境，以瞭解可控制及需要決定的部份，包括有哪些已知或未知的重要相關因素。其內容主要爲探討商業管理的課題，並針對其問題導向進行討論與分析。讀者可以現實問題爲基礎，並藉由理性的思考架構，建立抽象、簡化的模式，裨益分析與求解。本書透過免費且易取得之商用軟體，Microsoft Mathematics 4.0 與 LINDO，求解建立之情境模式，可直接應用於管理科學學者之研發成果。

本書以講義形式多年，內容緣於教授學生之需求與教學後的反應，經全華圖書公司之襄理蔡奇勝的邀請與鼓勵，以及薛逸彤、楊斯淳等人之協助編輯，方能完成此架構與內容完整之書籍，作者於此鄭重致謝。由於疏漏謬誤在所難免，敬請諸位先進及讀者，不吝賜教與指正。

李治綱 謹識

2016 年 6 月

目錄

01 管理科學概論

02 線性規劃模式與應用

目錄

03 線性規劃方法

04 整數規劃模式與應用

目錄

05 標的規劃與多目標規劃

06 網路分析

目錄

07 非線性規劃

管理科學概論

本章大綱

1-1 管理科學之本質、程序與發展

1-2 本書內容之結構與組織

1-3 簡易管理決策範例－線性函數

1-4 簡易管理決策範例－非線性函數

1-5 複雜管理決策範例－線性規劃

1-6 複雜管理決策範例－非線性規劃

1-1
管理科學之本質、程序與發展

管理科學（Management Science）或作業研究（Operations Research）可以定義爲：做出較佳決策的科學（The science of better）。管理科學之特性包括：管理學，針對管理問題；系統方法（System Approach）或稱系統分析（System Analysis），有程序、有關聯、與整體性探討問題；數量方法（Quantitative Methods），使用計量的嚴謹方法分析問題；決策科學（Decision Science），探討與分析問題，期望找出最佳決策，解決問題。

管理科學之解決問題程序，如圖 1-1 所示一個的黑盒子，期望輸入對問題之已知資訊，經過此黑盒子可以找到決策之解答。例如 1-3 節與 1-4 節中描述的一些簡單的決策問題，當對問題深入了解之後，只需要一些直覺的計算過程，或利用函數表達與演算，就可以得到決策的答案。所以，決策分析的重點是「深入的了解問題」，以適當的函數描述現象，再應用適當演算法或軟體求解。簡言之，拼湊問題中已知的資訊，計算求得解決問題的答案。

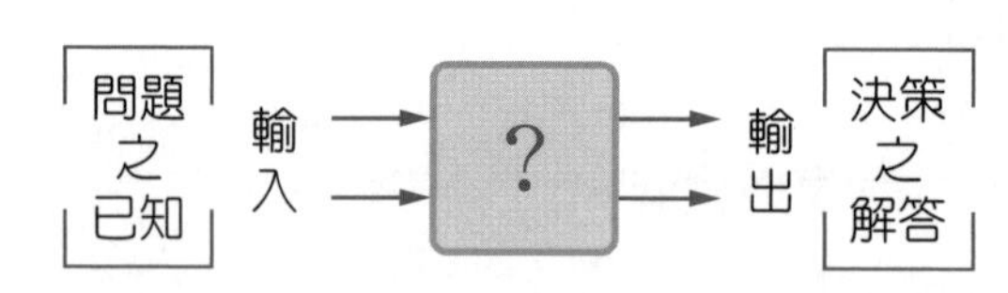

✦ 圖 1-1　管理科學之解決問題程序（I）

許多決策問題比較複雜，例如 1-5 節所描述的生產問題，方案可行與否要求的條件多，可能的方案（產品組合）的數目也多，這個時候深入了解問題後無法直接湊出答案。如圖 1-2 所示，將圖 1-1 的黑盒子分解成兩個步驟，整體的分析程序包括：

1. 有系統地觀察問題、探討問題、定義問題

   了解要決定什麼與期望得到什麼形式之解答，並且認識問題中的重要系統元素與各元素間的關係，明白處理問題必須遵守之原則或規定。

2. 建立數學模式（或程序關係模式）

   將問題之目標、元素、關係等，以數學函數、方程式、或計算程序等方式表達。

3. 發展演算方法

   可以演算與求解上述的數學模式；或者，尋找、取得與應用適合的商用軟體裨益求解。

4. 解答

將觀察之實際資料帶入模式中，利用演算方法或商用軟體求解，得到期望形式的解答，並解釋所得到之結果，據之處理需要做決策的問題。

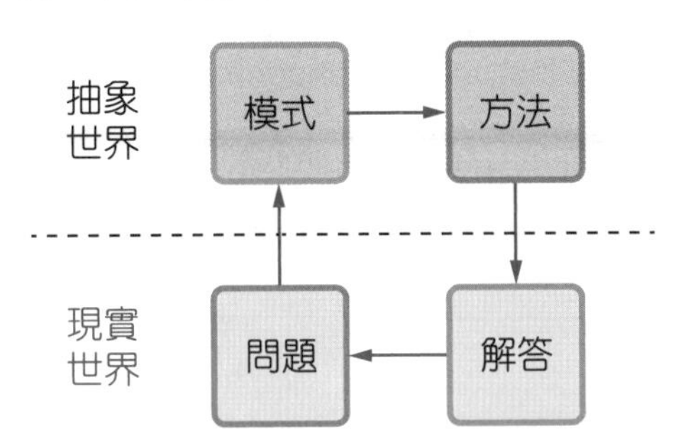

✦ 圖 1-2　管理科學之解決問題程序（II）

管理科學之應用，或圖 1-1 與圖 1-2 中的問題，在日常生活中無所不在，我們列舉幾個簡單的例子，如下表 1-1：

表 1-1　管理科學之應用

種類	項目
生產管理	如存貨模式
行銷管理	如廣告媒體之組合
財務管理	如資本預算之投資組合
人事管理	如人員排班
物流管理	如車輛途程
營收管理	如預售車票之數量控制等
其他	如利潤、市場佔有率、成本、效用、產能、效率、效果、績效等

在作業研究或管理科學課程中，上述各應用項目中的名詞與概念變得可以操作（Operation）與精算，使得決策問題（Question）不只是概念上或名詞上的討論，不沉溺在「你認爲」或「我覺得」的概念思辯中，而是有系統地進行理性與客觀的研究（Research），在大家都可以理解的平台上討論、分析、產生與接受決策的答案（Answer）。簡言之，應用作業研究或管理科學的過程就是：Q 與 A，深入探討問題以產生解決問題的答案。

管理科學或作業研究起源 20 世紀初之工業管理問題，如機器排程、經濟批量、電話交換設備之等候問題等。作業研究在第二次世界大戰時，處理稀有資源之有效分配，充分發揮功能。

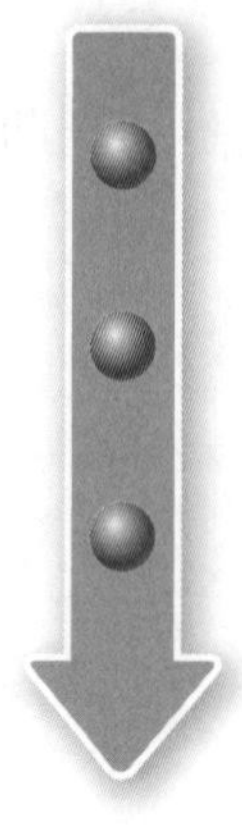

✦ 圖 1-3　管理科學的起源

近年作業研究學會（Operations Research Society, ORSA）與管理科學學會（The Institute of Management Science, TIMS）已經合併爲作業研究與管理科學學會（Institute of Operations Research and Management Sciences, INFORMS）。重要之作業研究期刊包括：《Operations Research》、《Management Science》、《Interfaces》、《European Journal of Operational Research》、《Asia-Pacific Journal of Operational Research》等。每一年《Interfaces》期刊上都會刊登 INFORMS 得獎（Franz Edelman Award）的實務界成功應用案例。

當然，生活與工作上遇到問題或困難時，可以利用許多方式做決策，找到「我怎麼辦？」的答案。向長官（輩）求救、向有經驗的同事（學）請教、上網或翻書找答案、招集夥伴討論以集思廣益、單獨靜下來苦思對策、聘請賢能的顧問等等。從事管理工作遇到管理決策問題時，也是一樣。各種找到「我怎麼辦？」的方式，需要花費的時間、人力、資源不同，得到答案之精確度與特性也不同。管理科學所採用的科學分析方法與理性決策程序只是處理問題的一種方式，有系統地界定、分析、簡化問題，建立模式，進行各種可能方案之探討與分析，最後選擇最佳方案。這一種方式旨於提升決策品質，可能花費一些時間與資源，不過是一定可行的方法。

1-2
本書內容之結構與組織

本書之內容如下：第一章概論介紹管理科學之本質、程序、與範例，並配合 Microsoft Mathematics 4.0 免費軟體操作求解。第二章線性規劃模式，以許多範例介紹如何由問題來探討，建立線性規劃之數學模式，並配合 LINDO 6.1 免費軟體操作求解，找到處理問題的答案。第三章線性規劃求解與敏感性分析，以直覺與圖形方式並配合 LINDO 免費軟體的操作，說明線性規劃之幾何與代數求解方法、對偶問題、以及目標式參數與限制式右方參數之敏感性分析。第四章整數規劃模式，以許多個範例介紹如何由問題之探討，建立整數線性規劃之數學模式，並配合 LINDO 免費軟體操作求解，找到處理問題的答案。第五章多目標規劃，以範例方式介紹優先型標的規劃、優先型標的規劃、互動規劃等，並配合 LINDO 軟體操作求解。第六章網路分析，介紹各類網路模式暨其應用，包括最小成本流量問題、最短路徑問題、專案網路問題等，並配合 LINDO 軟體操作求解。第七章非線性規劃，介紹最佳化的基本理論與演算法，內容包括：單一變數問題、多變數問題、多變數有限制式問題等。

如圖 1-2 管理科學之解決問題過程中所示，本書之重點是：將現實世界之「問題」轉化成抽象世界之「模式」，亦即「建立模式」的部份。這個轉化過程有時無法單憑直覺就可以完成，需要有系統地探討問題，想一想要決定什麼？問題中的重要系統元素爲何？元素間的關係爲何？

建立管理科學模式的智慧，對於各式各樣的問題，沒有一定的因素、程序或、方法，無法簡單的條列說明；不過，可藉著許多個案分析的操作經驗，得到啓發與領悟。所以，本書將以範例或問題爲導向，引導讀者進入管理科學的領域；同時，期望讀者廣學範例，多多思考，加深管理科學素養。

1-3
簡易管理決策範例－線性函數

常數、變數、函數等概念是描述現象與問題必用的名詞，線性函數是描述變數之間關係實務上最常見的形式。本節用一些範例，說明線性函數或方程式在管理決策上之應用；不論是兩平點分析（Break-event-point Analysis）、成本－產量－利潤分析（Cost-volume-profit Analysis）、聯立線性方程式等，都是管理實務上常用的方法。市面上有許多免費網站或免費軟體，繪製函數圖形，計算數學方程式的解，本書利用 Mathematics 4.0 處理數學函數的繪圖與求解，請至 Microsoft 公司網站下載此免費軟體使用，以配合本書的範例練習。（https://www.microsoft.com/zh-tw/download/details.aspx?id=15702）

範例一：租車支出

租車公司的跑車租金：租車一天的基本租金$12,000，租車行駛一公里加收$30。總租金（y）與租車行駛里程（x）的函數關係式爲何？甲負責租車，一日行駛了 100 公里，租金爲何，平均每公里之租金爲何？總里程中，甲使用了 80 公里；乙利用甲用車後與還車前，享受駕駛跑車一遊之樂，使用了 20 公里，乙提議支付甲$1,000，甲是否可以答應？

如圖 1-4 所示，總租金成本函數爲直線，固定成本即 y 軸截距，變動成本爲直線的斜率 ($\Delta y/\Delta x$)。使用 Mathematics4.0 軟體，輸入函數 y=12,000+30x，繪圖得到圖 1-4。由圖 1-4 可以找到與討論上述問題的答案，亦可直接利用軟體求解。

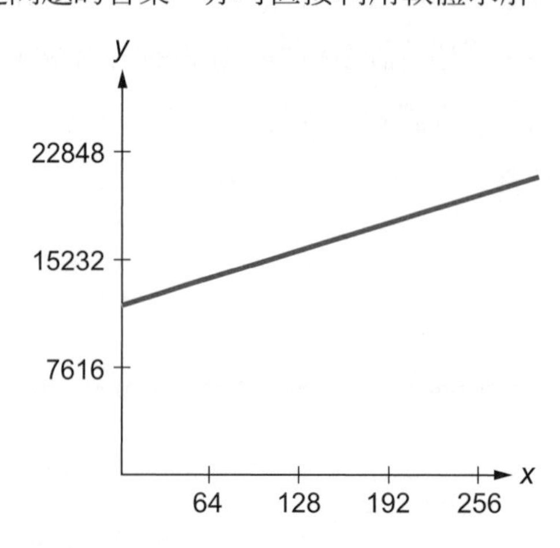

✦ 圖 1-4　總租金成本函數（橫軸代表里程數，縱軸代表租金）

如圖 1-5 所示，平均的單位里程成本爲非線性函數，亦即平均租金成本函數 $y/x=30+12,000/x$，成本隨著里程遞遠遞減。若增加車輛使用天數將增加基本租金成本，總成本函數與平均成本函數將隨天數與里程兩個變數變化。

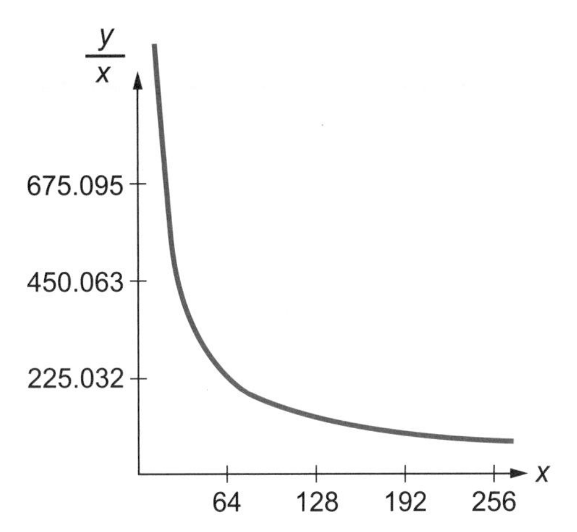

✦ 圖 1-5　單位里程租金函數（橫軸代表里程數，縱軸代表平均一公里的租金）

範例二：租車決策

高雄的甲計劃週末租車載女友出遊，甲喜歡駕駛的車型在 E 與 F 兩家租車公司都有。E 公司租車一天的租金$8,000，租車行駛一公里$30。F 公司租車一天的租金$3,000，租車行駛一公里$80。兩公司預約之規則相同：預定時必須交一天的固定租金，違約時無法退還，履約時可抵租車費用。甲初步計劃去墾丁，總旅程約 80 公里，爲了不要臨時租不到車，甲預訂了租車。出發前兩天，女友對出遊地點有意見，行程變到日月潭，旅程約 200 公里。甲查詢得知另一家公司還有車可租，是否應該改租？

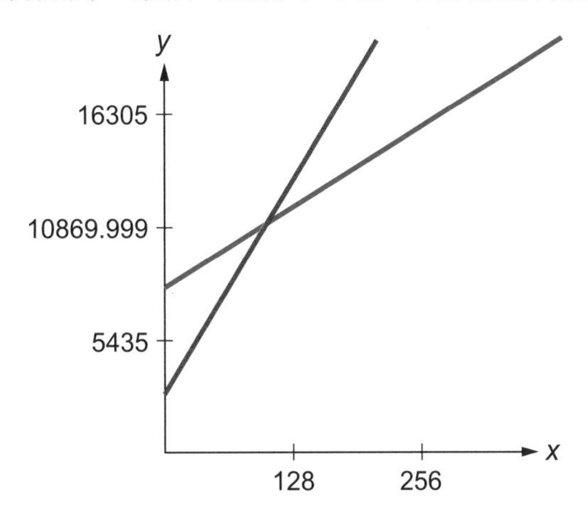

✦ 圖 1-6　競爭里程分析圖（橫軸為里程，縱軸為租金成本）

如圖 1-6 所示，租 E 公司車子的總支付成本 TC＝8,000＋30x，租 F 公司車子的總支付成本 TC＝3,000＋80x。兩成本線的交點爲（100 公里,$11,000），100 公里以內 F 公司（灰線）租金成本低，超過 100 公里 E 公司（藍線）租金成本低。行程 80 公里應該預訂 F 公司的車，預訂之後變更目的地，兩種考慮方式如下表：

方案	方案 1——只考慮未來之支出	方案 2——考慮過去與未來總支出
	支付$3,000 預訂 F 公司車子後，付出的訂金無法取回，只考慮未來新增加的支出，亦即歸零思考。	支付$3,000 預訂 F 公司車子後，考慮過去與未來之總成本。
方程圖	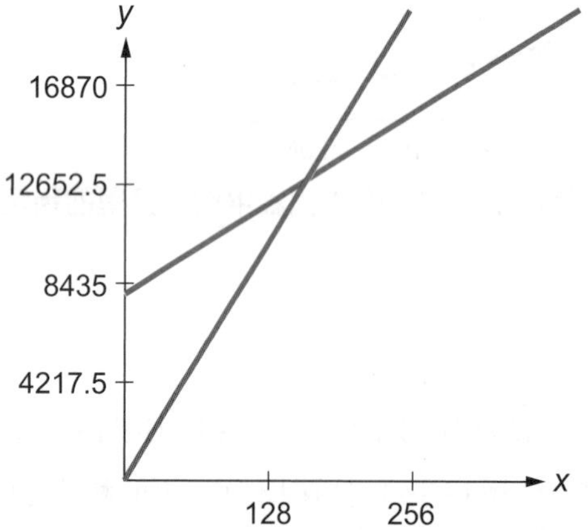 y; 16870; 12652.5; 8435; 4217.5; x; 128; 256 ✦ 圖 1-7　是否改租之分析(I)-未來支出	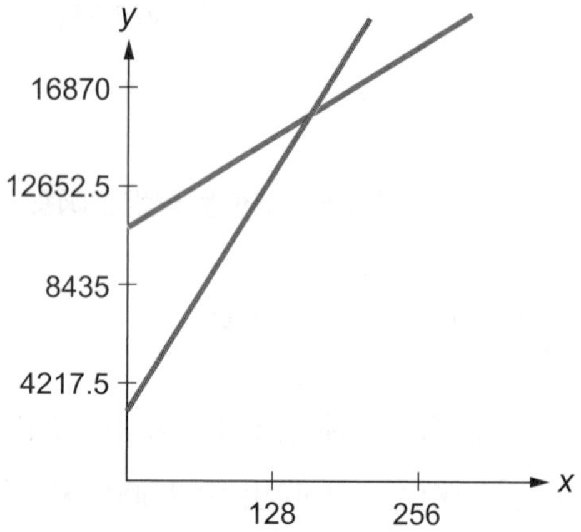 y; 16870; 12652.5; 8435; 4217.5; x; 128; 256 ✦ 圖 1-8　是否改租之分析(II)-總支出
公式	改租 E 公司車子 總支出：TC＝8000＋30x 續租 F 公司車子 總成本：TC＝80x	改租 E 公司車子 總支出：TC＝11000＋30x 續租 F 公司車子 總成本：TC＝3000＋80x
解析	如圖 1-7 所示，兩條成本方程式的交點為（160 公里，$12,800），超過 160 公里 E 公司比較便宜，而新的日月潭旅程共 200 公里。	如圖 1-8 所示，兩條直線的交點為（160 公里，$12,800），競爭里程之結果與前述算法相同。
結論	改租 E 公司車子。	改租 E 公司車子。

範例三：成本基礎定價定價

某餐廳研發了一種時尚便當，類似產品之市價為 100 元。便當之直接材料成本為 50 元，平均每個便當所需之人工時間為 15 人分鐘。店裡總共有 10 人，每天每人工作 10 小時，工資每小時 100 元，領日薪。店裡人力外之營業成本，包括：房租、水電等，每天 5,000 元。試建立便當之成本函數、收入函數、利潤函數，其中便當價格以競爭者售價估算，試討論：在產能下經營，是否賺錢？此外，若在產能經營狀況下，希望售價能夠使得營業利潤達到 20%，亦即每個 100 元收入賺 20 元，便當之售價應如何訂定？

固定成本 5,000＋100×100=15,000（元/天），變動成本 50（元/個），總成本 TC=15,000＋50×Q。考慮人力限制，產能 CAP=(100×60)/15=400（個）。收入函數 TR=P×Q=100Q。利潤函數 TP=TR－TC。營業利潤達到 20%，80%的收入為成本，80%TR=0.8×P×Q，TC=15,000＋50Q，80%TR=TC；其中，Q=400 時 P=109.38。

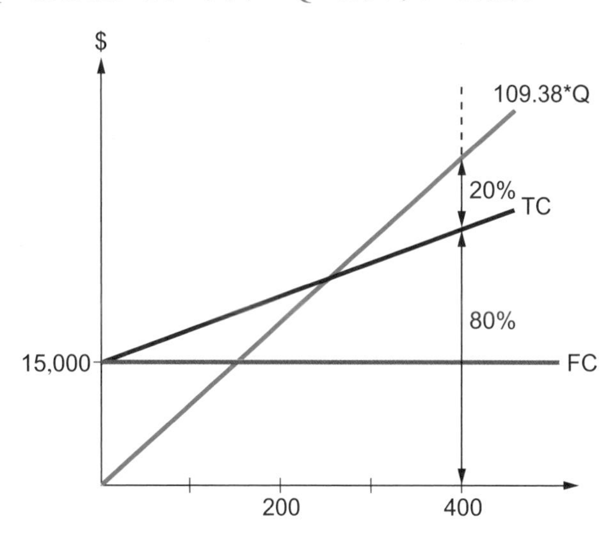

✦ 圖 1-9　便當價格之兩平點分析（縱軸為成本或收入之金額，橫軸為產量）

範例四：運具選擇

某公司在美國東岸工廠生產行李箱，需要選擇運輸服務將東岸工廠倉庫之產品運至西岸市場倉庫，每年西岸市場需求為 700,000（件）行李廂，行李廂出廠時之價值為 30（美元），倉庫之存貨持有成本為 15（%/年）。各種運輸方式之運費、運輸時間與運輸批量如表 1-2 所示。運輸批量反映運輸時間與存貨水準等因素之影響，速度慢需要高的存貨水準與運輸批量，運輸批量為倉庫之平均存貨水準的 2 倍。

公司以最小儲運成本方式選擇運輸服務，請建議最佳之運輸服務方式。

表 1-2　各種運具之儲運資料

	運費（美元/件）	運輸時間（天）	運輸批量（件）
鐵路運輸	0.10	10	200,000
卡車運輸	0.50	5	100,000
航空運輸	2.00	2	50,000

定義：運輸費率＝R（$），市場年需求＝D（件），運輸時間＝T（天），運輸批量＝Q（件），平均存貨水準＝Q/2，出廠倉庫之存貨價值＝C（$），市場倉庫之存貨價值＝C'＝C＋R，存貨持有成本＝I（%/年）。下列之圖 1-10 描述此問題的產銷過程。

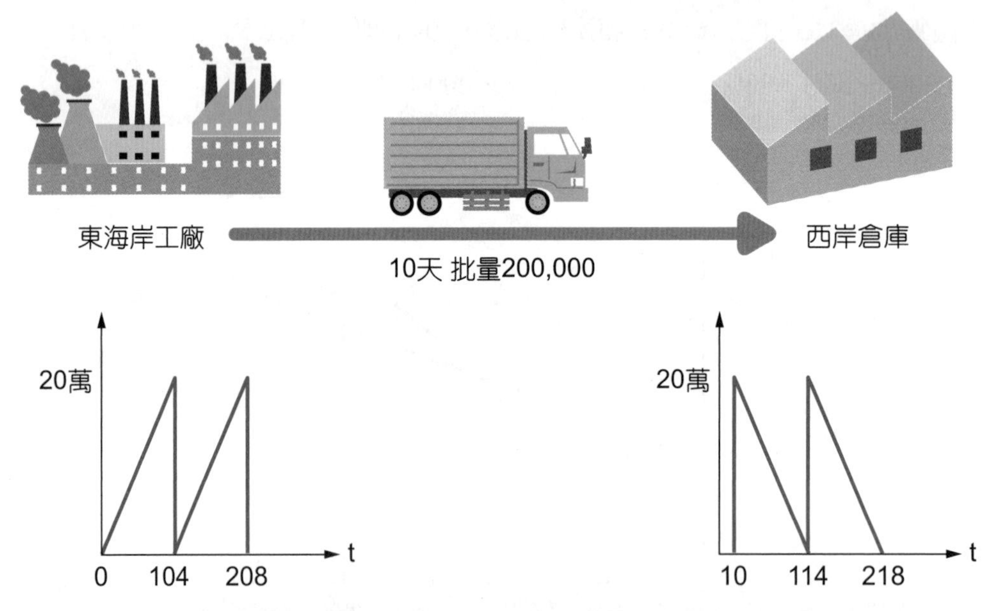

✦ 圖 1-10　工廠－運輸－倉庫之關係——以鐵路為例（橫軸為時間，縱軸為存量）

表 1-3　各種運輸工具之儲運成本計算與比較

	鐵路運輸	卡車運輸	航空運輸
運輸成本	0.10×700,000＝70,000	0.50×700,000＝350,000	2.00×700,000＝1400,000
在途存貨	0.15 × 30 × 700,000 × 10/365＝86,301	0.15 × 30 × 70,0000 × 5/365＝43,151	0.15×30×700,000×2/365＝17,261
工廠存貨	0.15 × 30 × 100,000 ＝ 450,000	0.15 × 30 × 50000 ＝ 225000	0.15 × 30 × 25000 ＝ 112,500
市場存貨	0.15×30.10×100,000＝451,500	0.15 × 30.5 × 50000 ＝ 228,750	0.15 × 32 × 25000 ＝ 120,000
總成本	$1,057,801	$846,901	$1,649,761

各項成本之計算方法：運輸成本=R×D，在途存貨之存貨持有成本=I×C×D×T/365，工廠庫存成本=I×C×Q/2，市場庫存成本=I×C'×Q/2。請討論上述成本函數之實務意義。以表 1-3 計算各項成本（運輸成本、在途存貨持有成本、工廠庫存持有成本、市場庫存持有成本，以及總儲運成本），因為卡車運輸之儲運總成本最低，建議選用卡車運輸。

範例五：車隊規模投資

A 與 B 兩點間的捷運路線營運每站皆停之往返列車：列車自起站（A）出發，中途車站皆停靠，營運到達終站（B）後，列車折返，接著由終站（B）出發，一路營運至起站（A），列車折返，再重複起站（A）與終站（B）間之往返營運。列車營運去程 12 分鐘，回程營運相同為 12 分鐘，列車在一個車站內之折返時間 3 分鐘。該路線考慮旅運需要，尖峰時間每 6 分鐘開一列車，亦即班距（Headway）為 6 分鐘；除了列車營運之外，車隊規模必須考慮維修中之備用列車，備用列車之比率為 10%。請計算：列車營運週期（Round Trip Time）、尖峰小時所需之列車數量、車隊規模或車隊所需之列車數量。如圖 1-11 所示：

營運週期（Round Trip Time）＝12＋3＋12＋3。

營運週期/尖峰班距＝尖峰所需列車數，30/6＝5。

車隊所需列車數＝尖峰列車數/(1-備用車比率)，5/(1-10%)＝5.5；約 6 列車。

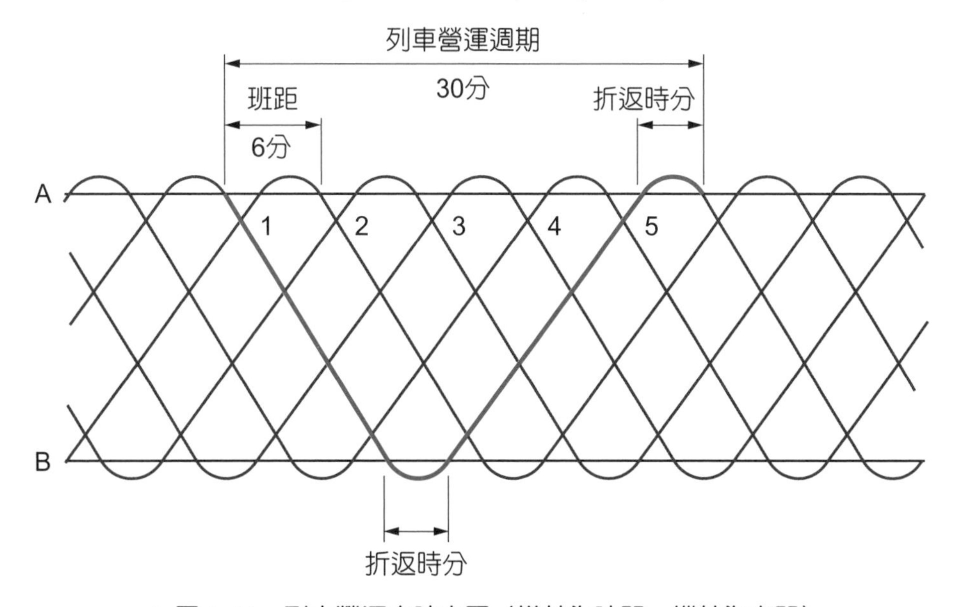

✦ 圖 1-11　列車營運之時空圖（橫軸為時間，縱軸為空間）

範例六：設備投資

甲公司投資 A 或 B 機器生產某項新產品，A 的期初投資爲 5,000 萬元，其他變動成本（包括薪資、原料等）約 2,800 元/年；B 的期初投資爲 9,000 萬元，其他變動成本約 1,900 元/年。市場可以持續約 10 年，產品價格約 5,000 元/個，銷售數量約 10,000 個/年。請應用兩平點分析進行討論，並建議選擇哪項機器較佳。

首先計算投資機器 10 年生產之年度固定成本，較簡單的方法是將機器投資額除以壽年；例如，A 機器之年度固定成本=5,000/10=500 萬元。較困難的方法爲考慮複利概念之計算公式，詳細解說請參考下一節之說明。直接列出算式由 Mathematics 4.0 求解，計算結果：A 機器之年度固定成本=8,849,208，B 機器之年度固定成本=15,928,575。從事 A 機器生產與 B 機器生產之兩平點分析，如圖 1-12 所示。

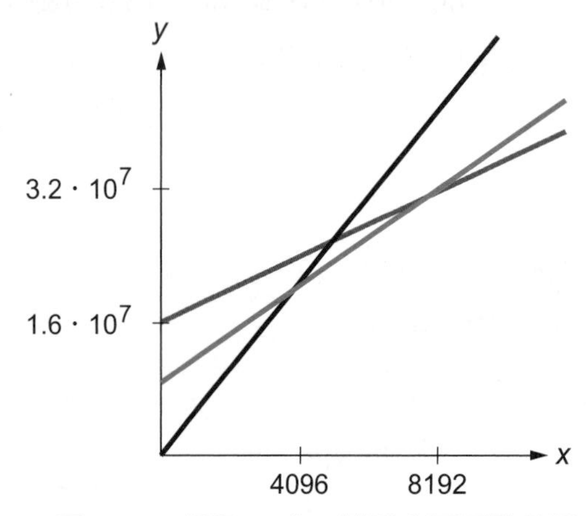

✦ 圖 1-12　投資 A 或 B 機器之兩平點分析

選用 A 機器之年度總成本線 TC＝8,849,208＋2,800Q（藍線），選用 B 機器之年度總成本線 TC＝15,928,575＋1,900Q（灰線），市場銷售收入線 TR＝5,000Q（黑線）。當銷售量爲 10,000 個時，投資 B 機器的成本較低，利潤較大。此外，請分別討論市場銷售量、市場產品價格、產品壽年、員工薪資、產品材料費等因素之不確定性，對於決策之影響；例如，每年產品銷售數量減少 10%對決策的影響。

範例七：市場開發

甲公司國內產品需求飽和，月需求量 1,000 噸，價格 12 萬元/噸，成本資料如表 1-4 所示。由於生產製程之改進，在現有人力與設備下之產能大幅增加，產能有相當餘裕。公司努力開拓競爭激烈之國外市場，扣除運輸、關稅與各種雜費之價格 9 萬元/噸，需求量 200 噸。請討論是否該接國外訂單。

表 1-4　公司生產成本資料

項目	成本（萬元/噸）
直接成本－材料費與電費等	5.20
直接成本－勞力(2,500/1,000)	2.50
間接成本－雜費(1,800/1,000)	1.80
間接成本－折舊(1,500/1,000)	1.50
總計	11.00

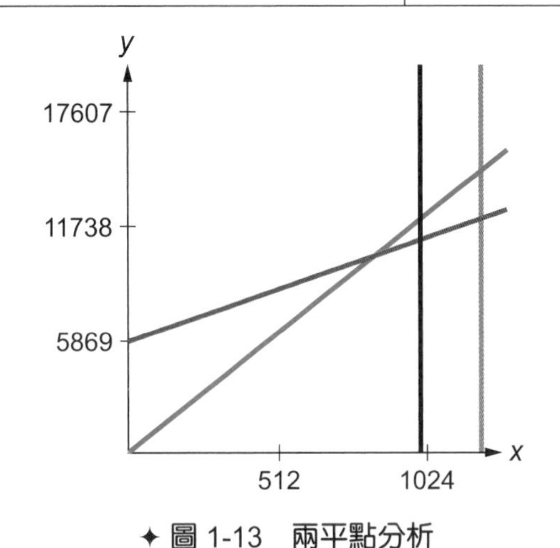

✦ 圖 1-13　兩平點分析

國內價格 P=12，收入 TR=12Q（藍線），成本 TC=5,800＋5.2Q（灰線），需求量 Q=1,000（黑線），有盈餘。國外價格 9，大於變動成本，需求量 200，利潤增加。請討論各種可能不確定情況；例如，國內需求量發生在損益兩平點之左側。

1-4 簡易管理決策範例－非線性函數

管理決策中使用的非線性關係很多，本節摘錄一些生活中常見的財務問題進行討論，如：報酬率、現值、年金、還本週期、分期付款、償債基金等概念，利用非線性函數表達問題。重點在於：管理決策或數學應用，問題經過函數表達之後，不討論各式非線性方程式的數學求解方法與過程，直接利用 Mathematics 4.0 免費軟體繪圖與求解。

範例一：投資報酬率

1. 甲投資 200 萬元，收入 1,000 萬元，試求投資報酬率。

   $(1000-200)/200=4$

2. 甲投資 200 萬元，10 年後收入 1,000 萬元，試求投資報酬率。採用單利或複利概念，是否有差異？

   $1000=200(1+10x)$ → 報酬率=0.4

   $1000=200(1+x)^{10}$ → 報酬率趨近 17%

3. 甲投資 200 萬元，年限 10 年，第 9 年與第 10 年之年末收入 500 萬元。以複利之概念，試求投資報酬率。

   $200=\dfrac{500}{(1+x)^9}+\dfrac{500}{(1+x)^{10}}$ → 報酬率趨近 18.51%

4. 甲投資 200 萬元，年限 10 年，每年年末收入 100 萬元。以複利之概念，試求投資報酬率。輸入：

   $200=\dfrac{100}{(1+x)}+\dfrac{100}{(1+x)^2}+\dfrac{100}{(1+x)^3}\dots+\dfrac{100}{(1+x)^{10}}$ → 報酬率趨近 49.08%

如圖 1-14 所示，第 2 小題中，現在投資爲箭頭朝下；10 年後收穫，n=10 時，箭頭朝上。單利下，未來的錢 F 與現在的錢 P，$F=P+I=P+Prt=P(1+rt)$，線性函數。複利下，未來的錢 F 與現在的錢 P，$F=P(1+r)^t$，非線性之指數函數；反之，現值 $P=F(1+r)^{-1}$，非線性之負指數函數。

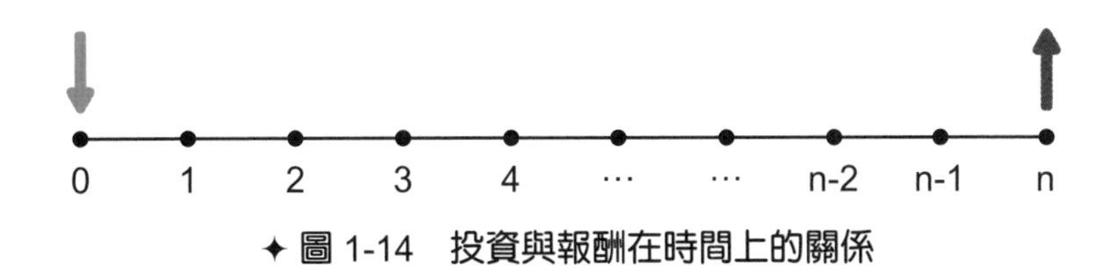

✦ 圖 1-14　投資與報酬在時間上的關係

範例二：淨現值（Net Present Value, NPV）

工廠投資 2,000 萬元，增加一部機器，使用年數 5 年，殘值爲 160 萬元；因該機器各年增加之淨收益，依序分別爲 700 萬元、640 萬元、560 萬元、460 萬元、與 340 萬元。資金年利率 10%，試求該投資之淨現值。

$$NPV = -2000 + \frac{700}{1+0.1} + \frac{640}{(1+0.1)^2} + \frac{560}{(1+0.1)^3} + \frac{460}{(1+0.1)^4} + \frac{340+160}{(1+0.1)^5} = 210.67$$

範例三：年金（Annuity）

n 期，每期終付出 A，每期利率 i，年金的終值收入 F，$F = A[\frac{(1+i)^n - 1}{i}]$。

$$\mathbf{F = A + A(1+i) + A(1+i)^2 + A(1+i)^3 + \ldots + A(1+i)^{n-1}}$$

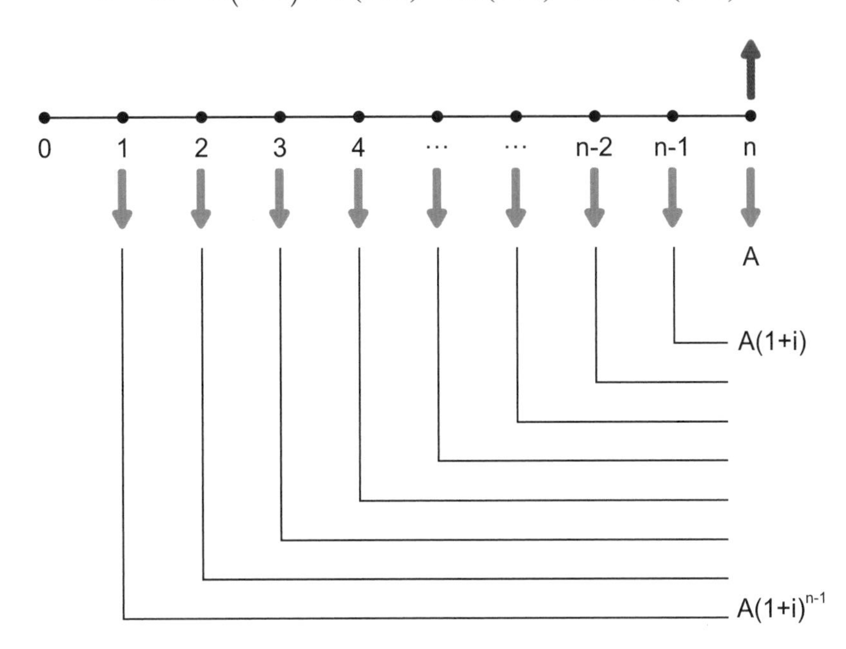

✦ 圖 1-15　年金與期末收入在時間上的關係

1. 甲每年 1 月 31 日將$20,000 存入退休帳戶，年利率 5%，退休後之 1 月 31 日可以完成 25 期。試求退休後可以提領到多少錢。

$$F = 2000\left(\frac{(1+0.05)^{25}-1}{0.05}\right) \approx 954541.98$$

若考慮年金現值，$P = A\left[\frac{1-(1+i)^{-n}}{i}\right] = A[\frac{(1+i)^{n}-1}{i(1+i)^{n}}]$。

$$P = \frac{A}{(1+i)} + \frac{A}{(1+i)^{2}} + \frac{A}{(1+i)^{3}} + \ldots + \frac{A}{(1+i)^{n}} = \frac{F}{(1+i)^{n}}$$

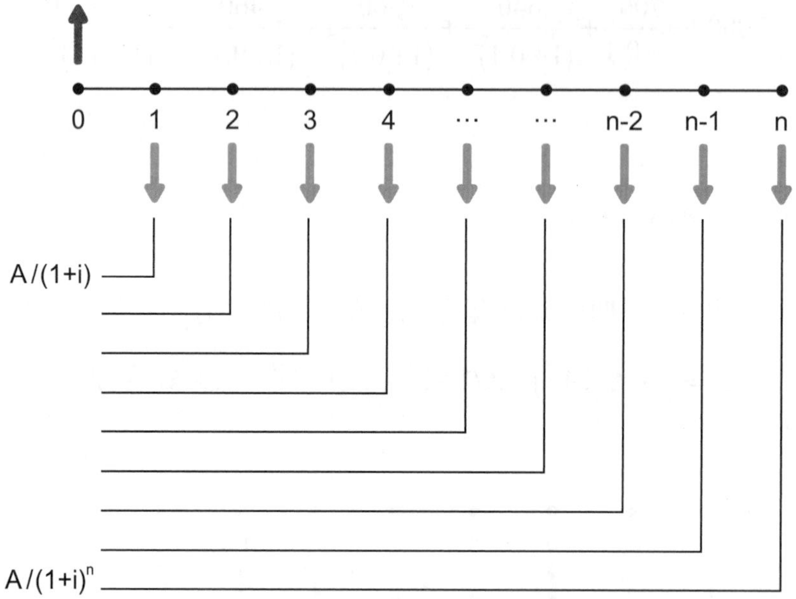

0 1 2 3 4 … … n-2 n-1 n

A/(1+i)

A/(1+i)^n

✦ 圖 1-16 年金與期初收入在時間上之關係

2. 甲買車付$100,000 頭期款，然後每月付$6,000 共 36 期。年利率 6%，每月複利一次。試求購車之車價。

$$P = 6000\left(\frac{\left(1+\frac{0.06}{12}\right)^{36}-1}{\frac{0.06}{12}\left(1+\frac{0.06}{12}\right)^{36}}\right) \approx 197226.10$$

車價＝100,000＋197,226＝297,226

範例四：還本週期

某設備投資金額 3,000 萬元，每年可以節省人力 800 萬元，資金年利率 10%。試求該設備之還本周期是幾年。

$$3000 = 800\left(\frac{(1+0.1)^x - 1}{0.1(1+0.1)^x}\right) \text{；} x \approx 4.93$$

範例五：分期付款（Amortization）

貸款 P，每期交 A，n 期，每期利率 i。

$$A = P\left[\frac{i}{1-(1+i)^{-n}}\right] = P\left[\frac{i(1+i)^n}{(1+i)^n - 1}\right]$$

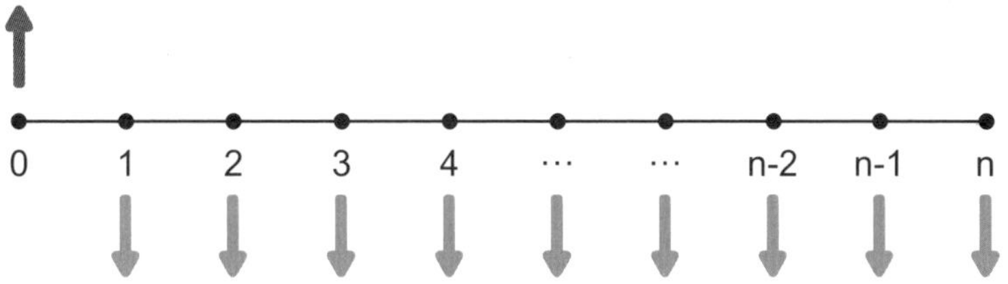

✦ 圖 1-17　貸款與分期付款在時間上的關係

甲貸款$1,200,000 買房子，年利率 6%每月月底計息，30 期分期付款。試求甲每月償還多少。

$$A = 1200000\left(\frac{\frac{0.06}{12}\left(1+\frac{0.06}{12}\right)^{30}}{\left(1+\frac{0.06}{12}\right)^{30} - 1}\right) \approx 43174.70$$

範例六：償債基金（Sinking Fund）

每期存入款 A，n 期，總存款 F。 $A = F\left[\frac{i}{(1+i)^n - 1}\right]$

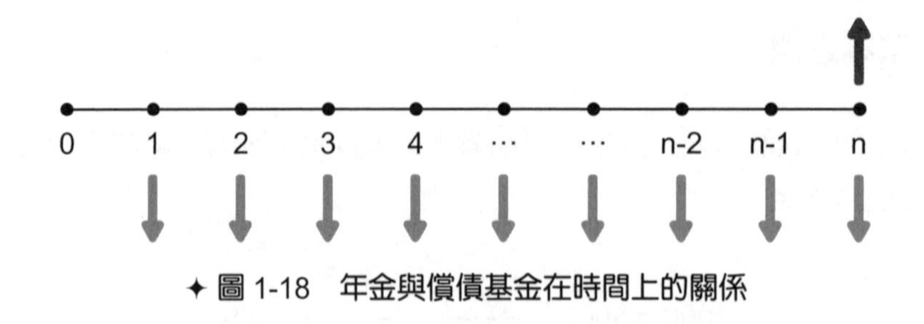

✦ 圖 1-18 年金與償債基金在時間上的關係

甲計畫 10 年後退休，希望退休基金可達$1,600,000，年利率 6%每月複利一次；試求每月應存多少。

$$A=1600000\left(\frac{0.005}{(1+0.005)^{120}-1}\right)\approx 9763.28$$

範例七：壽年不同之投資方案

A/B 兩個互斥投資案，A 專案購買物流中心之搬運車隊，B 專案建物流中心之自動化輸送帶。A/B 兩案之壽年分別是：4 年/6 年，期初投資金額分別是：1,000 萬元/2,000 萬元，每年的利益分別是：400 萬元/530 萬元。利率 10%，您的建議是 A 專案還是 B 專案？

$$NPV(A)=400\left(\frac{(1+0.1)^4-1}{0.1(1+0.1)^4}\right)-1000\approx 267.95$$

$$NPV(B)=530\left(\frac{(1+0.1)^6-1}{0.1(1+0.1)^6}\right)-2000\approx 308.29$$

$$NPV(3A)=400\left(\frac{(1+0.1)^{12}-1}{0.1(1+0.1)^{12}}\right)-1000-\frac{1000}{(1+0.1)^4}-\frac{1000}{(1+0.1)^8}\approx 575.96$$

$$NPV(2B)=530\left(\frac{(1+0.1)^{12}-1}{0.1(1+0.1)^{12}}\right)-2000-\frac{2000}{(1+0.1)^6}\approx 482.31$$

請討論上列計算過程之意義，應採用哪些計算結果做決策？是否還有其他的思考方式？如何可以不受到互斥方案壽年之影響；例如，將期初投資金額轉換爲每年之投資，再合計每年之投資成本與投資利益；考慮複利概念，計算每年投資成本，需要使用前述的哪一項公式？

1-5
複雜管理決策範例－線性規劃

本書將專注於圖 1-2 所示的複雜決策問題，在實務問題探討後，需要建立數學模式，再以模式代表問題簡化與抽象的代表。接著，以數學模式分析問題，模式的解就是問題的答案。因此，許多數學求解方法的發展成果，以及許多數學求解方法的電腦軟體，都可以被利用來找到數學模式的解，亦即找到實務問題的答案。因爲極多數管理者都是管理科學的應用者，本書也是應用導向的介紹，不會深入討論數學求解方法。

範例：生產規劃問題

甲公司使用兩種資源（M1 與 M2）生產室外與室內用之油漆（P1 與 P2），人力（M1）、原料（M2）與產品間之關係如下表所示。M1 與 M2 在一週規劃期之可用數量分別爲 24 小時與 6 噸，產品 P1 與 P2 每噸之利潤分別爲 5 千元與 4 千元。市場研究顯示：室內油漆（P2）一週之需求量最多爲 2 噸；室內油漆（P2）需求量超過室外油漆（P1）的差異不會超過 1 噸。（表中參數爲：生產每噸產品所需之資源單位數量）

表 1-5　生產技術資料

	P1	P2
M1	6	4
M2	1	2

首先探討這個問題要決定的是什麼？上述生產規劃問題決定下一週產品 1 與產品 2 的生產銷售數量，定爲模式的決策變數。目標函數是公司之利潤函數，函數值愈大愈佳。限制式包括：人力資源限制，生產原料限制，產品需求量差異限制，以及產品 2 銷售限制，以及產品產量非負的限制。

模式：極大化

$$Z = 5x_1 + 4x_2$$

受限於：

$$6x_1 + 4x_2 \le 24$$
$$x_1 + 2x_2 \le 6$$
$$-x_1 + x_2 \le 1$$
$$x_2 \le 2$$
$$x_1 \ge 0, x_2 \ge 0$$

數學模式中的目標函數與限制式都是線性函數，稱爲線性規劃（Linear Programming，LP）。使用 LINDO 軟體處理上述問題的線性規劃模式，在編輯器中輸入上列模式如下：

$$
\begin{aligned}
&\text{Max } 5x1+4x2\\
&\text{s.t.}\\
&6x1+4x2<=24\\
&\ x1+\ x2<=6\\
&-x1+x2<=1\\
&\qquad x2<=2\\
&\text{end}
\end{aligned}
$$

再按編輯器上的求解鍵，可以得到下列結果：

```
LP OPTIMUM FOUND AT STEP        2
        OBJECTIVE FUNCTION VALUE
        1)        21.00000
  VARIABLE          VALUE              REDUCED COST
        X1          3.000000            0.000000
        X2          1.500000            0.000000
       ROW    SLACK OR SURPLUS         DUAL PRICES
        2)          0.000000            0.750000
        3)          0.000000            0.500000
        4)          2.500000            0.000000
        5)          0.500000            0.000000
 NO. ITERATIONS=          2
```

✦ 圖 1-19　LINDO 軟體之操作

所以，最佳的產品組合是：產品 P1 與 P2 之最佳產量是 3 噸與 1.5 噸，最佳利潤是：21（千元）。爲了說明此結果之實務意義，應用圖解法。爲了瞭解最佳解之意義，如圖 1-20 所示，首先繪出模式中各個限制式。

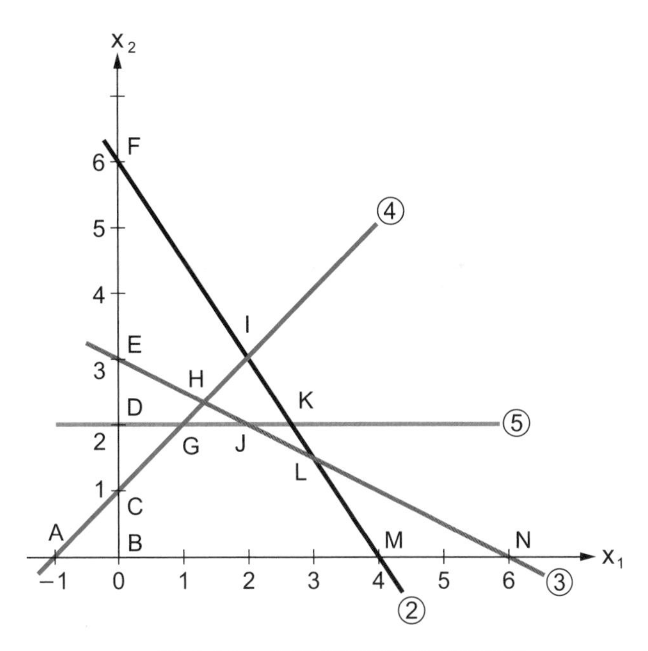

✦ 圖 1-20　線性規劃模式之限制式

滿足限制式(2)(3)(4)(5)與非負限制之「可行解區域（Feasible Region）」如圖 1-21 中灰色區域 BCGJLM，區域內的解為「可行解（Feasible Solution）」。

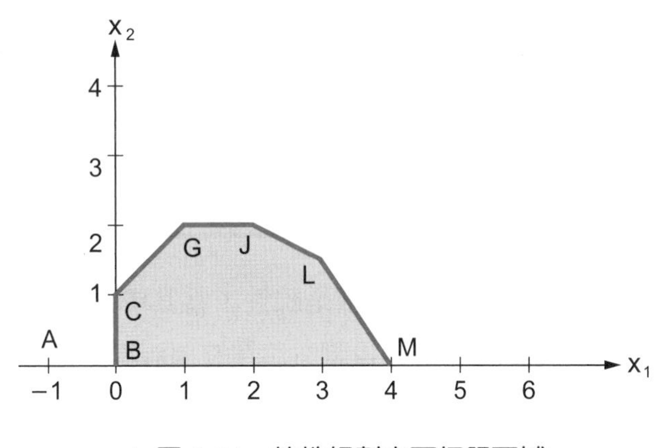

✦ 圖 1-21　線性規劃之可行解區域

如圖 1-22 所示，考慮 $Z = 5x_1 + 4x_2 = 20$ 以及其函數值增加之平行線，圖中之虛線，可以在「可行解區域」中找到 LP 唯一的「最佳解（Optimal Solution）」L。

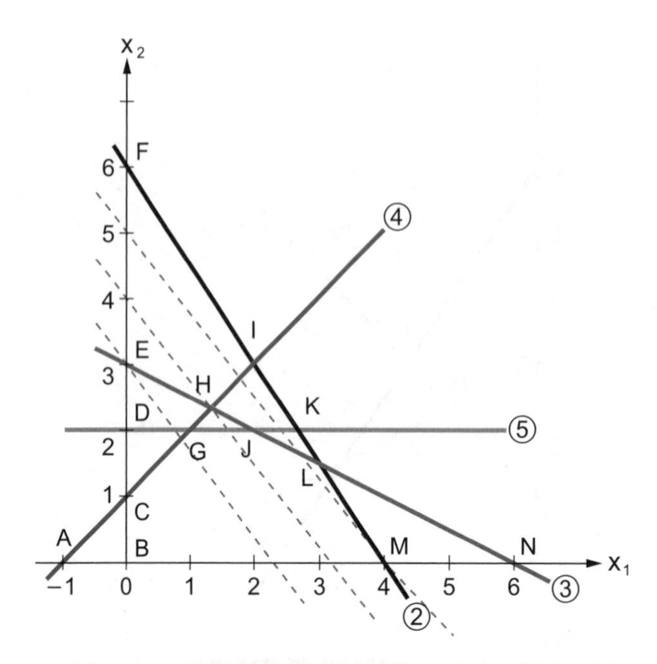

✦ 圖 1-22　線性規劃之目標函數（虛線）與限制式

由圖 1-22 可知，最佳解 L 點，產品 P1 與 P2 之最佳產量是 3 噸與 1.5 噸，最佳利潤目標值 21 千元。

1-6 複雜管理決策範例－非線性規劃

前述線性規劃模式中的函數或方程式都是線性，當其中某一個或某些函數是非線性時，決策模式就成為非線性規劃。非線性規劃方法在管理與經濟領域中經常使用，本節以沒有限制的非線性規劃，獨佔廠商利潤最大化問題為範例。

範例：廠商利潤最大化

某獨佔廠商之商品需求，平均收入（萬元/噸）函數，為 P＝28－5Q；商品成本（萬元/噸），平均成本函數，為 AC＝4＋Q。請求廠商利潤最大化的價格與產量。

模式：極大化利潤，亦即 Max $24Q-6Q^2$。

利潤＝總收入－總成本＝平均收入×產量－平均成本×產量

$$=(28-5Q)Q-(4+Q)Q=24Q-6Q^2$$

使用 Mathematics 4.0 軟體繪圖求解，如圖 1-23 所示，利潤最大的產量 2 噸，利潤最大值 24 萬元。其中，藍色線為平均收入，灰色虛線為平均成本，藍色虛線為總收入，黑色線為總成本，灰色線為利潤。求解利潤最大化之價格，將最佳產量 2 噸代入需求函數可得 P＝28－5×2＝18 萬元。

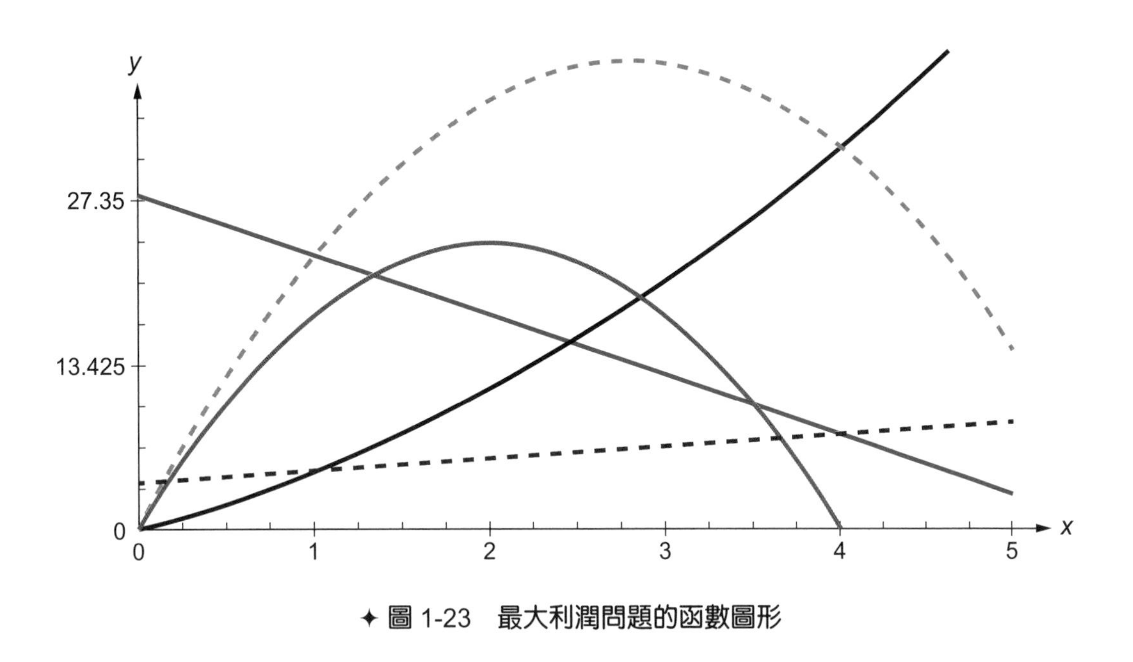

✦ 圖 1-23　最大利潤問題的函數圖形

使用非線性規劃的必要條件，亦即一階導數條件，$\frac{d}{dQ}(24Q-6Q^2)=24-12Q=0$；所以，利潤最大的產量 2 噸。使用非線性規劃的充分條件，亦即二階導數條件，$\frac{d^2}{d\,Q^2}\left(24Q-6Q^2\right)=-12<0$；所以，產量 2 噸是最大值。上述的最佳化條件課題，將於第七章深入討論。

本章習題

一、選擇題

( )1. 租車公司的禮車租金計算有兩個因素：租車一天的租金$12,000，租車行駛一公里$30。租金（y）與租車行駛里程（x）的關係式為： (A)$y=12000+30x$ (B)$x=12000+30y$ (C)$y=30x$ (D) $x+y=12000$。

( )2. 直線$4x+5y=20$的下列特性，何者有誤？ (A) x 軸的截距是 5 (B) y 軸的截距是 4 (C)直線的斜率是−4/5 (D) x 增加 1 單位 y 增加 4/5 單位。

( )3. 下列哪一項方程式與$2x+6y=4$重疊 (A)$4x+12y=8$ (B) $y-3x=4$ (C) $x+3y=9$ (D)$2x+y=4$。

( )4. 固定成本=$5,000，變動成本=$7.50，價格=$10，求「產量」之損益兩平點。(A)200 (B)250 (C)2,000 (D)2,500。

( )5. 生產可能曲線$y^2+x+4y=20$；其中，x=代工生產之手機（千支），y=自有品牌之手機（千支）。配合市場狀況，生產組合必須滿足$x=4y$，代工是品牌 4 倍。求「產量」x與y (A) $x=10$ (B) $y=2$ (C) $y=5$ (D) $x=7$。

( )6. 某廠商產品之需求函數為$\mathrm{P}=26-2Q-4Q^2$，平均成本函數為$\mathrm{AC}=8+Q$，利潤函數為$18Q-3Q^2-4Q^3$，請繪圖判斷最大的「利潤」值。 (A)6 (B)11 (C)16 (D)21。

( )7. 甲計劃週末租車出遊，甲喜歡 E 與 F 兩家租車公司提供的某個歐洲休旅車。E 公司租車一天的租金$8,000，租車行駛一公里$30。F 公司租車一天的租金$3,000，租車行駛一公里$80。不預定，到時候可能租不到；甲初步計劃旅程約 200 公里，您建議預定哪家公司的車。 (A)E 公司 (B)F 公司 (C)不要預定 (D)以上皆非。

( )8. 工廠擁有兩部機器：I 與 II，I 機器每月折舊與固定費用 100 萬元，產能 30,000；II 機器每月折舊與固定費用 200 萬元，產能 50,000。此外，使用 I 機器每個產品之直接材料與人力等變動成本為 600 元，使用 II 機器每個產品之直接材料與人力等變動成本為 400 元。預估下個月之產量 40,000，您的建議是 (A)優先使用 I 機器 (B)優先使用 II 機器 (C)I 與 II 平均分配使用 (D)以上皆非。

( )9. 甲正在談一項投資，第一年年底投資 100 萬元，第二年年底投資 100 萬元，第三年年底投資 50 萬元，第五年年底可以獲得 500 萬元。試求投資報酬率。 (A)23.71% (B)32.15% (C)12.37% (D)5.36%。

( )10. 製程自動化設備壽年 7 年，可減少 3 名操作人員，目前員工成本每人每年 100 萬元。利率 10%，試求設備投資效益之現值。 (A)4,382 (B)1,461 (C)1,641 (D)3,824。

某公司生產兩種產品 P1 與 P2，每箱產品之利潤分別是 7（萬元/箱）與 8（萬元/箱）。生產這兩項產品需要使用兩類機器，第一類機器 M1 以及第二類機器 M2。生產時所需機器產能之資料如下表所示：

	P1（小時/箱）	P2（小時/箱）	每週可用產能（小時）
M1	1	2	10
M2	3	2	18

請建立線性規劃模式探討：應該生產多少箱 P1 與 P2 可以獲得最大利潤？（模式中的未知數，或等待求解的變數。x_1 每週生產 P1 之箱數，與 x_2 每週生產 P2 之箱數。）

( )11. 目標函數是 (A)極小化 $10x_1+18x_2$ (B)極大化 $10x_1+18x_2$ (C)極小化 $7x_1+8x_2$ (D)極大化 $7x_1+8x_2$。

( )12. 第一類機器之產能限制式 (A) $x_1+3x_2\le 7$ (B) $2x_1+2x_2\le 8$ (C) $x_1+2x_2\le 10$ (D) $3x_1+2x_2\le 18$。

( )13. 第二類機器之產能限制式 (A) $x_1+3x_2\le 7$ (B) $2x_1+2x_2\le 8$ (C) $x_1+2x_2\le 10$ (D) $3x_1+2x_2\le 18$。

( )14. 求解 LP 模式的最佳解為 (A)P1 每週生產 2 箱，與 P2 每週生產 3 箱 (B)P1 每週生產 3 箱，與 P2 每週生產 4 箱 (C)P1 每週生產 4 箱，與 P2 每週生產 2 箱 (D)P1 每週生產 4 箱，與 P2 每週生產 3 箱。

( )15. 求解 LP 模式的最佳目標函數值為 (A)15 萬元 (B)51 萬元 (C)25 萬元 (D)52 萬元。

二、綜合題

1. 試繪圖直線方程式 $3x+4y=12$，說明其經過的兩點、斜率、與截距。此外，試說明 $3x+4y<12$ 與 $3x+4y>12$ 的區域。

2. 某廠商正在選取製造設備，簡單設備下之成本函數為 TC=10,000+20Q，高自動設備之成本函數為 TC=20,000+10Q，其中 Q 為產量。行銷部門預測之價格為 40 元，銷售量為 800 個。試提出您對該廠商之建議，選用簡單設備或高自動設備？

3. 甲 10 年前以$200,000 買一屋，付 20%頭期款，剩餘房屋抵押貸款，年利率 6%分 30 年月付償還。試求甲每月償還多少。現在已經付了 120 期，有人出價$380,000 買屋。試求房屋抵押所餘的淨值，以及賣屋所得多少？

CHAPTER

02

線性規劃模式與應用

本章大綱

2-1
生產問題（Production Problem）

某鋼鐵工廠接獲特殊訂單，製造 1,000 噸鐵軌，每噸價格$3,500，要求之成分爲錳至少 0.45%，矽介於 3.25%與 5.50%之間。工廠現有基本材料三種，錳與矽之成分如表 2-1 所示。製造鐵軌之程序是：將適當組合之基本鋼材料熔化，再加入適當份量之錳粉。基本材料之成本亦如下表所示，錳粉之成本每噸$800,000，熔化材料之成本每噸$500。請建立線性規劃模式決定工廠最佳之生產方式。

表 2-1　三種製鋼材料之成分與成本

	A	B	C
矽	4%	1%	0.6%
錳	0.45%	0.5%	0.4%
價格（$/千噸）	2,100,000	2,500,000	1,500,000

● **決策變數**（Decision Variables）：

x_a 使用材料 A 之千噸數，x_b 使用 B 之千噸數，x_c 使用 C 之千噸數，x_m 使用錳之噸數。

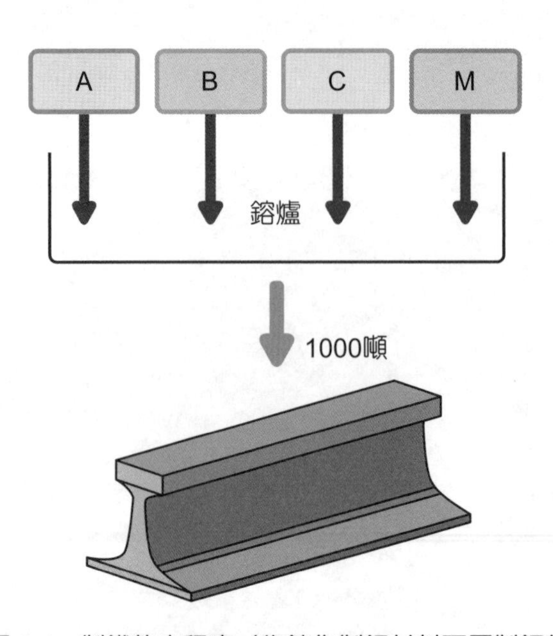

✦ 圖 2-1　製鐵軌之程序（先鎔化製鋼材料再壓製鋼軌）

- **目標函數**（Objective Function）：

極大化利潤問題，因收入是已知常數，就轉爲極小化成本問題。利潤=收入－成本=3,500×100－成本，收入爲固定常數，利潤由成本決定。成本包括 A、B、C 各種材料成本，熔化材料之成本，以及錳粉的成本。下列模式中之成本函數以十萬元爲單位。

- **限制式**（Constraint）：

限制式有 3 個，1 個錳成分限制式，2 個矽成分限制式，以及 1 個產量限制式。請注意單位之轉換。以第一個限制式爲例，壓制的鋼軌成品中每一噸必須滿足 0.45%噸錳的含量；x_a 材料 A 之中有 0.45%千噸的錳，x_b 材料 B 之中有 0.5%千噸的錳，x_c 材料 C 之中有 0.4%千噸的錳；三者的和乘上 1,000 以換算成噸數，加上 x_m 噸錳粉，得到熔爐中錳的總噸數。熔爐中有 1,000 噸鋼材料，滿足 0.45%噸錳的含量，就是 0.45%×1,000=4.5 噸錳。所以，熔爐中錳的總噸數大於或等於 4.5 噸錳。

- **線性規劃模式**：

$$
\begin{aligned}
\text{Min} \quad & Z = 26x_a + 30x_b + 20x_c + 8x_m \\
\text{s.t.} \quad & 4.5x_a + 5.0x_b + 4.0x_c + x_m \geq 4.5 \\
& 40x_a + 10x_b + 6x_c \geq 32.5 \\
& 40x_a + 10x_b + 6x_c \leq 55.0 \\
& 1000x_a + 1000x_b + 1000x_c + x_m = 1000 \\
& x_a \geq 0,\quad x_b \geq 0,\quad x_c \geq 0,\quad x_m \geq 0
\end{aligned}
$$

使用 LINDO 軟體上述 LP 模式，求得最佳解爲：x_a=0.78（千噸），x_b=0；x_c=0.22（千噸）；x_m=0.11（噸）；最佳目標値 Z=25.56019。最後，請比較第一章 1-5 節、第二章 2-1 節、與第二章 2-7 節的三種生產問題，討論三者的決策情境之差異與模式結構之差異。

2-2 混合問題（Blending Problem）

汽油的生產過程中，由各種不同原油依適當的比例混合成各種等級的汽油。爲簡化起見，假設某石油公司現在只有兩種原油，其成分特性及可用數量如下表 2-2 所示。這兩種原油可經由混合，生產出兩項產品：航空汽油（汽油 A）及汽車汽油（汽油 B），其成分特性及每桶利潤如下表 2-3 所示。

當原油混合時，混合物的量爲所加入原油的量，混合物所含成分 I 與成分 II 的比例和所加入原油的成分成比例。請建立線性規劃模式探討：該公司應如何做最適當的混合才能獲得最大的利潤？

表 2-2　原油資料

原油	成分 I	成分 II	可用數量
原油 1	80	4	1,800 桶
原油 2	95	10	800 桶

表 2-3　產品資料

產品	成份 I 最低含量	成份 II 最高含量	每桶利潤
汽油 A	90	7	$3 萬
汽油 B	82	5	$2 萬

- **決策變數：**

x_{1A} 爲原油 1 用於生產汽油 A 之桶數，x_{1B} 爲原油 1 用於生產汽油 B 之桶數，x_{2A} 爲原油 2 用於生產汽油 A 之桶數，x_{2B} 爲原油 2 用於生產汽油 B 之桶數，y_A 爲汽油 A 之產量（桶數），y_B 爲汽油 B 之產量（桶數）。

- **目標函數：**

極大化 Z＝3＋2

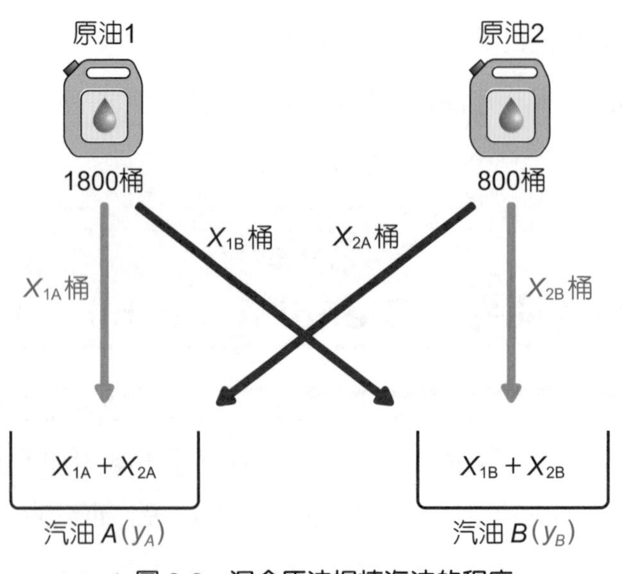

✦ 圖 2-2　混合原油提煉汽油的程序

● **限制式：**

以汽油 A 的成分 I 爲例，$(80x_{1A}+95x_{2A})/(x_{1A}+x_{2A})\geq 90$。在使用 LINDO 求解時，必須將分數形式的限制式化簡爲線性不等式。將上列分數形式的不等式兩邊乘上分母，得到 $80x_{1A}+95x_{2A}\geq 90x_{1A}+90x_{2A}$。接著，再將右側移項到左側可獲得 $-10x_{1A}+5x_{2A}\geq 0$。模式中其餘之成分限制式處理後，分別爲 $-3x_{1A}+3x_{2A}\leq 0,\ -2x_{1B}+13x_{2B}\geq 0$，以及 $-x_{1B}+5x_{2B}\leq 0$。

● **線性規劃模式：**

$$
\begin{aligned}
\text{Max}\quad & 3y_A+2y_B \\
\text{s.t.}\quad & y_A=x_{1A}+x_{2A} \\
& y_B=x_{1B}+x_{2B} \\
& x_{1A}+x_{1B}\leq 1800 \\
& x_{2A}+x_{2B}\leq 800 \\
& \frac{80x_{1A}+95x_{2A}}{x_{1A}+x_{2A}}\geq 90 \\
& \frac{4x_{1A}+10x_{2A}}{x_{1A}+x_{2A}}\leq 7 \\
& \frac{80x_{1B}+95x_{2B}}{x_{1B}+x_{2B}}\geq 82 \\
& \frac{4x_{1B}+10x_{2B}}{x_{1B}+x_{2B}}\leq 5 \\
& y_A\geq 0,\ y_B\geq 0,\ x_{1A}\geq 0,\ x_{1B}\geq 0,\ x_{2A}\geq 0,\ x_{2B}\geq 0
\end{aligned}
$$

利用電腦軟體求解上述 LP 模式，最佳解：y_A=0，y_B=2,160（桶），x_{1A}=0，x_{2A}=0，x_{1B}=1,800，x_{2B}=360（桶），Z=4,320。

2-3
人員排班問題（Scheduling Problem）

一家五星級旅館客房部預測下個月各週員工（不含管理階層）的人力需求如表 2-4 所示。旅館期望每位員工能夠每週連續上班五天，然後休假兩天。請建立線性規劃模式探討：此旅館需要雇用多少員工，才能滿足每天的人力需求？

表 2-4　下月分各週之人力需求

星期	一	二	三	四	五	六	日
人力需求（人）	14	10	10	10	18	20	16

- **決策變數：**

  Xi 爲週 *i* 開始上班的人數，*i*=1,2……7。

表 2-5　員工上班的類型

	一	二	三	四	五	六	日
X_1							
X_2							
X_3							
X_4							
X_5							
X_6							
X_7							

（空白處為週休二日的時間）

- **目標函數：**

  極小化總雇用人數（或極小化總支付薪資）。

- **線性規劃模式：**

$$
\begin{aligned}
\text{Min} \quad & Z = x_1 + x_2 + x_3 + x_4 + x_5 + x_6 + x_7 \\
\text{s.t.} \quad & x_1 + x_4 + x_5 + x_6 + x_7 \geq 14 \\
& x_1 + x_2 + x_5 + x_6 + x_7 \geq 10 \\
& x_1 + x_2 + x_3 + x_6 + x_7 \geq 10 \\
& x_1 + x_2 + x_3 + x_4 + x_7 \geq 10 \\
& x_1 + x_2 + x_3 + x_4 + x_5 \geq 18 \\
& x_2 + x_3 + x_4 + x_5 + x_6 \geq 20 \\
& x_3 + x_4 + x_5 + x_6 + x_7 \geq 16 \\
& x_i \geq 0, \qquad i = 1, 2, ..., 7
\end{aligned}
$$

利用 LINDO 求解上述 LP 模式，必須設定整數變數才能得到合理解答：Z=21（人），x_3=7，x_4=3，x_5=8，x_6=3，其餘爲零。在 LINDO 模式中使用 GIN 指令宣告變數爲一般整數。

此外，如果週六與週日上班薪資爲平日之 1.5 倍，上述模式必須做哪一些改變？若週末工資爲平日工資的 1.5 倍，只需修改目標函數，最佳解仍是 21 人，x_2=5，x_3=2，x_4=2，x_5=9，x_6=2，x_7=1。

又，假設現有員工 20 人，是否下個月可以不要加聘 1 名員工。例如，准許不連續休假，如某人週一與週四不連續地休息兩天，以減少總人力需求？旅館有 20 員工，考慮准許員工不連續休假，必須變更 LP 模式結構，重新探討：「盡量讓員工連續休假」且「員工 20 人」下之人員排班問題。

下列模式以「正常連續休假兩天人數」最大化爲目標，週一正常休假人數最多 6 人(20－14)，依次考量每一天最多休假人數，最後的限制式界定總人數爲 20。LINDO 求解結果如下，這問題有最佳解，x_2=4，x_3=2，x_4=8，x_5=2，x_6=2；亦即最多 18 個人可以正常連續休假。

```
max   x1+x2+x3+x4+x5+x6+x7
st
x2+x3<= 6
x3+x4<=10
x4+x5<=10
x5+x6<=10
x6+x7<= 2
x1+x7<= 0
x1+x2<= 4
x1+x2+x3+x4+x5+x6+x7<= 20
end
gin x1
```

```
OBJECTIVE FUNCTION VALUE
1)          18.00000

VARIABLE        VALUE
X1              0.000000
X2              4.000000
X3              2.000000
X4              8.000000
X5              2.000000
X6              2.000000
X7              0.000000
```

✦ 圖 2-3 最多連續休假的排班課題

接著可考慮其他因素，例如定義週 2 週 4 休假人數爲 y_{24} 等變數設於模式的相關的限制式中。此新模式之最佳解爲：另外 2 個人可以週 2 週 4 休假；何以見得？請利用模式分析與討論：變更休假規則之下，20 名員工可以應付工作需求。

2-4 指派問題（Assignment Problem）

某公司有四個職缺，這次招募到 3 位新進人員。經過人事單位對新進人員之興趣、專長、與能力分析，以及各職缺工作需求說明，人事部門建立人與事之適合度指標，數值愈大愈合適。四個職缺（J1～J4）與 3 位新進人員（S1～S3）之適合度分數如表 2-6 所示。請建立此問題的線性規劃模式探討：公司如何指派這 3 位新進人員至其中的 3 個職缺最合適。

◉ 表 2-6 人員與工作的適合度評分

	J1	J2	J3	J4
S1	3	9	3	2
S2	9	4	10	3
S3	8	6	4	5

● **決策變數：**

x_{ij} 表達是否將人員 i 指派作工作 j，數值爲 1（是）或 0（否）。

● **目標函數：**

極大化 Z=總適合度指標

$$= \sum_i \sum_j C_{ij} x_{ij}$$
$$= 3x_{11} + 9x_{12} + 3x_{13} + 2x_{14} + 9x_{21} + 4x_{22} + 10x_{23} + 3x_{24} + 8x_{31} + 6x_{32} + 4x_{33} + 5x_{34}$$

● **限制式：**

請討論「人數相等、大於、或小於工作」時，工作與人員限制式之寫法。本題之工作數量大於人員數量，每個人都分配得到工作，但每個工作不一定刀配得到人力。

每個人的限制式：

$$x_{11} + x_{12} + x_{13} + x_{14} = 1$$
$$x_{21} + x_{22} + x_{23} + x_{24} = 1$$
$$x_{31} + x_{32} + x_{33} + x_{34} = 1$$

每件事的限制式：

$$x_{11} + x_{21} + x_{31} \le 1$$
$$x_{12} + x_{22} + x_{32} \le 1$$
$$x_{13} + x_{23} + x_{33} \le 1$$
$$x_{14} + x_{24} + x_{34} \le 1$$

上述 LP 模式之最佳解爲：$x_{12} = x_{23} = x_{31} = 1$ 其餘爲 0。在使用 LINDO 求解時，不必使用 INT 指令宣告變數爲 0～1 變數，求解結果會自動滿足 0～1 的要求；請參考第四章整數規劃模式之綜合討論。

2-5
運輸問題（Transportation Problem）

某公司有四個工廠（P1、P2、P3、P4）和三個配銷中心（D1、D2、D3）。各工廠每個月的產能（所能供給的數量）、生產與運送成本以及各配銷中心每個月的需求、生產與運送成本如下表 2-7 所示。例如，工廠 P1 至配銷中心 D2 的生產與運送成本為$50。請建立此問題的線性規劃模式探討：該公司應如何決定各工廠配送至各配銷中心之數量，才能使得生產與運送成本最低？

表 2-7　運輸問題的供給量、需求量、成本資料

工廠	配銷中心			供給（噸）
	D1	D2	D3	
P1	45	50	65	150
P2	50	70	50	90
P3	50	40	40	160
P4	60	35	55	70
需求（噸）	45	180	210	

- **決策變數：**

x_{ij} 為由工廠 i 運至配銷中心 j 之貨物數量（噸），i=1,2,3,4，j=1,2,3。運輸問題由工廠製配銷中心之每一條起訖點節線對應表 2-7 中的運輸成本；同時，對應一個運輸流量之決策變數。

- **目標函數：**

極小化 Z=總生產與運輸成本

$$
\begin{aligned}
&= \sum_i \sum_j C_{ij} x_{ij} \\
&= 45x_{11} + 50x_{12} + 65x_{13} + \\
&\quad 50x_{21} + 70x_{22} + 50x_{23} + \\
&\quad 50x_{31} + 40x_{32} + 40x_{33} + \\
&\quad 60x_{41} + 35x_{42} + 55x_{43}
\end{aligned}
$$

- **限制式：**

請討論「總供給相等、大於、或小於總需求」時，供給與需求限制式之寫法。本題之供給大於需求（470>430），有些工廠不必生產至產能水準，每一個配銷中心的需求都可以獲得滿足。不過，如工廠 3 之供給量降為 110 時，總供給小於總需求，模式中哪些部分需要改變？

供給限制式：

$$x_{11}+x_{12}+x_{13}\le 150$$
$$x_{21}+x_{22}+x_{23}\le 90$$
$$x_{31}+x_{32}+x_{33}\le 160$$
$$x_{41}+x_{42}+x_{43}\le 70$$

需求限制式：

$$x_{11}+x_{21}+x_{31}+x_{41}=45$$
$$x_{12}+x_{22}+x_{32}+x_{42}=180$$
$$x_{13}+x_{23}+x_{33}+x_{43}=210$$

上述 LP 模式之最佳目標值 18,875，最佳運量可以圖 2-4 網路圖形表示；左側的節點是工廠（有供給限制），右側的節點是配銷中心（有需求限制），工廠與配銷中心間的節線代表運輸活動（有成本因素與運輸流量因素），目前節線上之數字為起迄點間之運量。

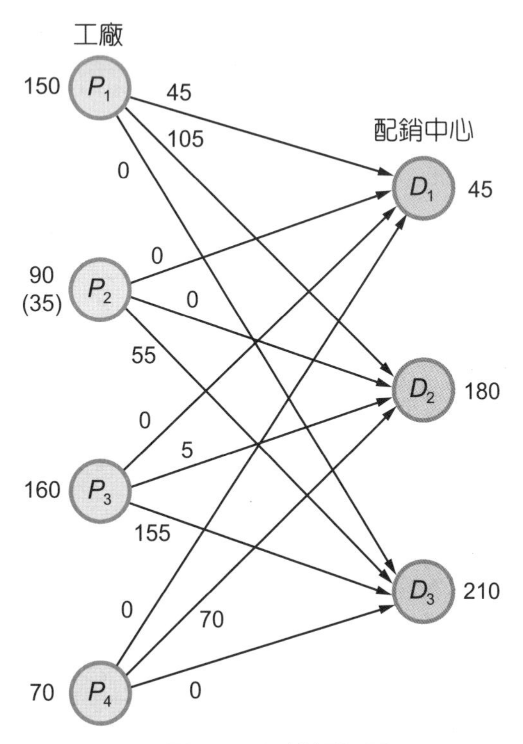

✦ 圖 2-4　運輸網路圖

2-6
轉運問題（Transshipment Problems）

公司營運的儲運銷售過程中有兩個農場、三個倉儲中心、與三個果菜銷售市場。表 2-8 說明：農場與倉儲中心間之運輸成本，以及倉儲中心與果菜銷售市場間之運輸成本。下個月兩個農場的供給量分別為 200 與 400（噸），三個果菜銷售市場之需求分別為 200、100、與 300（噸）。請建立此問題的線性規劃模式探討：公司應如何運送才能使得運輸成本最低？

表 2-8　起訖點間的儲運成本

	倉儲(3)	倉儲(4)	倉儲(5)	市場(6)	市場(7)	市場(8)
農場(1)	16	10	12	-	-	-
農場(2)	15	14	17	-	-	-
倉儲(3)	-	-	-	6	8	10
倉儲(4)	-	-	-	7	11	11
倉儲(5)	-	-	-	4	5	12

● **決策變數：**

x_{ij} 為由節點 i 運至節點 j 之貨物數量。每一個決策變數對應於圖 2-5 中的一條節線，代表一對起訖點間的運輸流量；農場、倉儲中心、與果菜市場都以節點表之，有運輸活動之起訖點才繪製節線，節線邊的數字代表單位運輸成本；例如，本問題沒有由農場直接運送至果菜市場之運輸活動。

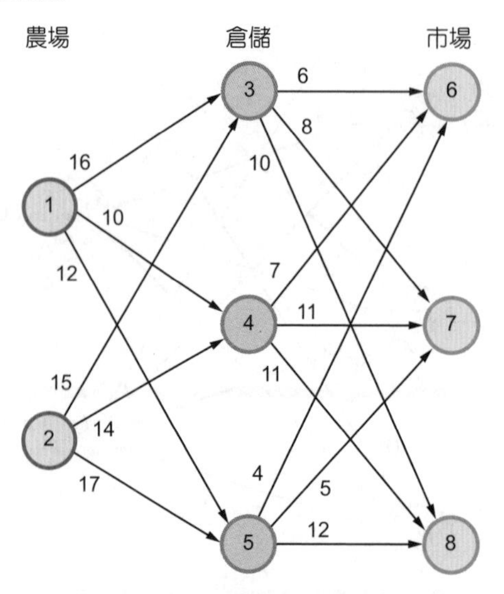

✦ 圖 2-5　轉運問題之網路圖

- **目標函數：**

極小化 Z=總運輸成本

$$=\sum_i \sum_j C_{ij} x_{ij}$$

$$=16x_{13}+10x_{14}+12x_{15}+15x_{23}+14x_{24}+17x_{25}+$$
$$6x_{36}+8x_{37}+10x_{38}+7x_{46}+11x_{47}+11x_{48}+4x_{56}+5x_{57}+12x_{58}$$

- **限制式：**

應用流量守恆概念。討論「總供給相等、大於、或小於總需求」時，三類限制式之寫法。本題之總供給等於總需求，所以供給點與需求點之限制式都是等式。

供給限制式：

$$x_{13}+x_{14}+x_{15}=200$$
$$x_{23}+x_{24}+x_{25}=400$$

需求限制式：

$$x_{36}+x_{46}+x_{56}=200$$
$$x_{37}+x_{47}+x_{57}=100$$
$$x_{38}+x_{48}+x_{58}=300$$

轉運限制式：

$$x_{13}+x_{23}-x_{36}-x_{37}-x_{38}=0$$
$$x_{14}+x_{24}-x_{46}-x_{47}-x_{48}=0$$
$$x_{15}+x_{25}-x_{56}-x_{57}-x_{58}=0$$

上述 LP 模式之最佳目標值爲 12900，最佳解之網路圖如下：

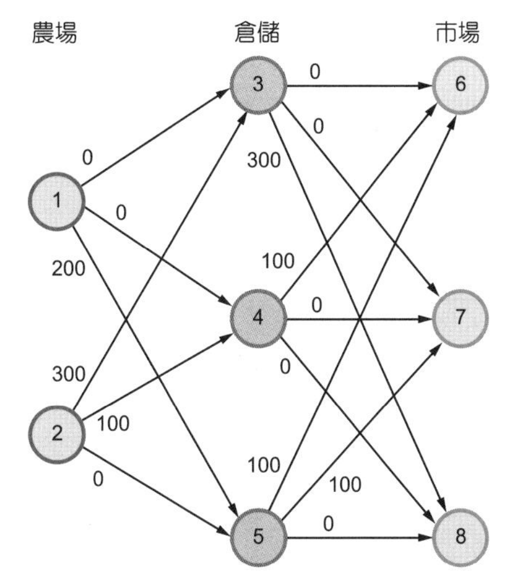

✦ 圖 2-6　轉運問題之最佳解

2-7
程序問題（Process Problem）

香水公司製造 A 與 B 兩種香水，普通 A 香水 7（$/盎司），高級 A 香水 18（$/盎司），普通 B 香水 6（$/盎司），高級 B 香水 14（$/盎司）。

香水生產過程如下：1 磅香草使用實驗室萃取儀器經 1 小時可以得到 3 盎司普通 A 香水與 4 盎司普通 B 香水；1 盎司普通 A 香水加入$4 特殊香料，使用實驗室萃取儀器經 3 小時可得到 1 盎司高級 A 香水；1 盎司普通 B 香水加入$3 特殊香料，使用實驗室萃取儀器經 2 小時可得到 1 盎司高級 B 香水。

下週期最多有 6,000 實驗室小時可使用，香草最多可以購得 400 磅每磅 3 元，特殊香料存量很多沒有限制。請建立此問題的線性規劃模式探討：香水公司追求最大利潤之生產問題。

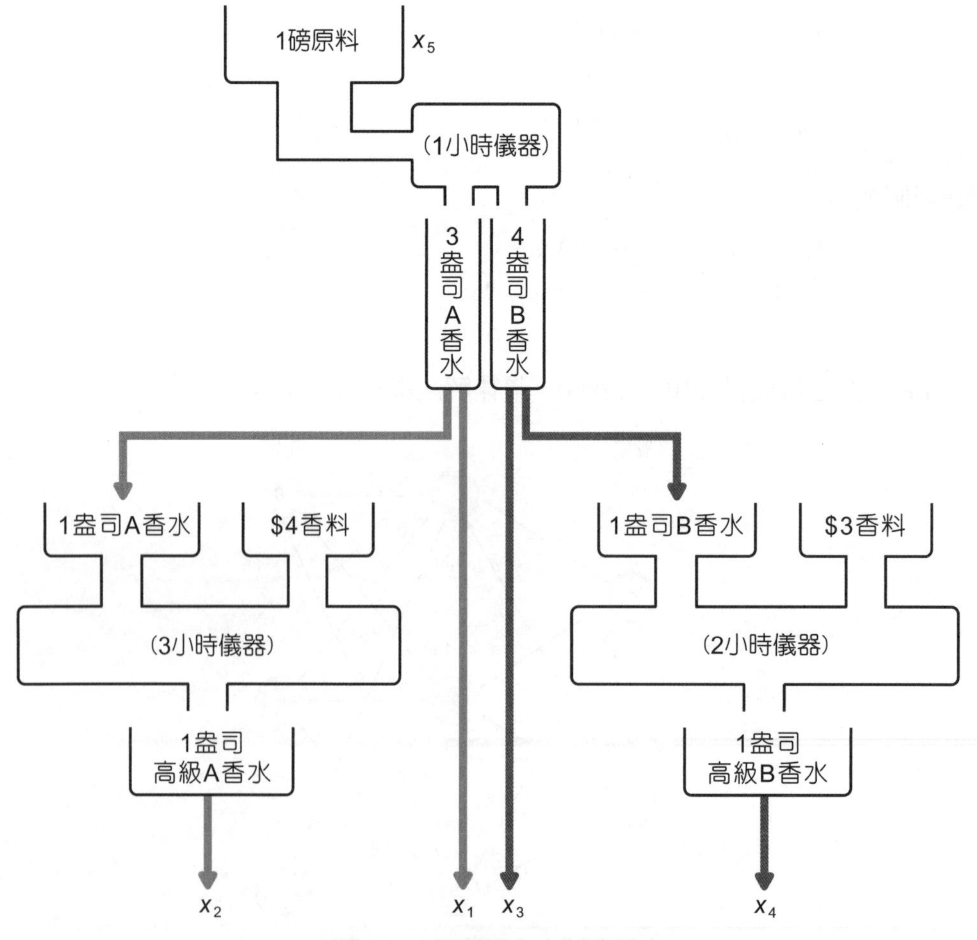

✦ 圖 2-7 四種香水之製造程序

- **決策變數：**

x_1 普通 A 香水銷售量，x_2 高級 A 香水銷售量，x_3 普通 B 香水銷售量，x_4 高級 B 香水銷售量，x_5 香草購買量。

- **目標函數：**

極大化 $Z = [7x_1 + 18x_2 + 6x_3 + 14x_4] - [4x_2 + 3x_4] - 3x_5$

- **限制式：**

$$x_5 \le 400$$
$$x_5 + 3x_2 + 2x_4 \le 6000$$
$$x_1 + x_2 = 3x_5$$
$$x_3 + x_4 = 4x_5$$

限制式 1 爲原料數量限制，限制式 2 爲萃取儀器的資源限制，限制式 3 爲 A 香水的程序關係限制，限制式 4 爲 B 香水的程序關係限制。程序關係限制有時會被遺漏，並產生不合理的結果。上述 LP 模式之最佳解爲：Z=30,400，x_1=400，x_2=800，x_3=0，x_4=1,600，x_5=400。

此外，若題目中「1 磅香草使用實驗室萃取儀器經 1 小時可以得到 3 盎司普通 A 香水與 4 盎司普通 B 香水」，「與」字改變爲「或」，則生產程序改變，對線性規劃模式之影響如何？（亦即，普通 A 香水與普通 B 香水必須分別萃取，而非圖 2-7 所示之同時萃取程序。）又，假設生產高級 A 香水 1 盎司需要利用 3 盎司 A 香水進行萃取，則生產參數改變，對線性規劃模式之影響如何？（亦即，普通 A 香水萃取精練過程，由 1 盎司普通香水投入可獲得 1 盎司高級香水，改變爲 3 盎司普通香水投入可獲得 1 盎司高級香水。圖 2-7 中之萃取程序不變，但相對關係的參數改變。）

2-8
多期問題（Multi-period Problem）

某食品加工廠，每個月初買進大批漁貨，經加工後賣到各市場。各種魚類每個月的進貨和賣出價格有差異；對於 A 種魚類，一年當中只有四、五、六、七這四個月可以捕獲，預測各月進貨與賣出價格如表 2-9 所示。

魚貨買進後會先放進冷凍庫等待加工，加工完畢後放回冷凍庫，銷售時送至批發市場販賣；買魚、冷凍、加工、冷凍、銷售等工作程序，以及各個月存貨之關係，如圖 2-8 所示。該加工廠在這四個月內，只加工此 A 種魚類，加工設備每個月可以加工的產能 15 噸，冷凍庫的容量 30 噸。該加工廠爲處理其他魚貨，期望所有 A 種魚貨在七月底前全部出清。請建立此問題的線性規劃模式，探討：這四個月期間，每個月應分別買進、賣出、與儲存多少魚貨？

表 2-9　預期各月份買進與賣出價格

月份	買進價格（萬元/噸）	賣出價格（萬元/噸）
四月	$55	$95
五月	$40	$85
六月	$55	$105
七月	$50	$100

- **決策變數：**

x_i 爲 i 月份購魚數量（噸），y_i 爲 i 月份加工數量（噸），z_i 爲 i 月份魚銷售量（噸），I_{i1} 爲 i 月底未加工魚之存貨（噸），I_{i2} 爲 i 月底已加工魚之存貨（噸）。食品加工廠的買魚、加工魚、賣魚的經營活動，在相關設施與時間上的關係，如圖 2-8 所示。每個月的大格子爲冷凍庫，其中的兩個小格子爲未加工魚與加工完魚的儲藏空間；工廠位置代表加工設施，右側的格子代表市場；圖中的一條節線爲一項經營活動，跨月分的節線代表期末存貨與期初存貨間的轉換。

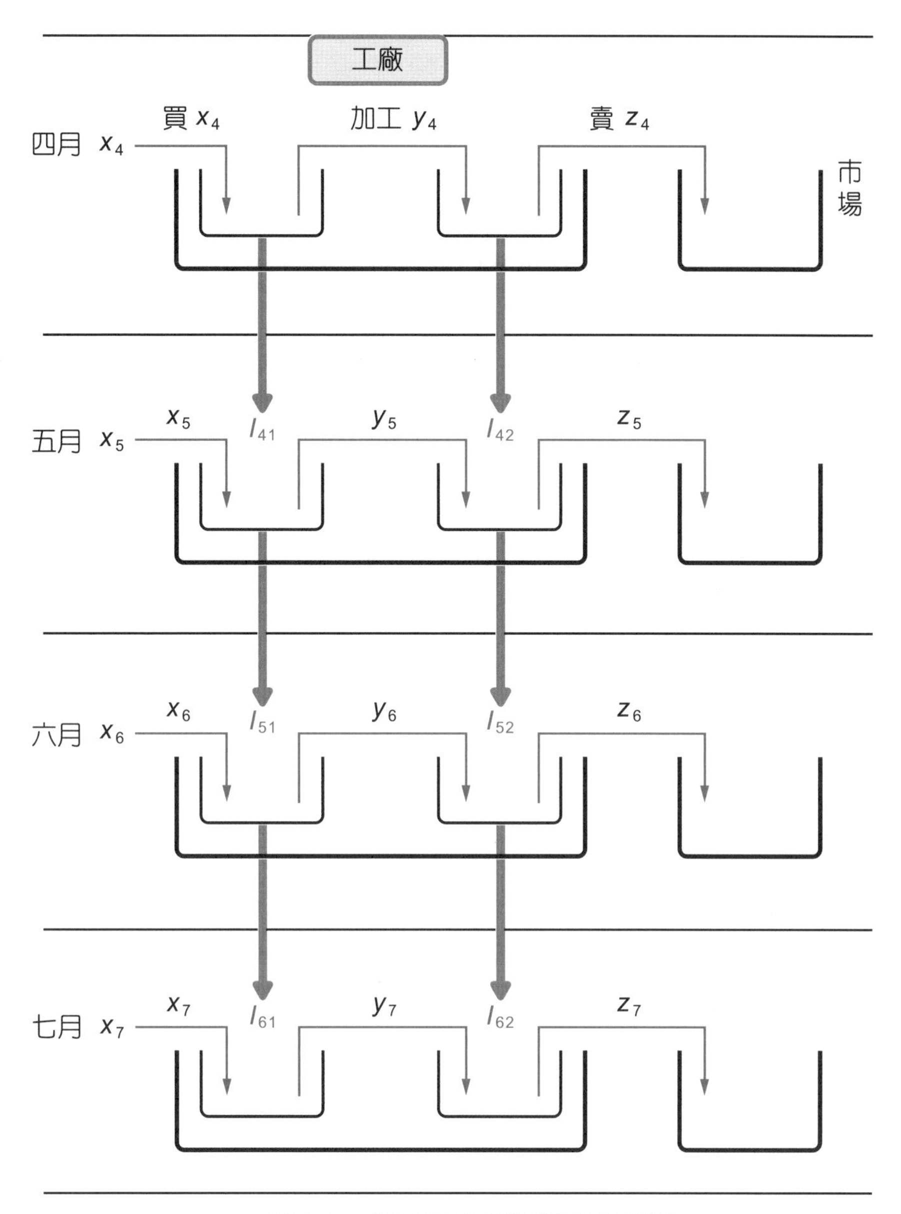

✦ 圖 2-8 食品工廠經營活動之示意圖

線性規劃模式如下所示：目標追求利潤最大化，多數限制式反應圖 2-8 的經營活動；例如，第 1 個限制式反映圖中 4 月分左側小格子（節點）有 1 條節線流入與 2 條節線流出的流量守恆，亦即 4 月分買魚數量等於 4 月加工魚數量與 4 月底未加工魚期末的存貨。所以，深入了解問題中各種經營活動與期間的關係後，藉著圖形清楚地顯現，使得模式限制式的建置變得十分容易。

$$
\begin{aligned}
\text{Max} \quad & (95z_4+85z_5+105z_6+100z_7)-(55x_4+40x_5+55x_6+50x_7) \\
\text{s.t.} \quad & x_4 = y_4 + I_{41} \\
& x_5 + I_{41} = y_5 + I_{51} \\
& x_6 + I_{51} = y_6 + I_{61} \\
& x_7 + I_{61} = y_7 \\
& y_4 = z_4 + I_{42} \\
& y_5 + I_{42} = z_5 + I_{52} \\
& y_6 + I_{52} = z_6 + I_{62} \\
& y_7 + I_{62} = z_7 \\
& y_i \le 15, \quad i = 4,5,6,7 \\
& I_{i1} + I_{i2} \le 30, \quad i = 4,5,6 \\
& x_i \ge 0, \quad y_i \ge 0, \quad z_i \ge 0, \quad I_{i1} \ge 0, I_{i2} \ge 0, \quad \forall i
\end{aligned}
$$

模式之最佳解爲：Z=3300，x_4=15，x_5=30，x_6=0，x_7=15，z_4=15，z_5=0，z_6=30，z_7=15，y_4=15，y_5=15，y_6=15，y_7=15。此外，假設 1 噸魚貨加工後產生 0.8 噸可出售之產品，其餘的是廢料，廢料不使用冷凍庫；請重新建立 LP 模式，探討：每個月應分別買進、賣出、與儲存多少魚貨？

2-9
財務組合問題（Portfolio Selection Problem）

某公司目前有 4 億資金爲未來四年的擴廠計劃使用。未來的第二、三、四年初已確定各需支付 1 億的資金作爲建築與設備之用。爲有效運用資金，該公司考慮以下四項投資計劃。

計劃 A：以一年爲期，每期的預估報酬率爲 2.5%。

計劃 B：以兩年爲期，每期的預估報酬率爲 5.2%。

計劃 C：以三年爲期，每期的預估報酬率爲 8.5%。

計劃 D：以四年爲期，每期的預估報酬率爲 10.5%。

由於以上四個計劃，均於每年年初投資。請建立線性規劃模式探討：該公司應如何投入 4 億資金於四項計劃，才能滿足第二、三、四年初的資金需求，並可於第四年底累積最多資金。

- **決策變數：**

A_i＝第 i 年初投資計劃 A 的金額，B_i＝第 i 年初投資計劃 B 的金額，C_i＝第 i 年初投資計劃 C 的金額，D_i＝第 i 年初投資計劃 D 的金額。投資「現金流量」與「時間」之關係如圖 2-9 所示，向下的箭頭是流出的資金，箭頭向上是流入的資金，變數上帶著加號者表示本利和。

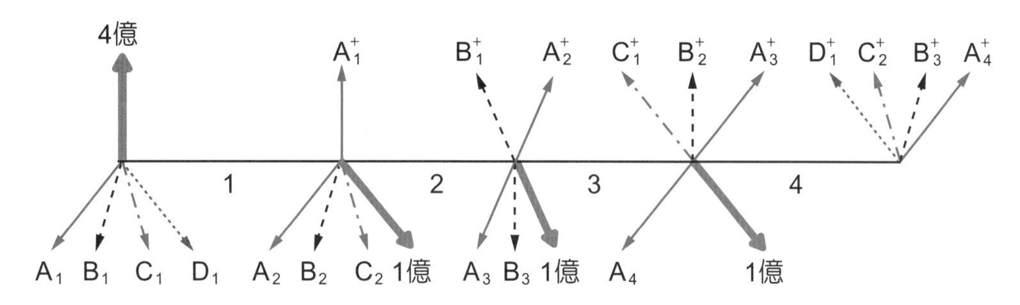

✦ 圖 2-9　投入與產出資金在時間上的關係

- **目標函數：**

極大化 Z=圖中最終時點（第 4 年底）之財務產出，亦即，投資事宜只考慮到第四年底，期望結算時手中的資金極大。

- **限制式：**

圖中各個時點之現金流量平衡，包括第 1 年年初、第 2 年年初、第 3 年年初、第 4 年年初。以第一年初爲例，手中的 4 億可以全部投資於 4 種方案；因爲投資沒有風險，全部投資當然有利。再以第二年初爲例，到手的錢有 A_1+（A_1 投資的本金加利息，1.025 A_1），支出包括：廠房投資支出 1 億以及可以投資的項目（A_2，B_2，C_2）；收入與支出之現金流量平衡。同理，第三年初與第四年初之現金流量平衡。

- **線性規劃模式：**

$$\text{Max} \quad Z = 1.025A_4 + 1.052B_3 + 1.085C_2 + 1.105D_1$$

s.t.

$$A_1 + B_1 + C_1 + D_1 = 4$$
$$1.025A_1 - A_2 - B_2 - C_2 = 1$$
$$1.025A_2 + 1.052B_1 - A_3 - B_3 = 1$$
$$1.025A_3 + 1.052B_2 + 1.085C_1 - A_4 = 1$$
$$A_i \ge 0, \quad B_i \ge 0, \quad C_i \ge 0, \quad D_i \ge 0.$$

上述 LP 模式之最佳解：Z=1.281347，A_1=0.97561，A_4=1.250095，B_1=0.95057，C_1=2.07382。此外，若各個投資方案之報酬率考慮第一章 1-4 節中討論之單利或複利概念，模式將作何改變？

2-10
廣告組合問題（Advertising-mix Problem）

兒童食品公司委託某廣告公司設計下年度之廣告促銷活動，促使新的早餐產品能有最佳業績。兒童食品公司支付廣告規劃設計之預算為 100 萬元，支付廣告費用之預算為 4,000 萬元。廣告公司為該產品設計篩選了三種有效果的廣告方案：

1. 週末兒童節目的電視廣告。
2. 食品及家庭雜誌的廣告。
3. 星期日報紙的廣告。

各廣告方案之預期的績效與支出如表 2-10 所示。

表 2-10　廣告方案之績效與成本

	成　本		
成本類型	每則電視廣告	每則雜誌廣告	每則報紙廣告
廣告預算	$300,000	$150,000	$100,000
規劃預算	90,000	30,000	40,000
預估績效	1,300,000	600,000	500,000

廣告曝光程度之基本要求：(1)至少 500 萬名兒童收看廣告，(2)至少 500 萬名兒童父母收看廣告。每種廣告所能吸引的收看人數，如表 2-11 所示。

表 2-11　廣告方案之曝光程度

	每個目標族群的收看人數(百萬人)			
目標族群	每則電視廣告	每則雜誌廣告	每則週日廣告	最少可接受人數
兒童	1.2	0.1	0	5
兒童父母	0.5	0.2	0.2	5

消費者可剪下雜誌與報紙廣告上的折價券，以打折價格購買商品；補貼折價券之預算爲 149 萬元。每種廣告對於折價金額的貢獻量，如表 2-12 所示：

表 2-12　廣告折價卷之使用狀況

	每種廣告媒體對於折價金額的使用程度			
	每則電視廣告	每則雜誌廣告	每則週日廣告	總折價預算金額
折價金額	0	$40,000	$120,000	$1,490,000

一年促銷期間電視廣告最多只開發 5 則。請建立線性規劃模式，探討最有效果的廣告組合。

- **定義決策變數：**

x_i 爲廣告 i 之則（件）數，i=1,2,3。

- **定義目標函數：**

極大化 Z=總績效$=130x_1+60x_2+50x_3$

- **寫出限制式：**

1. 廣告規劃預算：$9x_1+3x_2+4x_3 \le 100$

2. 廣告費用預算：$30x_1+15x_2+10x_3 \le 4000$

3. 電視廣告要求：$x_1 \le 5$

4. 廣告收視要求：$120x_1+10x_2 \ge 500$

$$50x_1+20x_2+20x_3 \ge 500$$

5. 折價券預算：$4x_2+12x_3 \le 149$

上述 LP 模式，考慮決策廣告變數爲整數之下，亦即 LINDO 使用 GIN 指令；最佳解：x_1=2,x_2=27,x_3=0,Z=1,880。

2-11
營收管理問題（Revenue Optimization Problem）

如圖 2-10 所示，某鐵路公司提供「台北（A）－台中（B）－高雄（C）」之列車服務。各起訖間之票價與與某一列車需求，如表 2-13 所示：其中，折價票必須一週前預購。此外，列車容量爲 120 人，不售站票，車票開始預售前已經接受 A 至 B 團體票 20 人。請建立並求解座位分配之線性規劃模式。

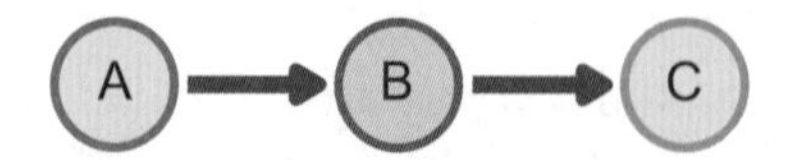

✦ 圖 2-10　列車服務區間的示意圖

⊙ 表 2-13　列車價格與需求量

售票區隔	價格	需求量
A-B（全票）	150	30
A-B（折扣票）	100	80
B-C（全票）	120	20
B-C（折扣票）	80	60
A-C（全票）	250	30
A-C（折扣票）	170	40

● **決策變數：**

各售票區隔之座位分配額度 x_{ab}^{f}， x_{ab}^{d}， x_{bc}^{f}， x_{bc}^{d}， x_{ac}^{f}， x_{ac}^{d} 。

● **線性規劃模式如下：**

$$\text{Max } 150x_{ab}^{f}+100x_{ab}^{d}+120x_{bc}^{f}+80x_{bc}^{d}+250x_{ac}^{f}+170x_{ac}^{d}$$

$$\text{s.t.}\quad x_{ab}^{f}+x_{ab}^{d}+x_{ac}^{f}+x_{ac}^{d}\le 100$$

$$x_{ab}^{f}+x_{ab}^{d}+x_{ac}^{f}+x_{ac}^{d}\le 120$$

$$x_{ac}^{f}\le 30 \text{，} x_{ab}^{d}\le 80 \text{，} x_{bc}^{f}\le 20 \text{，} x_{bc}^{d}\le 60 \text{，} x_{ac}^{f}\le 30 \text{，} x_{ac}^{d}\le 40$$

$$x_{ac}^{f}\ge 0 \text{，} x_{ab}^{d}\ge 0 \text{，} x_{bc}^{f}\ge 0 \text{，} x_{bc}^{d}\ge 0 \text{，} x_{ac}^{f}\ge 0 \text{，} x_{ac}^{d}\ge 0$$

模式之目標式爲最大營收，限制式第一項與第二項爲 A－B 列車區間與 B－C 列車區間之座位資源數量限制，接著爲各個售票市場區隔之需求量限制，最後爲決策變數之非負限制。

- A－B 列車區間持票上車的旅客包括：

  A－B（全票）、A－B（折扣票）、A－C（全票）、A－C（折扣票）等 4 種。

- B－C 列車區間持票上車的旅客包括：

  B－C（全票）、B－C（折扣票）、A－C（全票）、A－C（折扣票）等 4 種。

上述 LP 模式以 LINDO 求解後，得到最佳解爲：Z=23,900，$x_{ab}^{f}=30$，$x_{ab}^{d}=30$，$x_{bc}^{f}=20$，$x_{bc}^{d}=60$，$x_{ac}^{f}=30$，$x_{ac}^{d}=10$，請討論其意義。

此外，若各個市場區隔之需求不是固定值，而是一個機率分配，例如表 2-14 所示情況，可否重新探討上述之區格車票配額問題，考慮期望收入最大化，建立線性規劃模式求解？

表 2-14　列車價格與需求

售票區隔	價格	需求分配				
A－B（全票）	150		20% 21-25	60% 26-30	20% 31-35	
A－B（折扣票）	100	10% 66-70	20% 71-75	40% 76-80	20% 81-85	10% 86-90
B－C（全票）	120		20% 16-20	60% 21-25	20% 26-30	
B－C（折扣票）	80	10% 46-50	20% 51-55	40% 56-60	20% 61-65	10% 66-70
A－C（全票）	250		20% 21-25	60% 26-30	20% 31-35	
A－C（折扣票）	170	10% 31-35	20% 36-40	40% 41-45	20% 46-50	10% 51-55

2-12
資料包絡分析（Data Envelopment Analysis）

首先藉著下述範例說明資料包絡分析之基本概念：六位小學同學之數學與國文的考試成績如表 2-15 所示，請問誰的總成績比較好或誰是第一名？若採用統一的權重，如數學的權數 0.5 與國文的權數 0.5，結果如何？如果每位同學可以自行選用最有利的合理的權重，結果又如何？亦即，每一位同學以總平均分極大化爲目標，選擇適合自己的數學權數（x）與國文權數（y）；所選之權數必須合理，不會使得任一位同學的總平均分數超過 100 分；此外，不可以完全忽視某一科的分數，亦即不可設定權數爲 0，權數有最低水準。

表 2-15 六位同學的成績

	數學	國文
甲	90	30
乙	70	70
丙	30	80
丁	50	70
戊	60	60
己	85	50

例如，甲的線性規劃模式如下，最佳解：x=1.107，y=0.01，總分=100。表示假選擇適合自己的權數後，可以得到滿分，亦即相對的第一名。另外會得到滿分的是：乙、丙、與己，丁最好的總分是 94.285，戊最好的總分是 85.714。所以，多元觀點下，甲、乙、丙、與己都是第一名。

如果以數學分數與國文分數爲軸，以原點爲兩科都是 100 分，越接近原點越優秀，兩科目的重要性可以因人而異各自表述。甲、乙、丙、丁、戊與己的分數如圖 2-11 所示，這一群資料點，接近原點之包絡線上的人，都是第一名。

$$
\begin{aligned}
&\text{Max} \quad 90x+30y \\
&\text{s.t.} \\
&\quad 90x+30y \le 100 \\
&\quad 70x+70y \le 100 \\
&\quad 30x+80y \le 100 \\
&\quad 50x+70y \le 100 \\
&\quad 60x+60y \le 100 \\
&\quad 85x+50y \le 100 \\
&\quad x \ge 0.01 \\
&\quad y \ge 0.01
\end{aligned}
$$

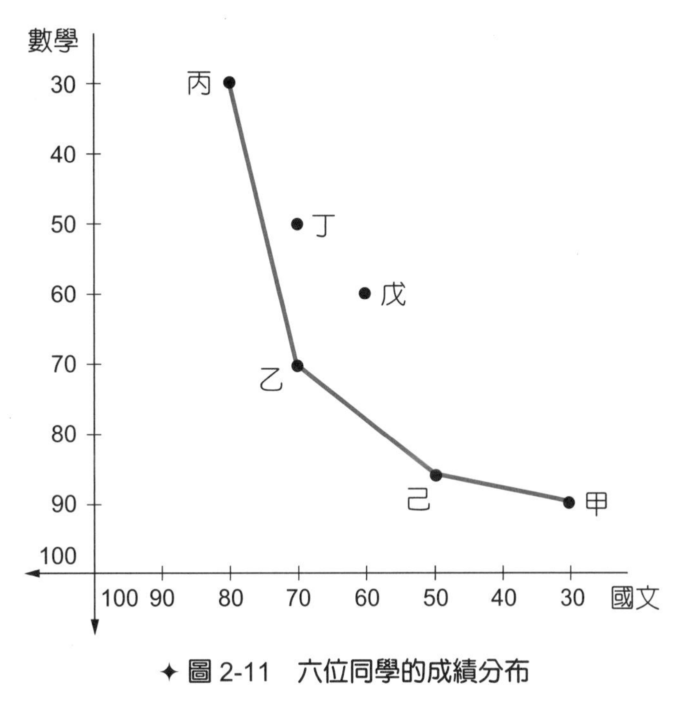

✦ 圖 2-11　六位同學的成績分布

下表說明三家醫院之投入與產出資料。投入資源包括：設備以（十）床位數量衡量，人力以（百）人工小時衡量；產出資源包括：服務兒童、成人、老人人數與天數之乘積（百）。請建立此問題的線性規劃模式探討：三家醫院之效率。

◎表 2-16　某財團三家醫院之投入與產出

醫院	投入		產出		
	設備(1)	人力(2)	兒童(1)	成人(2)	老人(3)
1	5	14	9	4	16
2	8	15	5	7	10
3	7	12	4	9	13

醫院效率之衡量指標=醫院產出價值/醫院投入成本。「醫院產出價值」以線性函數表示，考量「產出因素」與「重要性權數」;「醫院投入成本」也以線性函數表示，考量「投入因素」與「重要性權數」。因此，

$$醫院效率之衡量指標=\frac{v_1o_1+v_2o_2+v_3o_3}{c_1i_1+c_2i_2}$$

若帶入各醫院之實際數值：

1. 醫院 1 選擇適當的重要性權數，使得下列該醫院之效率指標極大化。

$$醫院 1 效率之衡量指標=\frac{9v_1+4v_2+16v_3}{5c_1+14c_2}$$

2. 醫院 2 選擇是當的重要性權數，使得下列該醫院之效率指標極大化。

$$醫院 2 效率之衡量指標=\frac{5v_1+7v_2+10v_3}{8c_1+15c_2}$$

3. 醫院 3 選擇是當的重要性權數，使得下列該醫院之效率指標極大化。

$$醫院 3 效率之衡量指標=\frac{4v_1+9v_2+13v_3}{7c_1+12c_2}$$

所謂合理的重要性權數，有兩項觀點。其一，重要性權數不會使得某一醫院之效率指標超過 100%。

$$醫院效率小於 1：\frac{v_1o_1+v_2o_2+v_3o_3}{c_1i_1+c_2i_2}\leq 100\%$$

其二，重要性權數不得爲 0，亦即不可完全忽視某因素。本題權數以 0.01 爲下限。

- **醫院 1 之線性規劃模式：**

在追求醫院 1 效率之衡量指標極大化的原始模式，因下列目標函數不是線性函數，必須加以轉換。

$$\text{醫院 1 效率之衡量指標} = \frac{9v_1 + 4v_2 + 16v_3}{5c_1 + 14c_2}$$

這裡的處理方法是：令分母等於 1，放到限制式中；上列目標式就只剩下分子，是線性函數了。因效率指標是分子與分母的相對值，上述做法不影響最佳的指標數值。醫院 1 的 DEA 模式如下：

極大化：

$$Z = 9v_1 + 4v_2 + 16v_3$$

受限於：

$$\frac{9v_1 + 4v_2 + 16v_3}{5c_1 + 14c_2} \le 1, \quad \frac{5v_1 + 7v_2 + 10v_3}{8c_1 + 15c_2} \le 1, \quad \frac{4v_1 + 9v_2 + 13v_3}{7c_1 + 12c_2} \le 1$$

$$5c_1 + 14c_2 = 1$$
$$v_k \ge 0.01, \quad k = 1, 2, 3.$$
$$c_l \ge 0.01, \quad l = 1, 2.$$

此外，模式中有 3 個限制式有分數形式，將不等式左右兩方乘上分母，再做移項，就可以完成線性規劃所需要的形式了。使用 LINDO 求解，最佳目標函數值=1，亦即醫院 1 相對有效率。

- **醫院 2 之線性規劃模式：**

極大化：

$$Z = 5v_1 + 7v_2 + 10v_3$$

受限於：

$$\frac{9v_1 + 4v_2 + 16v_3}{5c_1 + 14c_2} \le 1, \quad \frac{5v_1 + 7v_2 + 10v_3}{8c_1 + 15c_2} \le 1, \quad \frac{4v_1 + 9v_2 + 13v_3}{7c_1 + 12c_2} \le 1$$

$$8c_1 + 15c_2 = 1$$
$$v_k \ge 0.01, \quad k = 1, 2, 3.$$
$$c_l \ge 0.01, \quad l = 1, 2.$$

醫院 2 模式最佳解的目標值=0.743，v_1=0.062062，v_2=0.047528，v_3=0.010000，c_1=0.010000，c_2=0.061333。這個時候，將上述醫院 2 權數帶入醫院 1 效率指標，會得到 100%的結果；將上述醫院 2 權數帶入醫院 3 效率指標，也會得到 100%的結果。亦即，相對於醫院 1 與醫院 3，醫院 2 最佳的效率指標數值是 0.743，或醫院 2 只有 74.3%的效率。

- **醫院 3 之線性規劃模式：(最佳目標函數值=1)**

極大化：

$$Z = 4v_1 + 9v_2 + 13v_3$$

受限於：

$$\frac{9v_1 + 4v_2 + 16v_3}{5c_1 + 14c_2} \le 1 \text{，} \frac{5v_1 + 7v_2 + 10v_3}{8c_1 + 15c_2} \le 1 \text{，} \frac{4v_1 + 9v_2 + 13v_3}{7c_1 + 12c_2} \le 1$$

$$7c_1 + 12c_2 = 1$$
$$v_k \ge 0.01, \quad k = 1,2,3.$$
$$c_l \ge 0.01, \quad l = 1,2.$$

使用 LINDO 求解醫院 3 的模式，最佳目標函數值=1 或 100%，亦即醫院 3 相對有效率。

2-13 綜合討論

線性規劃模式，除了變數之設定外，基本元素有兩項：目標函數式與限制式，本節將分別討論之。線性規劃模式之基本特性是「線性」，線性目標函數與線性限制式。線性函數之意義簡單易懂，應用十分方便。但是線性函數有時難以反映實際狀況，有時反映問題的函數是非線性；不過，非線性規劃模式之建立，與本章範例建立模式之思考過程與方式並沒有太多差異。如果採用非線性規劃模式，求解時必須使用非線性規劃之演算法處理，請參考第六章。

非線性函數有時近似表達爲折線函數（Piece-wise Linear Function），應用範例在第四章中討論；若最大化問題目標函數爲凹性（Concave）函數時，利用折線函數與線性規劃就足以處理；若最小化問題目標函數爲凸性（Convex）函數時，利用折線函數與與線性規劃就足以處理；其他情況下，必須利用折線函數與整數規劃技巧處理。

線性規劃模式中之線性函數由已知的參數與未知的變數組成。其中，決策變數經常直接反映此決策問題，決策者希望知道的事物，知道這些事物決策問題就可以推動或操作；在本章之 12 種範例中，有各式之決策問題以及各式之決策變數，在本章的練習題中還有其他類型的問題。模式之功能在藉「已知」的參數推求「未知」的決策變數，模式中的函數則表達已知的參數與未知變數的關係；在本章之各種範例中，有各式之線性函數，反映各式之關係。

目標函數反應決策問題追求的方向，也就是好與不好的評判依據，如利潤函數、成本函數、投資報酬函數、總人力需求函數等。在本章的範例中，決策問題的目標函數都只有一個；第五章中會討論多項目標的問題，例如產銷活動中，公司追求利潤最大化，公會追求不影響工人生活品質之加班工時最小化。

此外，在本章的範例中，目標函數不是最大化就是最小化，沒有其他的形式。實務上，決策者可以追求「最小最大」、「最大最小」、「最小最小」、「最大最大」等型式。例如，某家教老師希望學生的英文與數學都有不錯的表現，妥善分配有限的複習時間，追求最大化最差一科的成績，亦即 MaxMin（英文成績，數學成績）。

又如，

$$\text{Min } |x_1 - x_2| = \text{Min Max } \left[(x_1 - x_2),\ -(x_1 - x_2) \right]$$

線性規劃模式可以處理「最小最大」與「最大最小」的決策問題，另外兩種型式問題需要利用整數規劃技巧處理。以上述絕對値目標函數爲例，其線性規劃模式如下：

$$\begin{aligned} &\text{Min} && Q \\ &\text{s.t.} && x_1 - x_2 \le Q \\ & && -(x_1 - x_2) \le Q \end{aligned}$$

此外，値得一提的是本章 4-12 節之 DEA 範例，其模式建立過程說明「分數」非線性目標函數之處理。

限制式函數之意義非常多，機器產能限制、可用物料限制、市場需求限制、資金供需平衡限制、物品流量守衡限制等，本章中各範例中都一一說明與應用。限制式之型式共有三種；「小於等於」、「大於等於」、與「等於」。

本章所應用的限制式都是「必須滿足的限制式」（Hard Constraints），不滿足就不是線性規劃模式之可行解。實務上還有「彈性的限制式」（Soft Constraints），最好滿足，不滿足時也可考慮接受。第五章中將介紹「偏差變數」之利用，以處理有彈性的限制。

此外，本章範例建立線性規劃模式時，首重決策問題實務意義之表達，其次是數學函數之撰寫，沒有討論限制式之數學意義與課題。例如，本章沒有討論多餘的限制式（Redudant Constraints），是否有些限制重複限制，可以做數學上之精簡；同時也沒有討論有衝突的限制式（Conflicting Constraints），是否有些限制式過分嚴格而有衝突等。最後，有許多實務上的限制狀況，可能有邏輯關係等概念之應用，例如「滿足甲條件或滿足乙條件」或者「甲條件成立才考慮乙條件」等，無法精確地在線性規劃中應用，這些課題將在第四章整數規劃中一一處理。

建立線性規劃模式並不困難，本章藉由 12 個範例展示各種型式之模式與建立模式之技巧。建立線性規劃模式之原則，首先是弄清楚決策問題之內含，問題清楚了，模式就很快可以完成了。其次，將問題參數與變數之特性與關係，一一陳述並轉換成數學式，建立簡單易懂的模式。第三，檢查與確認中之數學式是否精確表達實務上的關係。例如，數學式中參數與變數間的單位是否配合得當，說明了數學式要表達之效果。

不要怕建立模式，不要怕模式有錯；有了模式就有討論之基礎，模式放到 LINDO 求解後可以再檢討與修正。了解實務上的決策問題是使用管理科學方法的最基本與最重要條件。

以 2-3 人員排班範例而言，當考慮以原有 20 位員工因應未來 21 位員工需求之營業狀況時，決策的情境與原先設定不同，因此建立不同結構之模式，求解得知：$x_2=4$，$x_3=2$，$x_4=8$，$x_5=2$，$x_6=2$；最多 18 個人可以連續休假。探討此結果的實務意義，上述 18 位正常連續休假員工工作之狀況是：週一 12 人上班、週二 8 人上班、週三 8 人上班、週四 14 人上班、週五 16 人上班、週六 18 人上班、週日 14 人上班。

缺工狀況如表 2-17 所示：週一 2 人、週二 2 人、週三 2 人、週五 2 人、週六 2 人、週日 2 人。多工狀況是：週四 4 人。所以，考慮週四與其他日不連續休假的工作型態，探討是否可以解決缺工問題。

◎ 表 2-17　連續休假 18 位員工之排班狀況

	一	二	三	四	五	六	日
X_1	0	0	0	0	0		
X_2		4	4	4	4	4	
X_3			2	2	2	2	2
X_4	8			8	8	8	8
X_5	2	2			2	2	2
X_6	2	2	2			2	2
X_7	0	0	0	0			0
18 位員工	12	8	8	14	16	18	14
人力需要	14	10	10	10	18	20	16
多/缺工狀況	−2	−2	−2	+4	−2	−2	−2

嘗試加入 y_{14} 與 y_{24} 變數，模式以及 LINDO 求解結果如圖 2-12 所示，得到表 2-18 中的最佳結果，20 人上班可以應付工作需求不缺工。因此，以原有 20 位員工可以因應未來 21 位員工需求之營業狀況，只需要 2 位員工不連續休假即可。以上展示問題導向之重要，以及「建立模式－求解－檢討－修改問題」的重複操作與嘗試。2-3 範例中討論之各個模式，常常發生多重最佳解，對此數學課題在此不多作討論。

```
LP OPTIMUM FOUND AT STEP       9
OBJECTIVE VALUE =    13.0000000

FIX ALL VARS.(     2)  WITH RC >    1.00000

NEW INTEGER SOLUTION OF     18.0000000      AT BRANCH       0 PIVOT       9
BOUND ON OPTIMUM:   18.00000
ENUMERATION COMPLETE. BRANCHES=      0 PIVOTS=        9

LAST INTEGER SOLUTION IS THE BEST FOUND
RE-INSTALLING BEST SOLUTION...

        OBJECTIVE FUNCTION VALUE

        1)      18.00000

  VARIABLE        VALUE          REDUCED COST
        X1         0.000000         -1.000000
        X2         2.000000          1.000000
        X3         4.000000         -1.000000
        X4         4.000000         -1.000000
        X5         6.000000         -1.000000
        X6         2.000000         -1.000000
        X7         0.000000         -1.000000
       Y14         0.000000          0.000000
       Y24         2.000000          0.000000

       ROW   SLACK OR SURPLUS     DUAL PRICES
        2)         0.000000          0.000000
        3)         0.000000          0.000000
        4)         0.000000          0.000000
        5)         0.000000          0.000000
        6)         0.000000          0.000000
        7)         0.000000          0.000000
        8)         2.000000          0.000000
        9)         0.000000          0.000000
```

```
<untitled>
max x1+x2+x3+x4+x5+x6+x7
st
x2+x3+y14<=6
x3+x4+y24<=10
x4+x5<=10
x5+x6+y14+y24<=10
x6+x7<=2
x1+x7<=0
x1+x2<=4
x1+x2+x3+x4+x5+x6+x7+y14+y24=20
end
gin x1
gin x2
gin x3
gin x4
gin x5
gin x6
gin x7
gin y14
gin y24
```

✦ 圖 2-12　連續休假 18 人不連續（14 與 24）2 人之排班模式

表 2-18　連續休假 18 人與不連續休假 2 人之排班狀況

	一	二	三	四	五	六	日
X_1	0	0	0	0	0		
X_2		2	2	2	2	2	
X_3			4	4	4	4	4
X_4	4			4	4	4	4
X_5	6	6			6	6	6
X_6	2	2	2			2	2
X_7	0	0	0	0			0
y_{14}		0	0		0	0	0
y_{24}	2		2		2	2	2
20 位員工	14	10	10	10	18	20	18
人力需要	14	10	10	10	18	20	16
多/缺工狀況							2

本章習題

一、選擇題

某健康中心擬推出健康早餐，至少 420 卡路里、5 豪克鐵、400 豪克鈣、20 克蛋白質、12 克纖維，至多 20 克脂肪、30 豪克膽固醇。請參考下列食品資訊，請建立 LP 模式，探討最低成本的食譜。

	卡路里	脂肪	膽固醇	鐵	鈣	蛋白質	纖維	成本
豆漿（杯）	110	2	0	4	48	4	2	22
蔬菜（碗）	90	2	0	3	8	6	4	12
蛋（個）	75	5	270	1	30	7	0	10
培根（片）	35	3	8	0	0	2	0	9
牛奶（杯）	100	4	12	0	250	9	0	16
果汁（杯）	120	0	0	0	3	1	0	50
吐司（片）	65	1	0	1	26	3	3	7

決策變數：各種食品的使用數量，單位依照表中的描述；x_1 ＝豆漿，x_2 ＝蔬菜，x_3 ＝蛋，x_4 ＝培根，x_5 ＝牛奶，x_6 ＝果汁，x_7 ＝吐司；各個變數都是非零的整數。

(　　)1. 目標函數？

(A) $\text{Max } x_1 + x_2 + x_3 + x_4 + x_5 + x_6 + x_7$

(B) $\text{Min } 22x_1 + 12x_2 + 10x_3 + 9x_4 + 16x_5 + 50x_6 + 7x_7$

(C) $\text{Max } 22x_1 + 12x_2 + 10x_3 + 9x_4 + 16x_5 + 50x_6 + 7x_7$

(D) $\text{Min } 110x_1 + 90x_2 + 75x_3 + 35x_4 + 100x_5 + 120x_6 + 65x_7$

(　　)2. 脂肪限制式？

(A) $2x_1 + 2x_2 + 5x_3 + 3x_4 + 4x_5 + x_7 \le 20$

(B) $2x_1 + 2x_2 + 5x_3 + 3x_4 + 4x_5 + x_7 \ge 20$

(C) $4x_1 + 3x_2 + x_3 + x_7 \le 5$

(D) $4x_1 + 3x_2 + x_3 + x_7 \ge 5$

(　　)3. 蛋白質限制式？

(A) $2x_1 + 4x_2 + 3x_7 \le 12$

(B) $2x_1 + 4x_2 + 3x_7 \ge 12$

(C) $4x_1 + 6x_2 + 7x_3 + 2x_4 + 9x_5 + x_6 + 3x_7 \ge 20$

(D) $4x_1 + 6x_2 + 7x_3 + 2x_4 + 9x_5 + x_6 + 3x_7 \le 20$

(　　)4. 膽固醇限制式？

(A) $270x_3 + 8x_4 + 12x_5 \le 30$

(B) $270x_3 + 8x_4 + 12x_5 \ge 30$

(C) $48x_1 + 8x_2 + 30x_3 + 250x_5 + 3x_6 + 26x_7 \ge 400$

(D) $48x_1 + 8x_2 + 30x_3 + 250x_5 + 3x_6 + 26x_7 \le 400$

(　　)5. 最佳解？ (A) $x_1 = 1$ (B) $x_3 = 1$ (C) $x_5 = 1$ (D) $x_7 = 1$。

某航空公司與工會簽訂的合約，規定每位客服人員八小時為一個輪班，每個班次的工作時間與薪水標準如下表所示。

班別	第 1 輪班	第 2 輪班	第 3 輪班	第 4 輪班	第 5 輪班
工作時間	6:00AM～2:00PM	8:00AM～4:00PM	12:00AM～8:00PM	4:00PM～12:00PM	10:00PM～6:00AM
週薪	$1,700	$1,600	$1,750	$1,800	$1,950

近來航空公司準備增加機場的航班，需要雇用更多的客服人員，下表顯示各個營業時段所需要的客服人員人數。

6:00AM～8:00AM	8:00AM～10:00AM	10:00AM～12:00AM	12:00AM～2:00PM	2:00PM～4:00PM	4:00PM～6:00PM	6:00PM～8:00PM	8:00PM～10:00PM	10:00PM～12:00PM	12:00PM～6:00AM
48（人）	75	65	87	64	73	82	43	52	15

請決定各個班次每天所需雇用的客服人數，希望以最少成本提供客戶滿意的服務。決策變數：第i個輪班所需雇用的客服人數x_i。

(　　)6. 模式追求？ (A)最大化利潤 (B)最大化收入 (C)最小化薪資成本 (D)最小化運輸成本。

(　　) 7. 目標函數式？

(A) $x_1 + x_2 + x_3 + x_4 + x_5$

(B) $1700x_1 + 1600x_2 + 1750x_3 + 1800x_4 + 1950x_5$

(C) $48x_1 + 79x_2 + 65x_3 + 87x_4 + 64x_5$

(D) $15x_1 + 52x_2 + 43x_3 + 82x_4 + 73x_5$。

(　　) 8. 營業時間 10:00AM～12：00AM 之限制式為？(A) $x_4 + x_5 \ge 65$　(B) $x_1 + x_2 \ge 65$　(C) $x_3 + x_4 \ge 65$　(D) $x_2 + x_3 \ge 65$。

(　　) 9. 營業時間 6:00PM～8:00PM 之限制式為？　(A) $x_4 + x_5 \ge 82$　(B) $x_1 + x_2 \ge 82$　(C) $x_3 + x_4 \ge 82$　(D) $x_2 + x_3 \ge 82$。

(　　) 10. 最佳解？　(A) $x_1 = 15$　(B) $x_2 = 43$　(C) $x_3 = 39$　(D) $x_4 = 31$。

某城市評估三個警察分局（A－B－C）之績效，兩項投入因素：警員人數與警備車輛數，兩項產出因素：預防犯罪之巡邏任務（千次）與逮捕罪犯之任務（百次）。請探討其效率。

	投入		產出	
	1	2	1	2
A	20	6	6	8
B	30	9	8	9
C	40	12	10	11

決策變數：警員人數的重要性u_1，警備車輛數的重要性u_2，預防犯罪巡邏任務之重要性v_1，逮捕罪犯任務之重要性v_2。

[1] Max $6v_1 + 8v_2$

s.t.

$$20u_1 + 6u_2 = 1$$
$$6v_1 + 8v_2 - 20u_1 - 6u_2 \le 0$$
$$8v_1 + 9v_2 - 30u_1 - 9u_2 \le 0$$
$$10v_1 + 11v_2 - 40u_1 - 12u_2 \le 0$$
$$u_1 \ge 0.01,\ u_2 \ge 0.01,\ v_1 \ge 0.01,\ v_2 \ge 0.01.$$

[2] Max $8v_1+9v_2$

s.t.

$$30u_1+9u_2=1$$
$$6v_1+8v_2-20u_1-6u_2\le 0$$
$$8v_1+9v_2-30u_1-9u_2\le 0$$
$$10v_1+11v_2-40u_1-12u_2\le 0$$
$$u_1\ge 0.01, u_2\ge 0.01, v_1\ge 0.01, v_2\ge 0.01.$$

[3] Max $10v_1+11v_2$

s.t.

$$40u_1+12u_2=1$$
$$6v_1+8v_2-20u_1-6u_2\le 0$$
$$8v_1+9v_2-30u_1-9u_2\le 0$$
$$10v_1+11v_2-40u_1-12u_2\le 0$$
$$u_1\ge 0.01,\ u_2\ge 0.01,\ v_1\ge 0.01,\ v_2\ge 0.01.$$

(　　) 11. A 警局 DEA 之 LP 模式？ (A)模式(1) (B)模式(2) (C)模式(3)。

(　　) 12. B 警局 DEA 之 LP 模式？ (A)模式(1) (B)模式(2) (C)模式(3)。

(　　) 13. C 警局 DEA 之 LP 模式？ (A)模式(1) (B)模式(2) (C)模式(3)。

(　　) 14. 效率第一名的警局？ (A)A (B)B (C)C。

(　　) 15. 警局 B 的效率指標值？ (A)100% (B)87% (C)81%。

二、綜合題

1. 客運公司各時段需要之客車數如下表所示，人車一體，所需之司機員人數等於客車數。司機員每日之 6 點、12 點、與 18 點上班，連續上班 6 小時。請建立 LP 模式，探討司機員之排班問題。

時段	6~10	10~16	16~20	20~24

客車	45	20	40	15

2. 某銀行經理負責 10 億元之債　投資，可以考慮之項目如下表所示。銀行交代之策略包括：債　B、C、D 至少投資 4 億元，投資組合之（風險）品質等級指標不超過 1.5，平均到期時間不超過 5 年。請建立 LP 模式，探討該經理人之最佳投資組合。

	品質等級指標	到期時間(年)	到期報酬(%)
A	2	9	4.3
B	2	15	2.7
C	1	4	2.5
D	1	3	2.2
E	5	2	4.5

3. 某公司製造塑膠刀叉餐具，以及衍伸產品餐具包與餐具箱；餐具包是將一組刀叉與杯碗紙巾等置於一個包包中，餐具箱是將 100 個餐具包 10 組餐具與餐桌紙等置於一個方便提攜的紙箱中。1,000 組餐具、1,000 個餐具包、或 1000 個餐具箱之價格分別為 \$500、\$1,500、\$100,000。製造 1,000 組朔膠刀叉餐具需要\$250 之材料，使用 0.8 小時射出成型機器，以及 0.2 小時品質檢驗。組裝 1,000 個餐具包除了餐具之外，需要 \$400 之其他材料，使用 1.5 小時組裝區，與 0.5 小時之品質檢驗。組裝 1,000 個餐具箱除了餐具包與餐具之外，需要\$800 之其他材料，使用 2.5 小時組裝區，與 0.5 小時之品質檢驗。下一個月之生產時間 200 小時，機器、組裝區、與檢驗區皆然。請建立 LP 模式決定最佳生產組合。

NOTE

CHAPTER

03

線性規劃方法

本章大綱

3-1 幾何求解

3-2 代數求解－單體法

3-3 對偶問題

3-4 敏感性分析

MANAGEMENT SCIENCE

3-1
幾何求解

本章利用範例介紹線性規劃求解的幾何方法；再配合範例之幾何求解，以直覺的方式，說明線性規劃求解的代數方法；最後，本章討論 LINDO 電腦軟體求解之結果，包括說明 LINDO 結果中對偶價格與敏感性分析等資訊。本節以一個最大化範例與一個最小化範例，介紹線性規劃模式之幾何求解方法；接著，利用四個範例說明線性規劃模式之四種可能結果：「唯一最佳解」、「多重最佳解」、「無解」、與「無限解」，以及線性規劃模式的特性：有最佳解時一定有端點最佳解。

範例一：最大化問題

某公司生產兩種產品，P1 與 P2，利潤爲 40 與 50（$/單位）。生產過程中使用兩種資源，M1 與 M2，下一週可以使用之數量爲 120 與 40（單位）。各產品生產 1 單位需要之資源數量如表 3-1 所示。請探討其生產組合。

表 3-1　產品組合問題

	P1	P2	資源數量
M1	1	2	40
M2	4	3	120
產品利潤	40	50	

LP：Max　$Z = 40x_1 + 50x_2$

s.t.

$$\begin{aligned} x_1 + 2x_2 &\le 40 \\ 4x_1 + 3x_2 &\le 120 \\ x_1 \ge 0,\ x_2 &\ge 0 \end{aligned}$$

最佳化產品組合生產問題之線性規劃模式如上，目標追求利潤最大化，兩個資源數量限制式以及兩個變數非負限制式。對於兩個變數的問題，上列模式的寫法稱爲線性規劃問題之幾何標準式，不等式之右方爲非負之常數，方便圖 3-1 與圖 3-2 所示之幾何作圖與求解。

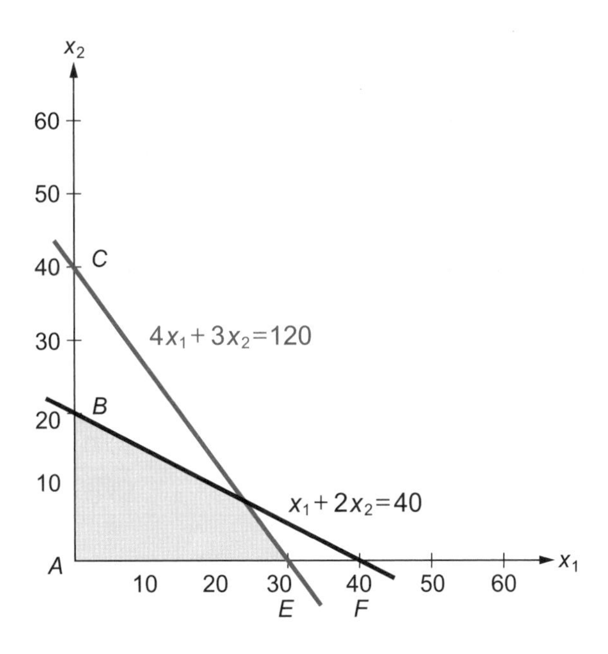

✦ 圖 3-1 產品組合問題之限制式

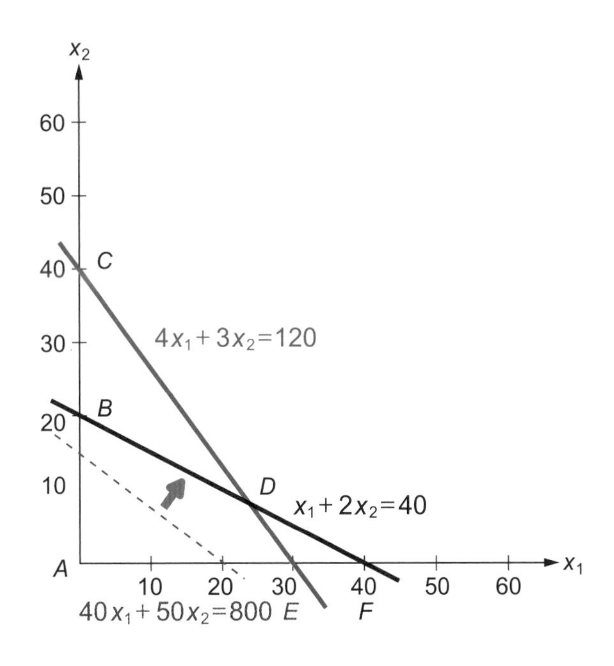

✦ 圖 3-2 產品組合問題之求解

觀察可行解區域，以及平行移動之目標函數式，LP 唯一的最佳解爲 $x_1+2x_2=40$ 與 $4x_1+3x_2=120$ 之交點(8,24)。亦即，圖中 4 個限制式中，$x_1+2x_2\le 40$ 與 $4x_1+3x_2\le 120$ 是「有作用（Active）之限制式」。

範例二：最小化問題

某農廠使用兩種有機肥料，F1 與 F2，價格為 600 與 300（$/袋）。肥料中有兩種重要元素，氮與磷，每袋中元素之數量（磅/袋）如表 3-2 所示。下週期需要施作之氮肥 16 磅，施作之磷肥 24 磅。請探討其肥料之使用。

表 3-2　生產因素組合問題

	氮	磷	肥料價格
F1	2	4	$600
F2	4	3	$300
肥料用量	16	24	

LP：Min　$Z = 6x_1 + 3x_2$

s.t.

$$2x_1 + 4x_2 \geq 16$$
$$4x_1 + 3x_2 \geq 24$$
$$x_1 \geq 0,\ x_2 \geq 0$$

最佳生產因素組合問題的線性規劃模式如上，目標是追求成本最小化，兩個肥料使用量限制式以及兩個變數非負限制式。同樣的，上列模式的寫法為幾何標準式，不等式之右方為非負之常數，方便圖 3-2 與圖 3-4 所示之幾何作圖與求解。

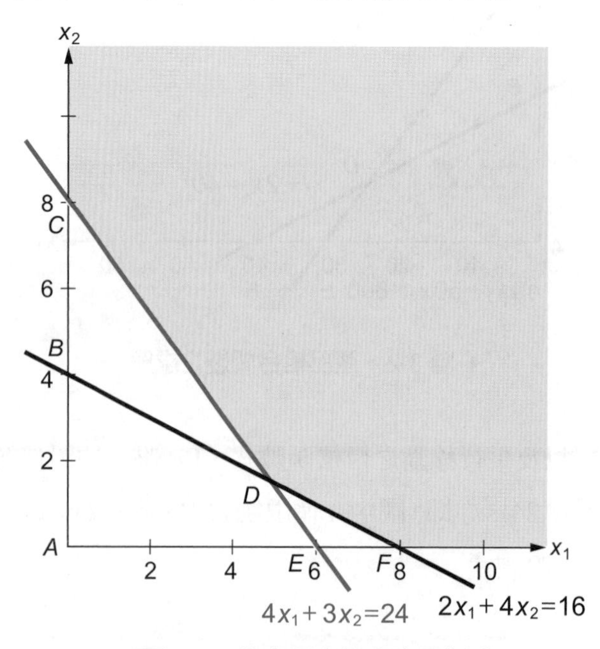

圖 3-3　生產因素組合之限制式

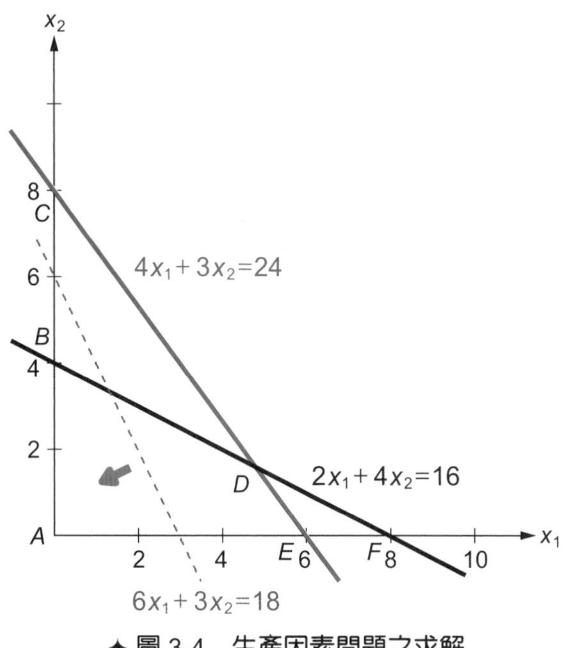

✦ 圖 3-4　生產因素問題之求解

觀察可行解區域，以及平行移動之目標函數式，LP 唯一的最佳解為 $x_1=0$ 與 $4x_1+3x_2=24$ 之交點(0,8)。亦即，圖 3-4 中 4 個限制式中，$x_1\ge 0$ 與 $4x_1+3x_2\le 24$ 是「有作用（Active）之限制式」。

由上列兩個最大化與最小化例子中，可以了解幾何求解之步驟：

1. 寫出線性規劃模式之幾何標準式。
2. 畫出限制式為等式的線條，並判斷滿足限制式的可行區域。
3. 考慮所有限制式的可行解區域，判斷是否為空集合，空集合代表模式「無解」。
4. 畫出目標函數式之平行移動線條，了解目標值增加或減少之方向。
5. 判斷可行解區域中是否有「唯一最佳解」，還是有「多重最佳解」，或者最佳解發生在無限遠的「無限解」。

$$\begin{aligned}&\text{Max } Z=40x_1+50x_2\\&\text{s.t.}\\&\quad x_1+2x_2\le 40\\&\quad 4x_1+3x_2\le 120\\&\quad x_1\ge 0,\ x_2\ge 0\end{aligned}$$

$$\begin{aligned}&\text{Max } Z=40x_1+30x_2\\&\text{s.t.}\\&\quad x_1+2x_2\le 40\\&\quad 4x_1+3x_2\le 120\\&\quad x_1\ge 0,\ x_2\ge 0\end{aligned}$$

上列兩個模式幾何繪圖，如圖 3-5 與圖 3-6 所示，分別是：「唯一最佳解」與「多重最佳解」。圖 3-5 之可行解區域是多邊形 ABDE，最佳解爲 D 點，爲「唯一最佳解」。圖 3-6 中可行解區域是多邊形 ABDE，最佳解爲 D 與 E 端點，以及 DE 線段上的點，爲「多重最佳解」。此外，由範例中可知，LP 模式有最佳解，不論是「唯一最佳解」與「多重最佳解」，一定有端點的最佳解。而且，LP 模式之可行解區域一定是凸集合（Convex Set）。

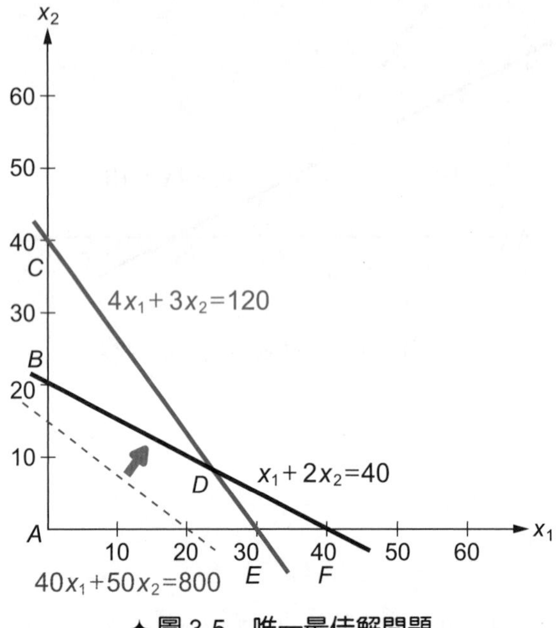

✦ 圖 3-5　唯一最佳解問題

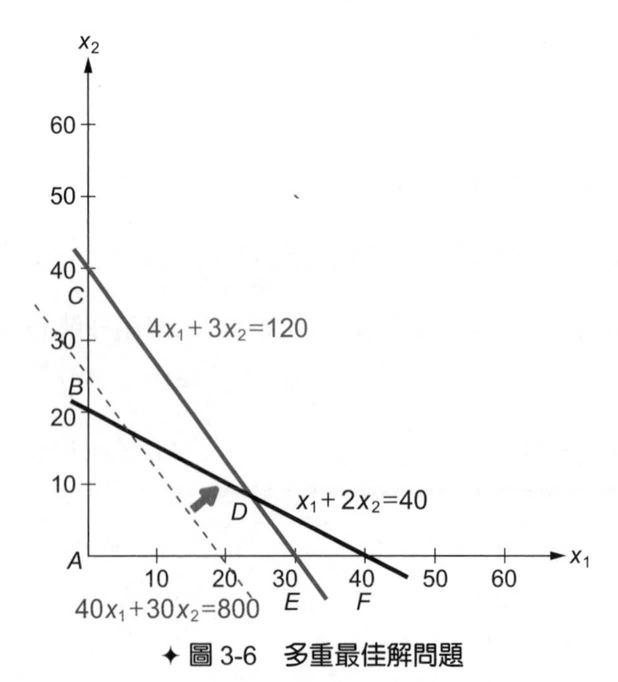

✦ 圖 3-6　多重最佳解問題

Max $\quad Z = 5x_1 + 3x_2$

s.t.

$4x_1 + 2x_2 \quad \leq 8$

$x_1 \qquad \geq 4$

$x_2 \qquad \geq 6$

$x_1 \geq 0,\ x_2 \geq 0$

Max $\quad Z = 4x_1 + 2x_2$

s.t.

$x_1 \geq 4$

$x_2 \leq 2$

$x_1 \geq 0,\ x_2 \geq 0$

上列兩個 LP 模式之圖解如圖 3-7 與圖 3-8 所示，分別是：「無解」與「無限解」，可行解集合式空集合與最佳結果在無限遠的地方。綜合言之，LP 模式之結果有上述四種可能：「唯一最佳解」、「多重最佳解」、「無解」，與「無限解」；線性規劃模式之可行解區域是凸集合，有最佳解時一定有端點最佳解。

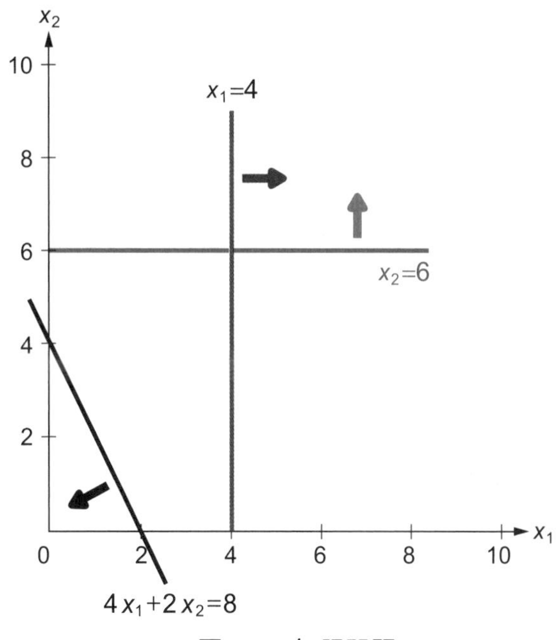

✦ 圖 3-7　無解問題

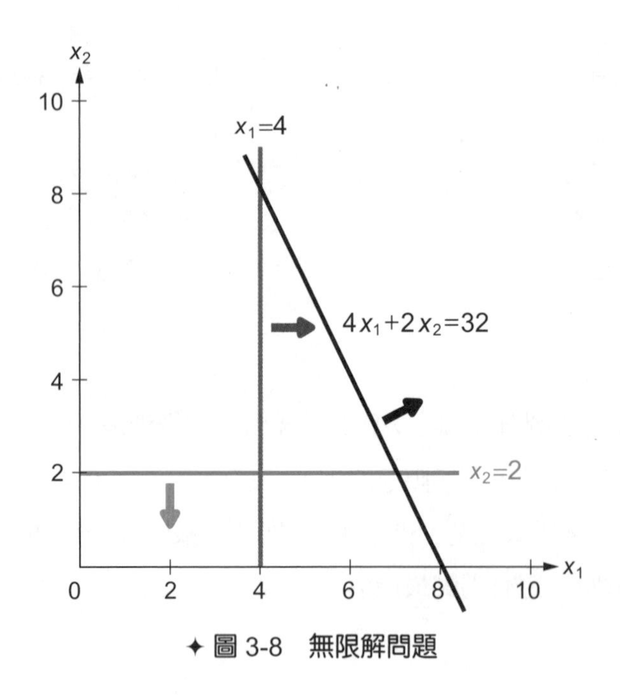

✦ 圖 3-8　無限解問題

3-2
代數求解－單體法（The Simplex Method）

本節以第一章 1-5 節產銷規劃問題爲範例，介紹線性規劃模式之代數求解方法。當線性規劃模式的變數超過兩個，幾何求解的「困難度」與「清晰度」不容易處理，必須使用代數方法求解，單體法（The Simplex Method）是最常用的方法。1-5 節產銷問題之線性規劃模式如下，左方是幾何標準式，右方是代數標準式；兩者表達方式在限制式，幾何標準式使用不等式，代數標準式使用等式；兩者的實質結果沒有差別。

Max $Z = 5x_1 + 4x_2$

s.t.

$$
\begin{aligned}
6x_1 + 4x_2 &\le 24 \\
x_1 + 2x_2 &\le 6 \\
-x_1 + x_2 &\le 1 \\
x_2 &\le 2 \\
x_1 \ge 0, x_2 &\ge 0
\end{aligned}
$$

Max $Z = 5x_1 + 4x_2$

s.t.

$$
\begin{aligned}
6x_1 + 4x_2 + S_2 \qquad\qquad\qquad &= 24 \\
x_1 + 2x_2 + \qquad S_3 \qquad\qquad &= 6 \\
-x_1 + x_2 + \qquad\qquad S_4 \qquad &= 1 \\
x_2 + \qquad\qquad\qquad S_5 &= 2 \\
x_i \ge 0,\ i = 1,\ 2;\ S_j \ge 0,\ j &= 2,3,4,5.
\end{aligned}
$$

將幾何標準式中小於等於限制式，加入非負之「鬆弛變數（Slack Variable）」，使得小於等於限制式成爲等式，裨益將來代數上聯立方程式求解。如果，模式中有大於等於限制式，則在式子中減去非負之「剩餘變數（Surplus Variable）」，使得大於等於限制式成爲等式。簡言之，線性規劃之代數標準式中限制式，除了非負限制式之外，一般限制式以等式方式呈現。

上列範例之代數標準式中，限制式有 4 個方程式，有 6 個變數。爲了求解聯立方程式之方便，假設 6 個變數中的 2 個變數爲 0，稱非基變數（Non-basic Variables），求解剩下來的另外的 4 個變數，稱基變數（Basic Variables）。如此求解聯立方程式，求得的解，稱爲基本解（Basic Solutions）。6 個變數中選 2 個非基變數（4 個基變數）的方式是 6 選 2 或 6 選 4 的組合問題，共有 15 種選取方式，亦即有 15 個基本解。

15 個基本解的計算結果如表 3-3 所示，其中有些解不符合非負的限制式，亦即不是「代數標準式模式」之可行解。此外，每一個基本解分別對應於幾何圖形中的一個端點解（Corner-point Solution），配合圖 3-9 的幾何繪圖上可以明顯分辨哪一個基本解是可行解。

最後需要說明的是，滿足「代數標準式模式」中聯立方程式的解，除了上述的基本解之外，還有其他的解。配合「幾何標準式模式」之繪圖，可行解區域中的可行解，除了端點的可行解之外，還有其的可行解。由前一節之討論可知，線性規劃有最佳解時一定有端點最佳解；所以，建立「代數標準式模式」，方便求取基本解，亦即幾何上的端點解，可以方便地找尋到端點最佳解。

簡言之，有 n 個變數 m 個方程式，n≧m，基本解共有 $\frac{m!}{n!(m-n)!}$ 個。每一個基本解是幾何上的一個端點解，相鄰的端點解只會相差一個基變數。

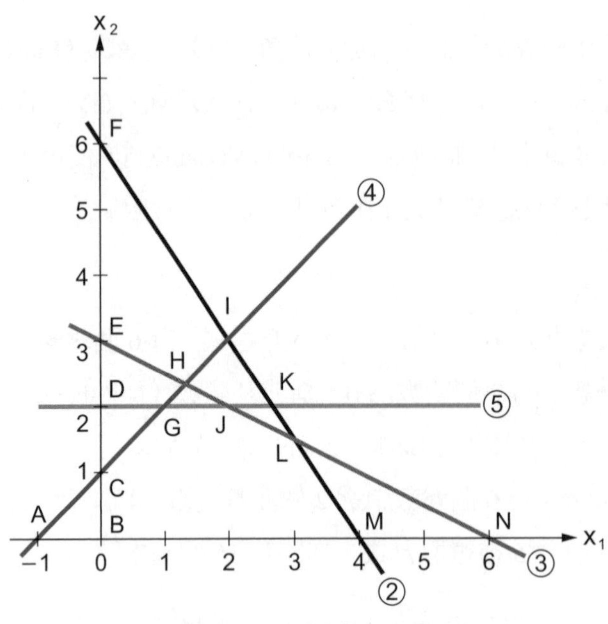

✦ 圖 3-9　限制式與可行解

◘ 表 3-3　代數基本解

	X_1	X_2	S_2	S_3	S_4	S_5	可行解
B	○	○	24	6	1	2	*
F	○	6	○	−6	−5	−4	×
E	○	3	12	○	−2	−1	×
C	○	1	20	4	○	1	*
D	○	2	16	2	−1	○	×
M	4	○	○	2	5	2	*
N	6	○	−12	○	7	2	×
A	−1	○	30	7	○	2	×
※	∞	○	−∞	−∞	∞	○	×
L	3	1.5	○	○	2.5	0.5	*
I	2	3	○	−2	○	−1	×
K	2(2/3)	2	○	−(2/3)	1(2/3)	○	×
H	1(1/3)	2(1/3)	6(2/3)	○	○	−(1/3)	×
J	2	2	4	○	1	○	*
G	1	2	10	1	○	○	*

線性規劃之求解方法，單體法（The Simplex Method），在幾何上的演算過程是：

1. 以某個可行之端點解（代數上之基本解）開始。

2. 測試是否有目標函數更優之相鄰的可行端點解，相鄰的端點解只會相差一個基變數。

3. 若有則移動至該點，再至步驟 2，否則就停止。

上述單體法每一次運用代數方法求解聯立方程式，亦即求取可行之基本解，也就是幾何上之可行端點解；當上述演算程序停止時，手上之可行端點解即為最佳解（Optimal Solution）。

範例之第一組聯立方程式如下，其中 x_1 與 x_2 為非基變數，聯立解在幾何圖形上為 B 點。

$$
\begin{aligned}
Z - 5x_1 - 4x_2 &= 0 \\
6x_1 + 4x_2 + S_2 &= 24 \\
x_1 + 2x_2 + S_3 &= 6 \\
-x_1 + x_2 + S_4 &= 1 \\
x_2 + S_5 &= 2
\end{aligned}
$$

如果畫成單體表如下所示，可以很清楚的看到基本解（x_1=〇，x_2=〇，S_2=24，S_3=6，S_4=1，S_5=2），目標值 Z=0。此基本解是幾何圖形上的 B 點。

表 3-4　範例單體法之起始解（B 點）

BV	Z	X_1	X_2	S_2	S_3	S_4	S_5	RHS
Z	1	−5	−4	0	0	0	0	0
S_2	0	6	4	1	0	0	0	24
S_3	0	1	2	0	1	0	0	6
S_4	0	−1	1	0	0	1	0	1
S_5	0	0	1	0	0	0	1	2

使用 LINDO 軟體時，可以 tableau 指令，要求計算聯立方程式之單體表，亦即求取基本解，下表為 LINDO 之結果。

THE TABLEAU

THETABLEAU

ROW (BASIS)		X1	X2	SLK2	SLK3	SLK4
1ART		−5.000	−4.000	0.000	0.000	0.000
2SLK	2	6.000	4.000	1.000	0.000	0.000
3SLK	3	1.000	2.000	0.000	1.000	0.000
4SLK	4	−1.000	1.000	0.000	0.000	1.000
5SLK	5	0.000	1.000	0.000	0.000	0.000

ROW	SLK5	
1	0.000	0.000
2	0.000	24.000
3	0.000	6.000
4	0.000	1.000
5	1.000	2.000

表中第一列非基變數 X_1 的數值−5，表示非基變數 X_1 若不是 0，增加 1 單位，目標值增加 5；非基變數 X_2 的數值−4，表示非基變數 X_2 若不是 0，增加 1 單位，目標值增加 4；配合幾何圖形可以確認上述說明。所以，目前的基本解（B 點）還不是最佳解，可以讓非基變數 X_1 或非基變數 X_2 進入基本解，使得目標值增加。

如果選擇讓非基變數 X_1 進入基本解，以單體表中 RHS 欄除以 X_1 欄，亦即：24/6，6/1，(1/−1)，(2/0)。配合幾何圖形，第 2 列之 24/6 表示：X_1 由 B 點增加 4 單位會遇到第 2 方程式與 X_1 軸之交點，亦即到達 M 點；第 3 列之 6/1 表示：X_1 由 B 點增加 6 單位會遇到第 3 方程式與 X_1 軸之交點，亦即到達 N 點；第 4 列之(1/−1)表示：X_1 由 B 點減少 1 單位會遇到第 4 方程式與 X_1 軸之交點，亦即到達 A 點；第 5 列之(2/0)表示：X_1 由 B 點增加∞單位會遇到第 5 方程式與 X_1 軸之交點，亦即無限遠的地方。

非基變數欄位中有 0 之列，表示朝無限遠方向走，不必考慮；非基變數欄位中有負數之列，表示朝負數方向走，也不必考慮；可以考慮的只有第 2 列與第 3 列。RHS 與欄位數值比例數值最小的是第 2 列，表示：X_1 由 B 點增加時會先遇到第 2 個方程式之 M 點；亦即，如圖形所示，遇到第 3 個方程式時會成爲不可行解之 N 點。所以，讓非基變數 X_1 進入基本解，原來第 2 列的基本變數 S_2 離開，以維持基本變數之數量。X_1 增加 4 單位，目標值增加 4×5=20，端點解移動到 M 點。亦即，期望找到下列單體表中的數字。

表 3-5　基變數轉變之單體法運算（X1 變數進入）

BV	Z	X_1	X_2	S_2	S_3	S_4	S_5	RHS
Z	1	0			0	0	0	20
X_1	0	1			0	0	0	4
S_3	0	0			1	0	0	
S_4	0	0			0	1	0	
S_5	0	0			0	0	1	

使用 LINDO 軟體時，在某一張單體表下，可以 pivot 指令，要求計算追求更好的目標值時，基變數之改變，其結果如下：

X_1　ENTERS　AT　VALUE　4.0000　IN ROW　2　OBJ.VALUE=20.000

基本變數中，X_1 取代 S_2，基本解的代數運算只是簡單的列運算。

1. 以第一張單體表之第 2 列除以 6 得到第二張單體表之第 2 列。
2. 以第二張單體表之第 2 列乘以 5 加上第一張單體表之第 1 列，得到第二張單體表之第 1 列。
3. 以第二張單體表之第 2 列乘以−1 加上第一張單體表之第 3 列，得到第二張單體表之第 3 列。
4. 以第二張單體表之第 2 列乘以 1 加上第一張單體表之第 4 列，得到第二張單體表之第 4 列。
5. 最後，以第二張單體表之第 2 列乘以 0 加上第一張單體表之第 5 列，得到第二張單體表之第 5 列。

第二張單體表所如下所示，其所對映之聯立方程式，也展示如下。必須強調的是：第一組聯立方程式與第二組聯立方程式是對等的（Equivalent），只是表達的方式不同，方便我們看到不同的端點解。

◎ 表 3-6　範例單體法之基本解（M 點）

BV	Z	X_1	X_2	S_2	S_3	S_4	S_5	RHS
Z	1	0	−(2/3)	5/6	0	0	0	20
X_1	0	1	2/3	1/6	0	0	0	4
S_3	0	0	1(1/3)	−(1/6)	1	0	0	2
S_4	0	0	1(2/3)	1/6	0	1	0	5
S_5	0	0	1	0	0	0	1	2

$$Z \quad -\frac{2}{3}x_2 + \frac{5}{6}S_2 = 20$$

$$x_1 + \frac{2}{3}x_2 + \frac{1}{6}S_2 = 4$$

$$1\frac{1}{3}x_2 - \frac{1}{6}S_2 + S_3 = 2$$

$$1\frac{2}{3}x_2 + \frac{1}{6}S_2 + S_4 = 5$$

$$x_2 + S_5 = 2$$

使用 LINDO 軟體時，可以 tableau 指令，要求計算聯立方程式之單體表。

```
THETABLEAU
ROW (BASIS)          X1        X2        SLK2      SLK3      SLK4
1ART                 0.000    −0.667     0.833     0.000     0.000
2          X1        1.000     0.667     0.167     0.000     0.000
3SLK       3         0.000     1.333    −0.167     1.000     0.000
4SLK       4         0.000     1.667     0.167     0.000     1.000
5SLK       5         0.000     1.000     0.000     0.000     0.000

ROW        SLK          5
1          0.000     20.000
2          0.000      4.000
3          0.000      2.000
4          0.000      5.000
5          1.000      2.000
```

表中第一列非基變數 X_2 的數值−(2/3)，表示非基變數 X_2 若不是 0，增加 1 單位，目標值增加(2/3)；非基變數 S_2 的數值(5/6)，表示非基變數 S_2 若不是 0，增加 1 單位，目標值減少(5/6)。所以，目前的基本解還不是最佳解，可以讓非基變數 X_2 進入基本解，使得目標值增加。請注意，X_2 增加 1 單位，目標值增加(2/3)，不是目標值增加 4；因為，X_2 增加 1 單位，要維持在可行解區域裡，X_1 必須因應調整。

如果選擇讓非基變數 X_2 進入基本解，以單體表中 RHS 欄除以 X_2 欄，亦即：4/(2/3)，2/(1(1/3))，5/(1(2/3))，(2/1)。如同幾何圖形所示：

第 2 列之 6 表示：X_2 增加 6 單位會遇到第 2 方程式與 X_2 軸之交點 F。

第 3 列之 3/2 表示：X_2 增加 3/2 單位會遇到第 3 方程式，亦即 L 點。

第 4 列之 3 表示：X_2 增加 3 單位會遇到第 4 方程式，亦即 I 點。

第 5 列之 2 表示：X_2 增加 2 單位會遇到第 5 方程式，亦即 K 點。

簡言之，由基本解 M 點，沿著可行解區域之邊線，亦即方程式 2，遇到各個端點解。RHS 與欄位數值比例數值最小的是第 3 列，表示：X_2 由 M 點沿著可行解區域邊線增加時，會先遇到第 3 個方程式之 L 點。如圖形所示，遇到第 5 個方程式或第 4 個方程式時，會成為不可行解之 K 點或 I 點。所以，讓非基變數 X_2 進入基本解，原來第 3 列的基本變數 S_3 離開，以維持基本變數之數量。X_2 增加(3/2)單位，目標值增加(2/3)×(3/2)=1，由端點解 M 移動到端點解 L。亦即，期望找到下列單體表中的數字。

表 3-7　基變數轉變之單體法運算（X2 變數進入）

BV	Z	X_1	X_2	S_2	S_3	S_4	S_5	RHS
Z	1	0	0			0	0	21
X_1	0	1	0			0	0	
X_2	0	0	1			0	0	1(1/2)
S_4	0	0	0			1	0	
S_5	0	0	0			0	1	

使用 LINDO 軟體時，在某一張單體表下，可以 pivot 指令，要求計算追求更好的目標值時，基變數之改變，其結果如下：

X_2 ENTERS AT VALUE 1.5000 IN ROW 3 OBJ.VALUE=21.000

基本變數中，X_2 取代 S_3，基本解的代數運算只是簡單的列運算。

1. 以第二張單體表之第 3 列除以 1(1/3)得到第三張單體表之第 3 列。
2. 以第三張單體表之第 3 列乘以(2/3)加上第二張單體表之第 1 列，得到第三張單體表之第 1 列。
3. 以第三張單體表之第 3 列乘以–(2/3)加上第二張單體表之第 2 列，得到第三張單體表之第 2 列。
4. 以第三張單體表之第 3 列乘以–1(2/3)加上第二張單體表之第 4 列，得到第三張單體表之第 4 列。
5. 最後，以第三張單體表之第 3 列乘以−1 加上第二張單體表之第 5 列，得到第三張單體表之第 5 列。

第三張單體表所如下所示，其所對映之聯立方程式，也展示如下。必須強調的是：第三組聯立方程式與前述之第一組、第二組聯立方程式是對等的（Equivalent），只是表達的方式不同，方便我們看到不同的端點解。

表 3-8　範例單體法之基本解（L 點）

BV	Z	X_1	X_2	S_2	S_3	S_4	S_5	RHS
Z	1	0	0	3/4	1/2	0	0	21
X_1	0	1	0	1/4	−1/2	0	0	3
X_2	0	0	1	−1/8	3/4	0	0	3/2
S_4	0	0	0	3/8	−5/4	1	0	5/2
S_5	0	0	0	1/8	−3/4	0	1	1/2

$$Z + \frac{3}{4}S_2 + \frac{1}{2}S_3 = 21$$

$$x_1 + \frac{1}{4}S_2 - \frac{1}{2}S_3 = 3$$

$$x_2 - \frac{1}{8}S_2 + \frac{3}{4}S_3 = \frac{3}{2}$$

$$\frac{3}{8}S_2 - \frac{5}{4}S_3 + S_4 = \frac{5}{2}$$

$$\frac{1}{8}S_2 - \frac{3}{4}S_3 + S_5 = \frac{1}{2}$$

表中第一列非基變數 S_2 的數值(3/4)，表示增加 1 單位，目標值減少(3/4)；非基變數 S_3 的數值(1/2)，表示增加 1 單位，目標值減少(1/2)。所以，無法藉著基本變數之改變始目標值增加，目前的基本解已經是最佳解。停止計算。若使用 LINDO 軟體時，可以得到下列最佳解結果。

THE TABLEAU

ROW	(BASIS)	X1	X2	SLK2	SLK3	SLK4
1ART		0.000	0.000	0.750	0.500	0.000
2	X1	1.000	0.000	0.250	−0.500	0.000
3	X2	0.000	1.000	−0.125	0.750	0.000
4SLK	4	0.000	0.000	0.375	−1.250	1.000
5SLK	5	0.000	0.000	0.125	−0.750	0.000

ROW	SLK5	
1	0.000	21.000
2	0.000	3.000
3	0.000	1.500
4	0.000	2.500
5	1.000	0.500

LP OPTIMUM FOUND AT STEP 2

OBJECTIVE FUNCTION VALUE

1) 21.00000

VARIABLE	VALUE	REDUCEDCOST
X1	3.000000	0.000000
X2	1.500000	0.000000

ROW	SURPLUS SLACKOR	DUALPRICES
2)	0.000000	0.750000
3)	0.000000	0.500000
4)	2.500000	0.000000
5)	0.500000	0.000000

NO. ITERATIONS= 2

單體法運算過程，以原點 B 開始，亦即第一張單體表。原點 B 不是最佳解，非基變數 X_1 或 X_2 進入可以使目標值增加。選擇非基變數 X_1 進入，經過 RHS 與 X_1 變數欄位之比例計算，S_2 基本變數離開。

由第一張單體表，進行列運算，亦即中學就熟悉之高斯消去法，得到第二張單體表，到達 M 點。M 點仍不是最佳解，非基變數 X_2 進入可以使目標值增加。選擇非基變數 X_2 進入，經過 RHS 與 X_2 變數欄位之比例計算，S_3 基本變數離開。

接著，由第二張單體表，進行列運算，得到第三張單體表，到達 L 點。此時，沒有非基變數進入可以使目標值增加，得到一個最佳解。觀察非基變數第 1 列係數，L 點事唯一最佳解，停止計算。

3-3
對偶問題（The Dual Problem）

本節以範例說明線性規劃中原始問題與對偶問題的意義，以及 LINDO 輸出結果中對偶價格或影子價格之意義。

範例：生產活動與資源價值問題

某公司生產兩種產品，P1 與 P2，利潤爲 40 與 50（$/單位）。生產過程中使用兩種資源，M1 與 M2，下一週可以使用之數量爲 120 與 40（單位）。各產品生產 1 單位需要之資源數量如下表所示，請探討其生產組合。

表 3-9　產品組合問題

	P1	P2	數量
M1	1	2	40
M2	4	3	120
利潤	40	50	

$$\text{P: Max} \quad Z = 40x_1 + 50x_2$$

s.t.

$$x_1 + 2x_2 \le 40$$
$$4x_1 + 3x_2 \le 120$$
$$x_1 \ge 0,\ x_2 \ge 0$$

如果有人要向某公司購買資源 M1 與 M2，那 M1 與 M2 價格是多少時，某公司可以考慮賣掉手中資源而放棄生產 P1 與 P2？假設 M1 與 M2 價格分別是 y_1 與 y_2；以生產產品 P1 之機會而言，賣 1 單位 M1 與 4 單位必須至少賺 40 才合算；以生產產品 P2 之機會而言，賣 2 單位 M1 與 3 單位必須至少賺 50 才合算。

因此，下列模式探討：賣掉手中資源 M1 與 M2，放棄生產 P1 與 P2，公司最少應賺之金額 W。

$$\text{D：Min } W = 40y_1 + 120y_2$$

s.t.

$$y_1 + 4y_2 \ge 40$$
$$2y_1 + 3y_2 \ge 50$$
$$y_1 \ge 0, y_2 \ge 0$$

上述生產組合問題之線性規劃模式若稱爲原始問題（The Primal Problem），則資源價值的線性規劃問題稱爲對偶問題（The Dual Problem）；前者線性規劃之變數若稱爲原始變數，後者線性規劃之變數若稱爲對偶變數；反之亦然。所有線性規劃模式都有對偶關係，亦即，可以從不同的角度探討問題。上述例子中，對同一家公司的狀況，分別討論生產活動（追求最大利潤之產品組合）與資源價值（追求最基本應得到之販賣資源收益）。將上述原始線性規劃模式輸入 LINDO 求解會得到下列結果：

```
LP OPTIMUM FOUND AT STEP      2
      OBJECTIVE FUNCTION VALUE
      1)      1360.000

 VARIABLE        VALUE          REDUCED COST
       X1      24.000000          0.000000
       X2       8.000000          0.000000

      ROW   SLACK OR SURPLUS     DUAL PRICES
       2)       0.000000         16.000000
       3)       0.000000          6.000000

NO. ITERATIONS=       2
```

✦ 圖 3-10　原始問題 LINDO 求解之輸出

```
LP OPTIMUM FOUND AT STEP      0

      OBJECTIVE FUNCTION VALUE

      1)      1360.000

 VARIABLE        VALUE          REDUCED COST
       Y1        16.000000          0.000000
       Y2         6.000000          0.000000

      ROW   SLACK OR SURPLUS     DUAL PRICES
       2)         0.000000        -24.000000
       3)         0.000000         -8.000000

NO. ITERATIONS=       0
```

✦ 圖 3-11　對偶問題 LINDO 求解之輸出

由上列 LINDO 輸出結果發現：原始問題與對偶問題之最佳目標函數值相同，原始問題輸出結果中之對偶價格（Dual Price）剛好是對偶問題之決策變數結果，對偶問題輸出結果中之對偶價格剛好是原始問題決策變數結果之負值。

一般所謂之影子價格（Shadow Price），或 LINDO 輸出資料中之對偶價格（Dual Price），表達：線性規劃模式中某限制式右方數字（RHS）增加一單位，目標函數值可以改善之數量。對於最大化問題，目標函數值增加是改善；對於最小化問題，目標函數值減少是改善。

如 3-1 節所述，任一線性規劃模式有四種可能結果：「唯一最佳解」、「多重最佳解」、「無解」，與「無限解」，原始問題或對偶問題皆然。兩者之對應關係如下表所示：兩者同時有最佳解，一個爲無限解則另一個爲無解，或者兩者皆爲無解。原始問題或對偶問題之關係，不會發生於其它空白處。

◘ 表 3-10　原始問題與對偶問題之可能結果

D \ P	最佳解	無限解	無解
最佳解	※		
無限解			※
無解		※	※

3-4
敏感性分析（Sensitivity Analysis）

本節以第一章 1.5 節之線性規劃範例探討敏感性分析，說明 LINDO 輸出檔中敏感性分析結果之意義。其內容有二，模式目標函數各參數之敏感性，以及模式各限制式右方係數（RHS）之敏感性。限制式右方係數敏感性之討論分爲兩類：不發生作用限制式右方係數之敏感性，以及發生作用限制式右方係數之敏感性。此外，除了個別參數之敏感性分析，本節亦說明同時多個參數變化之分析，亦即 100%規則（100% rule）。

範例之模式、幾何求解、LINDO 輸出檔案之內容，如圖 3-12 所示。由 LINDO 基本輸出結果可知：下一週室外油漆 P1 與室內油漆 P2 之最佳產量分別爲 3 頓與 1.5 頓，甲公司之預期利潤爲 2 萬 1 千元。

由鬆弛變數結果可知：最佳生產狀況下，兩種資源人力（M1）、原料（M2），都沒有剩餘；所以，第 2 式與第 3 式是「有作用限制式」，第 4 式與第 5 式是「沒有作用限制式」。若人力資源（M1=24）增加 1 單位對公司利潤貢獻爲 0.75，若原料資源（M2=6）增加 1 單位對公司利潤貢獻爲 0.5。

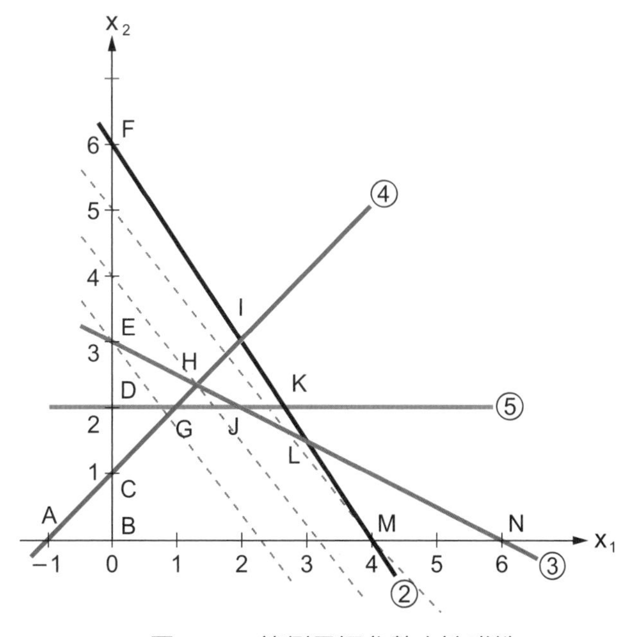

✦ 圖 3-12　範例目標參數之敏感性

```
LP OPTIMUM FOUND AT STEP                         2
OBJECTIVE FUNCTION VALUE
1)          21.00000

VARIABLE    VALUE               REDUCED COST
X1          3.000000            0.000000
X2          1.500000            0.000000
ROW         SLACK OR SURPLUS    DUAL PRICES
2)          0.000000            0.750000
3)          0.000000            0.500000
4)          2.500000            0.000000
5)          0.500000            0.000000

RANGES IN WHICH THE BASIS IS UNCHANGED:
OBJ COEFFICIENT RANGES
VARIABLE    CURRENT             ALLOWABLE      ALLOWABLE
            COEF                INCREASE       DECREASE
X1          5.000000            1.000000       3.000000
X2          4.000000            6.000000       0.666667

RIGHTHAND SIDE RANGES
ROW         CURRENT             ALLOWABLE      ALLOWABLE
            RHS                 INCREASE       DECREASE
2           24.000000           12.000000      4.000000
3           6.000000            0.666667       2.000000
4           1.000000            INFINITY       2.500000
5           2.000000            INFINITY       0.500000
```

目標式$Z = c_1x_1 + c_2x_2$，目前之資訊是$Z = 5x_1 + 4x_2$；如果有產品利潤之相關因素改變，目標式中的係數就會改變。不過，在 LINDO 敏感性輸出結果之改變幅度裡，最佳解之基（Basis）不會改變。

如圖 3-13 所示，c_1數值減小會使得目標函數之斜率變得更平。不過，只要其斜率沒有第 3 式平，最佳解仍然是 L 點；當其斜率與第 3 式相同時，亦即$c_1 = 8$時，最佳解爲 L 點、J 點、與期間之線段。因此，LINDO 敏感性輸出結果中顯示c_1可以減小之幅度爲 3(3=8−5)。

同理，c_2數值增加會使得目標函數之斜率變得更平。不過，只要其斜率沒有第 3 式平，最佳解仍然是 L 點；當其斜率與第 3 式相同時，亦即$c_2 = 10$時，最佳解為 L 點、J 點、與期間之線段。因此，LINDO 敏感性輸出結果中顯示c_1可以增加之幅度為 6(6=10−4)。

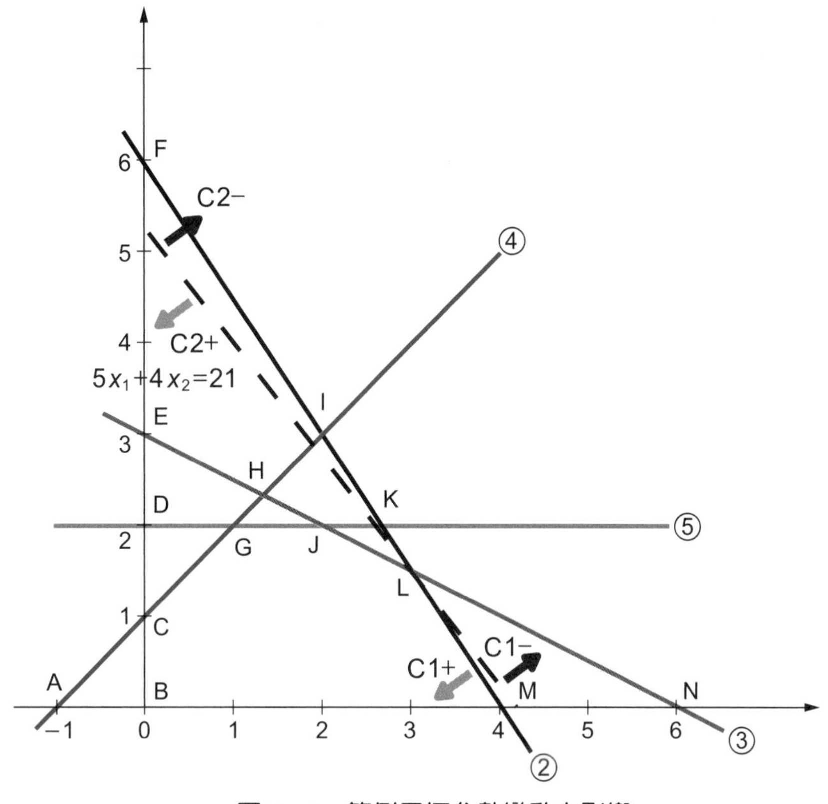

✦ 圖 3-13　範例目標參數變動之影響

c_1數值增加會使得目標函數之斜率變得更陡。不過，只要其斜率沒有第 2 式陡，最佳解仍然是 L 點；當其斜率與第 2 式相同時，亦即$c_1 = 6$時，最佳解為 L 點、M 點、與期間之線段。因此，LINDO 敏感性輸出結果中顯示c_1可以增加之幅度為 1(1=6−5)。

同理，c_2數值減小會使得目標函數之斜率變得更陡。不過，只要其斜率沒有第 2 式陡，最佳解仍然是 L 點；當其斜率與第 2 式相同時，亦即$c_2 = 20/6$時，最佳解為 L 點、M 點、與期間之線段。因此，LINDO 敏感性輸出結果中顯示c_1可以減小之幅度為 0.67(0.67=4−20/6)。

圖 3-14 以第 4 列限制式$-x_1 + x_2 \le 1$右方係數變化之影響，說明「不發生作用限制式」右方係數之敏感性分析。如圖所示，$-x_1 + x_2 = 1$直線不經過最佳解 L 點，是不發生作用限制式。若看 LINDO 輸出結果，第 4 列限制式之鬆弛變數，最佳解數值為 2.5，不是

0 就表示限制式不發生作用。如圖 3-14 所示，$-x_1+x_2=1$右方係數增加時，整條直線向左方平行移動；$-x_1+x_2=1$右方係數減小時，整條直線向右方平行移動。如果第 4 列限制式整條直線向左方平行移動，雖然有時會改變可行解區域，但不會與最佳解 L 點發生關係，亦即不影響最佳結果，所以 LINDO 輸出結果中不影響最佳基之可以增加幅度為無限大。

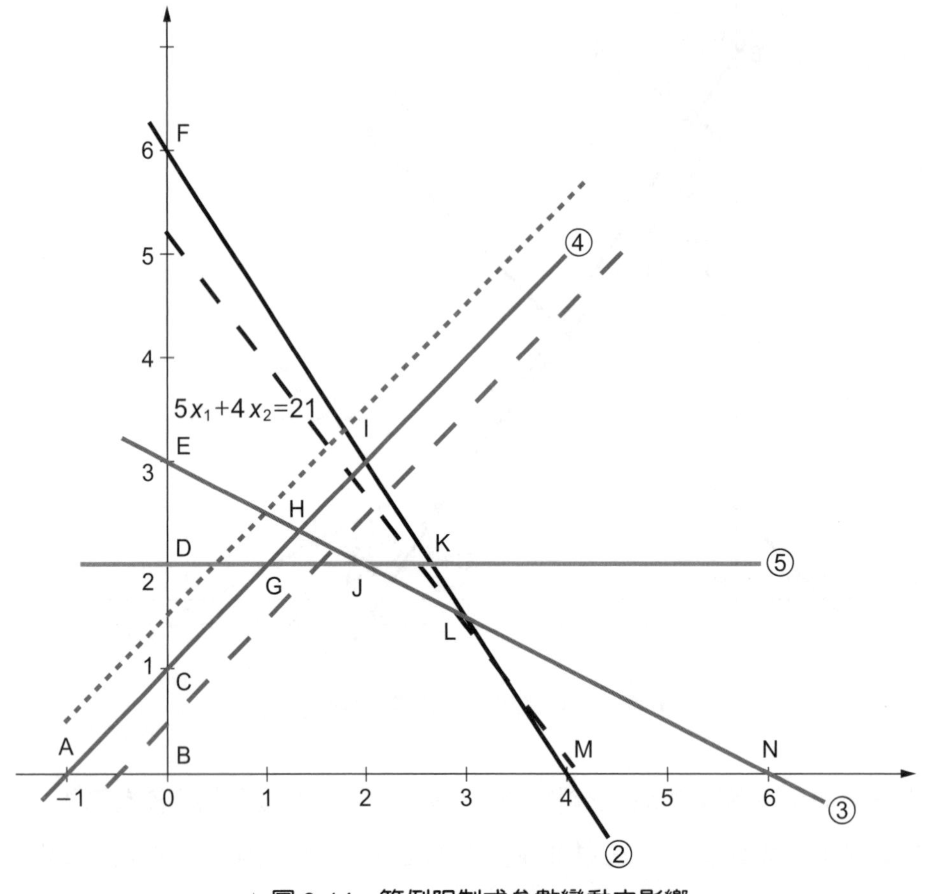

✦ 圖 3-14 範例限制式參數變動之影響

如果$-x_1+x_2=1$整條直線向右方平行移動，第 4 列限制式在沒有碰到最佳解 L 之前，雖然會改變可行解區域，但不會影響：最佳解是 L 點，以及第 2 式與第 3 式是有作用之限制式。

但是，如果$-x_1+x_2=1$整條直線向右方平行移動超過 L 點，如圖 3-15 所示，可行解區域變為 AIM 三角形，有作用之限制式變為第 2 式與第 4 式，最佳解也會改變為 I 點；亦即，求解過程之基變數與非基變數必須變動，不是目前的 LINDO 輸出結果可以說明。不過，$-x_1+x_2=1$右方係數減小時，在沒有碰到最佳解 L 之前不會影響最佳結果，

$-x_1+x_2=-1.5$ 經過 L 點(−3+1.5= −1.5)；所以，LINDO 輸出結果中不影響最佳基之可以減小幅度爲 2.5(2.5=1–(−1.5))。

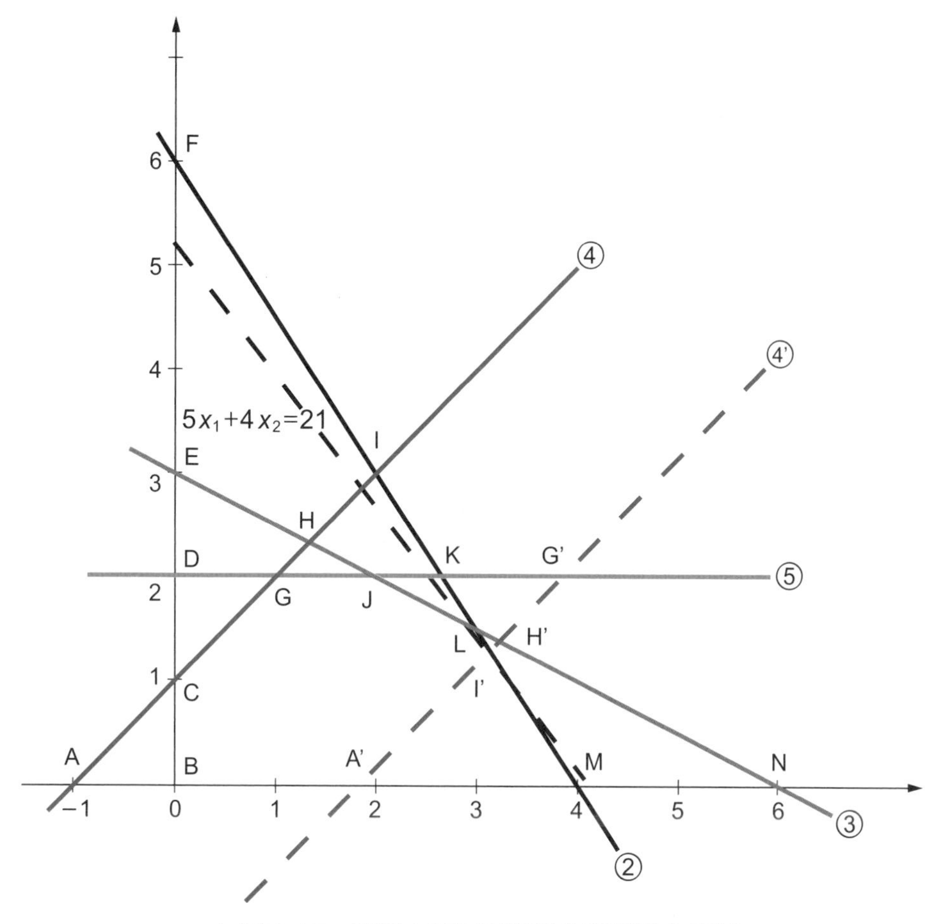

✦ 圖 3-15 範例中無作用限制參數變動之影響

圖 3-16 以限制式第 2 式 $6x_1+4x_2\le 24$ 右方係數 24 變動情形，說明有作用限制式右方係數變動之影響。如下圖所示，$6x_1+4x_2=24$ 之右方係數 24 增加時，整條直線向右方移動；$6x_1+4x_2=24$ 之右方係數 24 減小時，整條直線向左方移動。以整條直線向右方移動爲例，如圖所示，限制式右移，最佳解跟著發生移動，最佳解仍然在第 2 式與第 3 式之交點。亦即，第 2 式與第 3 式仍然是有作用限制式，其他的第 4 式第 5 式仍然是沒作用之限制式，也就是基本變數與非基變數不會變動，只是計算結果變動。此時，限制式第 2 式 $6x_1+4x_2\le 24$ 右方係數 24 增加 1 單位對目標值之影響，可以利用 LINDO 對偶價格之輸出結果(0.75)加以說明。

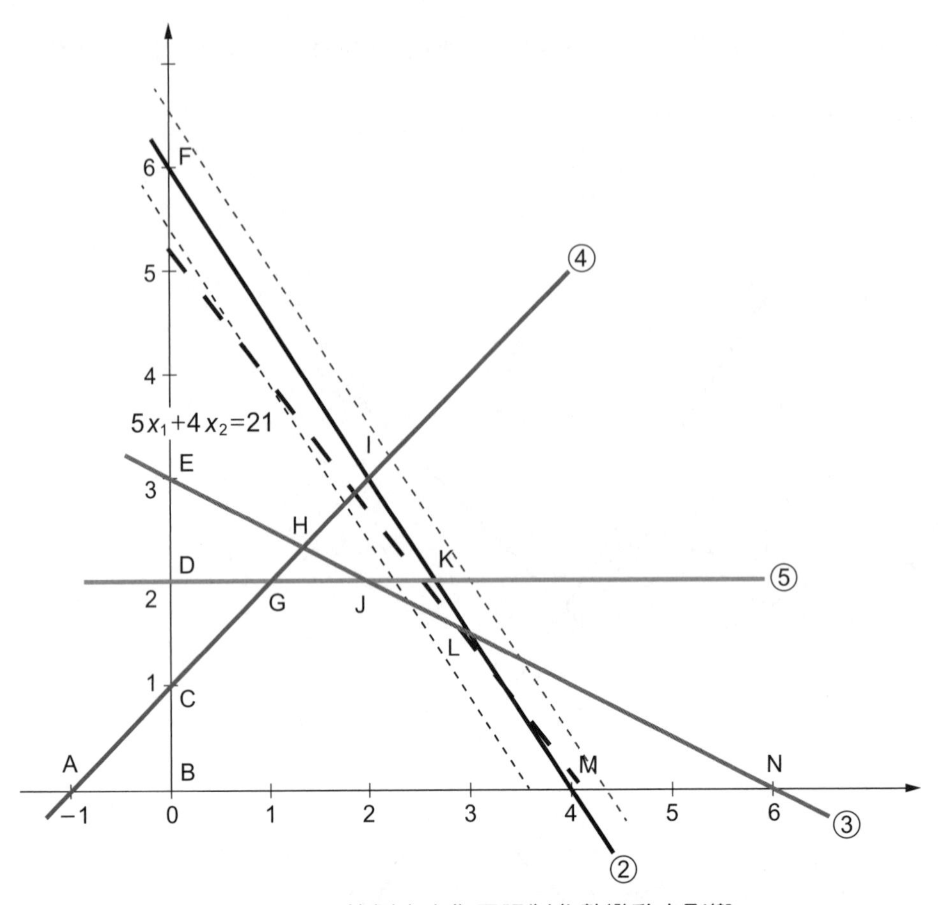

✦ 圖 3-16 範例中有作用限制參數變動之影響

不過，如圖 3-17 所示，$6x_1 + 4x_2 = 24$ 之右方係數 24 增加超過 24 單位，整條直線大幅度向右方移動超過 N 點之後，可行解區域為 BCGJN，最佳解為 N 點，第 3 式與橫軸是有作用之限制式。亦即，第 2 式由有作用之限制式改變成為沒有作用的限制式，基本變數與非基變數必須調整，不是目前的 LINDO 輸出結果可以說明。不過，經過 M 點(4,0)之 $6x_1 + 4x_2 = 24$，在向右移動至經過 N 點(6,0)之 $6x_1 + 4x_2 = 36$ 前，基本變數與非基變數沒有改變，目前的 LINDO 輸出結果可以說明其影響。所以，LINDO 輸出結果中不影響最佳基之狀況下，限制式第 2 式 $6x_1 + 4x_2 \le 24$ 右方係數 24 之可以增加之幅度為 12。

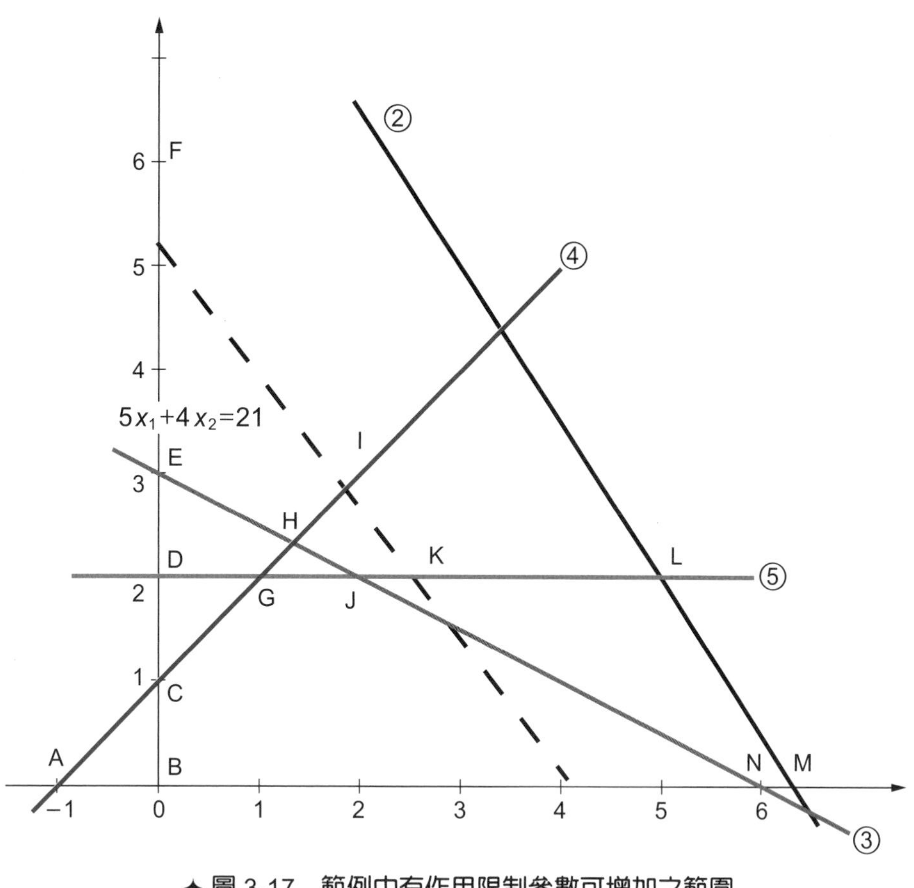

✦ 圖 3-17　範例中有作用限制參數可增加之範圍

同樣的道理，$6x_1 + 4x_2 = 24$ 之右方係數 24 減小時，整條直線向左方移動，移動幅度未到達 J 點之前，最佳解仍然在第 2 式與第 3 式之交點，目前的 LINDO 輸出結果可以說明其影響。$6x_1 + 4x_2 = 24$ 之右方係數 24 減小幅度超過 4 單位時，如圖 3-16 所示：可行解區域爲 BCGKM，最佳解爲 K 點，第 2 式與第 5 式是有作用限制式，基本變數與非基變數必須調整，不是目前的 LINDO 輸出結果可以說明。

不過，經過 L 點(3,1.5)之 $6x_1 + 4x_2 = 24$，在向左移動至經過 J 點(2,2)之 $6x_1 + 4x_2 = 20$ 前，基本變數與非基變數沒有改變，目前的 LINDO 輸出結果可以說明其影響。所以，LINDO 輸出結果中不影響最佳基之狀況下，限制式第 2 式 $6x_1 + 4x_2 \le 24$ 右方係數 24 之可以減小之幅度爲 4。

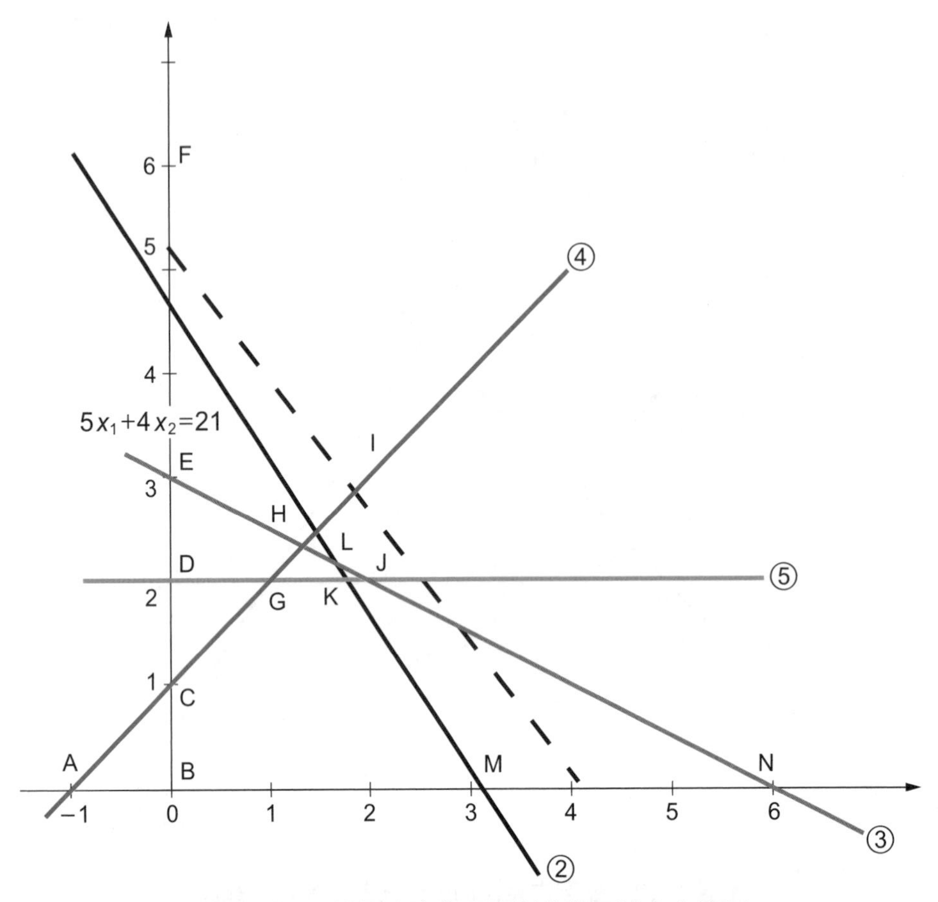

✦ 圖 3-18　範例中有作用限制參數可減少之範圍

以上之討論只是個別模式參數變動之敏感性分析，同時考慮幾個係數改變時，需要應用「100%法則」——改變之百分比不超過 100%，則基本解之結構不變。例如，當 $6x_1 + 4x_2 = 24$ 之右方係數 24 增加 4 單位，同時 $x_1 + 2x_2 = 6$ 之右方係數 6 減小 1 單位，其影響判別方式爲：(4/12)+(1/2)=(9/12)<100%，基本變數與非基變數沒有改變，目前的 LINDO 輸出結果可以說明其影響。最佳目標函數値由 21 改變爲 21+0.75×4–1×0.5=23.5。新的最佳解爲 $6x_1 + 4x_2 = 28$ 與 $x_1 + 2x_2 = 5$ 之交點。

又如，產品 P1 與 P2 每噸之利潤分別由 5 千元與 4 千元改變爲 4 千元與 6 千元，其影響判別方式爲：(1/3)+(2/6)=(4/6)<100%，基本變數與非基變數沒有改變，目前的 LINDO 輸出結果可以說明其影響。因爲可行解區域沒有變，最佳解仍然是 L 點(3,1.5)，最佳目標函數値爲 4×3+6×1.5=21。

本章習題

一、選擇題

線性規劃模式，目標為 $\text{Max } z = 2x_1 + 3x_2$，除了非負變數的限制式之外，上有兩個限制式：$2x_1 + x_2 \le 4$ 與 $x_1 + 2x_2 \le 5$。

(　　)1. 請繪圖瞭解上述線性規劃模式之特性　(A)可行解區域為空集合　(B)最佳解為(1,2)　(C)多重最佳解　(D)無限解。

(　　)2. 模式第 1 個變數之目標函數係數 2，增加 1 個單位　(A)最佳解不變　(B)最佳解改變　(C)最佳目標函數值不變　(D)最佳目標函數值加 3。

(　　)3. 模式第 1 個限制式係數 4，增加 1 個單位　(A)最佳解(1,2)不改變　(B)最佳解改為(5/3,5/3)　(C)最佳目標值不變　(D)最佳目標值增加 4。

(　　)4. 模式兩個限制式係數 4 與 5，同時增加 1 個單位　(A)最佳解不變　(B)最佳解改為(4/3,7/3)　(C)最佳目標值不變　(D)最佳目標值增加 9。

(　　)5. 第二個限制式右側係數 5，增加一個單位，模式最佳目標函數值將　(A)增加 1.33　(B)減少 1.33　(C)增加 0.33　(D)減少 0.33。

線性規劃模式，目標為 $\text{Min } z = 0.3x_1 + 0.9x_2$，除了非負變數的限制式之外，上有三個限制式：$x_1 + x_2 \ge 800$, $0.21x_1 - 0.3x_2 \le 0$, $0.03x_1 - 0.01x_2 \ge 0$。

(　　)6. 請繪圖瞭解上述線性規劃模式之特性　(A)可行解區域為空集合　(B)最佳解為(470.59,329.41)　(C)多重最佳解　(D)無限解。

(　　)7. 模式第 1 個變數之目標係數 0.3，增加 0.5 個單位　(A)最佳解不變　(B)最佳解改變　(C)最佳目標函數值不變　(D)最佳目標函數值加 1。

(　　)8. 模式第 1 個限制式　(A)有作用且決定最佳解的位置　(B)沒作用　(C)限制式係數若增加就沒作用　(D)限制式係數若減少就沒作用。

(　　)9. 模式第 3 個限制式　(A)有作用　(B)沒作用　(C)限制式係數若增加就沒作用　(D)限制式係數若減少就有作用。

(　　)10. 第 1 個限制式右側係數，增加 100 單位，模式最佳目標函數值將　(A)增加 54.71　(B)減少 54.71　(C)增加 118　(D)減少 118。

線性規劃模式，目標為 $\text{Min } z = 5x_1 + 4.5x_2 + 6x_3$，除了非負變數的限制式之外，上有三個限制式： $6x_1 + 5x_2 + 8x_3 \le 60$, $10x_1 + 20x_2 + 10x_3 \le 150$, $x_1 \le 0.8$ 。

(　　) 11. 模式第 1 變數目標係數，在最佳解位置不變下，可以變動的範圍是 (A)可增加 10 (B)可減少 10 (C)可增加 0.36 (D)可減少 0.36。

(　　) 12. 模式第 3 變數目標係數，在最佳解位置不變下，可以變動的範圍是 (A)可增加 4/7 (B)可減少 4/7 (C)可增加 2 (D)可減少 3/4。

(　　) 13. 下列敘述何者正確 (A)限制式 1 沒作用 (B)限制式 2 沒作用 (C)限制式 3 沒作用 (D)3 個限制式都有作用。

(　　) 14. 第 1 個限制式右側係數，增加 10 單位，模式最佳目標函數值將 (A)增加 6.8 (B)減少 6.8 (C)增加 0.5 (D)減少 0.5。

(　　) 15. 第 1 個與第 2 個限制式之右側係數，同時增加 10，最佳目標值將 (A)無法判斷 (B)減少 7.3 (C)增加 7.3 (D)減少 6.8。

二、綜合題

1. 繪圖求解下列線性規劃模式。

   $\text{Max } 3x_1 + 2x_2$

   s.t.

   $$
   \begin{aligned}
   2x_1 + x_2 &\le 100 \\
   x_1 + x_2 &\le 80 \\
   x_1 \quad\;\; &\le 40 \\
   x_1 \ge 0,\ x_2 &\ge 0
   \end{aligned}
   $$

2. 試以 LINDO 軟體求解上列線性規劃模式，並求得敏感性性分析結果。

3. 繪圖說明上列線性規劃模式中，第一個限制式右側參數（100）之敏感性範圍。

CHAPTER

04

整數規劃模式與應用

本章大綱

MANAGEMENT SCIENCE

4-1
背包問題（Knapsack Problem）與全有全無問題（All-or-nothing Problem）

1. 整數規劃：當數學規劃（Mathematical Programming, MP）模式中的部份或全部變數是整數時，稱爲整數規劃（Integer Programming, IP）。
2. 線性整數規劃：如果模式是線性規劃（LP）時，稱爲線性整數規劃（Integer Linear Programming, ILP）。
3. 非線性整數規劃：如果模式是非線性規劃（NLP）時，稱爲非線性整數規劃（Integer Nonlinear Programming, INLP）。
4. 純整數規劃：如果整數規劃的所有變數都必須是整數時，稱爲純整數規劃（Pure Integer Programming, PIP）。
5. 混合整數規劃：只有部分變數必須是整數時，亦即另一部分變數爲實數時，稱爲混合整數規劃（Mixed Integer Programming, MIP）。

整數規劃中的整數變數有兩種形式，一種爲一般整數（0,1,2,3,...），另一種爲 0 或 1 整數，稱爲二元整數規劃（Binary Integer Programming, BIP）或 0-1 整數規劃（0-1 Integer Programming）。LINDO 電腦軟體求解整數規劃時，一般整數之指令是 GIN，二元整數之指令是 INT；上述宣告指令置於整個 ILP 模式之後，亦即 END 之後。

線性規劃模式如下左側所示，最佳解爲(2.22,5.56)，最佳之目標值爲 1061。若實務上需要整數，最佳解是很小的實數，將最佳解(2.22,5.56)四捨五入，得到的是近似解(2,6)，目標函數值 1100。但(2,6)不滿足第二項資源限制，不是可行解；所以，有時必須認眞處理整數的要求。此問題之線性整數規劃模式如下右方所示，型式上與 LP 模式幾乎無異；以 LINDO 求解 ILP 時，得到之最佳解爲(1,6)，最佳目標值爲 1,000。

LP：

Max $Z = 100x_1 + 150x_2$

s.t.

$8000x_1 + 4000x_2 \le 40000$

$15x_1 + 30x_2 \le 200$

$x_1 \ge 0, x_2 \ge 0.$

ILP：

Max $Z = 100x_1 + 150x_2$

s.t.

$8000x_1 + 4000x_2 \le 40000$

$15x_1 + 30x_2 \le 200$

$x_1 = 0,1,2,3...; x_2 = 0,1,2,3...$

一位登山者決定帶哪些東西放在背包中，在不超過可以負荷之重量下，使得背的東西對登山有最大之功能價值。假設 x_i 表示裝入第 i 種東西之數量（0,1,2,3...整數），w_i 表示第 i 種東西之重量，v_i 表示第 i 種東西之價值，W 為登山者之背包最大負荷，下列模式即為背包問題。

如果每種東西僅帶一個時，亦即只討論帶與不帶，變數將改為二元 0-1 整數。上述背包問題在物流管理中，經常被稱為貨物裝載問題（Cargo Loading Problem），只是考慮的因素不只有重量。

考慮以貨為主之託運問題：有 4 種貨物等待裝運的範例，重量與收入資料如下。有一個總載重 200 公噸之貨櫃車到達，每種貨物最少裝 2 個最多裝 10 個，如何裝可以獲得最大收入？

表 4-1　背包問題

貨物	單位重量（公噸）	單位收入（千元）
1	5	12
2	7	14
3	8	16
4	11	20

ILP 模式如下所示，決策變數 x_i 表示第 i 項貨物裝載的數量（個），目標函數是收入極大化，第一個限制式為貨櫃之重量限制。以 LINDO 求得最佳解為(10,8,9,2)，最佳目標值為 416。

$$\text{Max} \quad 12x_1 + 14x_2 + 16x_3 + 20x_4$$

s.t.

$$5x_1 + 7x_2 + 8x_3 + 11x_4 \le 200$$

$$x_i \ge 2 \qquad i = 1, 2, 3, 4$$

$$x_i \le 10 \qquad i = 1, 2, 3, 4$$

$$x_i = 0, 1, 2, \ldots$$

考慮以人為主之託運問題：有 3 位託運人（或收貨人），每人託運物品之單位重量與數量，以及單位利潤之資料如下。有一個總載重 150 公噸之貨櫃車到達，如何裝可以獲得最大收入。

表 4-2 託運問題

託運人	單位重量（公噸）	數量（個）	單位利潤（千元）
1	7	60	18
2	2	20	3
3	5	30	9

將 3 個託運人的貨物視爲 3 種貨物，ILP 模式如下左側所示，決策變數 x_i 表示第 i 位託運人貨物的裝載數量（個），最佳解爲 $x_1 = 21$，$x_2 = 1$，利潤=381。但是如果託運人（或收貨人）要求集中裝運，要裝就全裝，以方便一起做託運（或收貨）工作。這樣的要求稱爲全有全無問題，亦即，要運第 i 位託運人的貨物(y_i =1)，就運該貨品之上限的數量(u_i)，否則就不運(y_i =0)。

所以，上列模式中之運量 x_i ，可以 $y_i u_i$ 取代；可能的運量結果是 u_i (y_i =1)，或者是 0(y_i =0)。ILP 模式如下所示，0-1 決策變數 y_i 表示第 i 位託運人貨物是否裝載，最佳解爲 $y_3 = 1$ ，利潤=270。

Max $Z = 18x_1 + 3x_2 + 9x_3$

s.t.

$7x_1 + 2x_2 + 5x_3 \le 150$

$x_1 \le 60$

$x_2 \le 20$

$x_3 \le 30$

$x_1, x_2, x_3 = 0,1,2,3..$

Max $Z = 1080y_1 + 60y_2 + 270y_3$

s.t.

$420y_1 + 40y_2 + 150y_3 \le 150$

$y_1, y_2, y_3 = (0,1)$

4-2
裁剪問題（Cutting Stock Problem）

假設某公司有成捆的布料，寬度 100 吋。顧客訂貨，45 吋的 97 捲，36 吋的 610 捲，31 吋的 395 捲，14 吋的 211 捲。請建立 ILP 模式，探討公司如何裁剪布料。紡織、紙張、塑膠紙等材料，原始材料成捆或很大，按照需求規格剪裁處理，稱爲裁剪問題。裁剪問題中有兩個課題，第一個課題是：有哪一些裁剪的方式？將寬度 100 吋成捆的布料剪裁爲顧客要求之尺寸，有 40 種以上的剪裁方式，下表爲其中比較有效的 12 個剪裁方式。例如，第 12 種方式是將 1 捲 100 吋的布，剪爲 7 捲寬 14 吋的布，剩寬 2 吋的廢料。

表 4-3　剪布問題

布寬	1	2	3	4	5	6	7	8	9	10	11	12
45	2	1	1	1	0	0	0	0	0	0	0	0
36	0	1	0	0	2	1	1	1	0	0	0	0
31	0	0	1	0	0	2	1	0	3	2	1	0
14	0	1	1	3	2	0	2	4	0	2	4	7

第二個課題是第二個是裁剪方式的選擇。設想在這 12 種剪裁方式之下，各種方式分別使用幾次，可以使用最少的原始布料滿足顧客需求。例如，使用 1 次第 1 種剪裁方式，就使用 1 捲寬 100 吋布料，可以得到 2 捲寬 45 寸布料，以及一些廢料。因此，ILP 模式之決策變數定義爲：各種剪裁方式分別使用的次數 $x_j,\quad j=1,..12.$。ILP 模式如下所示。

$$\text{Min}\quad \sum_{j=1}^{12} x_j = x_1+x_2+x_3+x_4+x_5+x_6+x_7+x_8+x_9+x_{10}+x_{11}+x_{12}$$

$$\begin{aligned}\text{s.t.}\quad & 2x_1+x_2+x_3+x_4 \ge 97\\ & x_2+2x_5+x_6+x_7+x_8 \ge 610\\ & x_3+2x_6+x_7+3x_9+2x_{10}+x_{11} \ge 395\\ & x_2+x_3+3x_4+2x_5+2x_7+4x_8+2x_{10}+4x_{11}+7x_{12} \ge 211\\ & x_j = 0,1,2,3....;\quad j=1,2..12.\end{aligned}$$

上述模式之最佳解爲使用 453 捲布料，第 2 種剪法 97 次，第 5 種剪法 158 次，以及第 6 種剪法 198 次。這種裁剪問題類似前述之背包問題，可以擴充限制的維度，考慮寬度以外的因素。例如，公司買入 100 吋×100 吋的紙張，剪裁成顧客需要的紙張；今有顧客要求 10 吋×15 吋的紙張 50 張以及 12 吋×20 吋的紙張 100 張。請建立 ILP 模式，探討裁剪問題。

4-3 方案相依（Dependencies Between Projects）與邏輯限制式（Logical Constraints）

社區有$120,000 資金與 12 公畝土地，設想四種休閒設施：游泳池、網球場、體育館（籃球、羽毛球等）、棒球場，期望之使用次數與成本如下表所示。社區希望妥善利用土地與資金，提供居民期望使用之休閒設施。此問題之決策變數 x_i，表示第 i 項設施是否投資，$x_i = 1$ 投資，$x_i = 0$ 則不投資；BILP 模式如下所示。以 LINDO 求解時，在模式 END 後，加上 INT x_1，INT x_2，INT x_3，INT x_4 表示變數爲二元整數。最佳解爲游泳池與體育館，$x_1 = x_3 = 1$，每天使用次數達到 700 次。

表 4-4　社區休閒設施投資問題

休閒設施	期望使用次數（人次/每天）	所需資金（$）	所需土地（公畝）
游泳池	300	35,000	4
網球場	90	10,000	2
體育館	400	25,000	7
棒球場	150	90,000	3

ILP：Max $Z = 300x_1 + 90x_2 + 400x_3 + 150x_4$

s.t.

$$35000x_1 + 10000x_2 + 25000x_3 + 90000x_4 \le 120000$$
$$4x_1 + 2x_2 + 7x_3 + 3x_4 \le 12$$
$$x_i = (0,1),\ i = 1,\ 2,\ 3,\ 4.$$

如果有社區群眾提出二擇一問題：二個方案選擇其中一個。例如，游泳池與網球場必須選一項建設，則增加限制式 $x_1 + x_2 = 1$。此時，游泳池與網球場爲互斥方案。假設游泳池與網球場，最多選一項建設，則限制寫成：$x_1 + x_2 \le 1$。

如果有社區群眾提出多擇多問題：多個方案選擇其中多個。例如，四項休閒設施最多選兩項建設，則增加限制寫成：$x_1 + x_2 + x_3 + x_4 \le 2$。

如果有社區群眾提出方案間的條件關係：某方案受到另一方案之限制。例如，建網球場之前提是建游泳池，此提案之意義也就是「有游泳池才會考慮網球場」，或者「沒有游泳池不要網球場」，若則陳述爲「若建網球場，則建游泳池」。此條件的限制式可以寫成 $x_1 \ge x_2$；其中，$x_i = 1$ 投資，$x_i = 0$ 則不投資。

表 4-5　方案間的關係

二擇一問題（互斥方案）	二個方案選擇其中一個。例如，游泳池與網球場必須選一項建設，則增加限制式 $x_1 + x_2 = 1$。此時，游泳池與網球場為互斥方案。假設游泳池與網球場，最多選一項建設，則限制寫成：$x_1 + x_2 \le 1$。
多擇多問題	多個方案選擇其中多個。例如，四項休閒設施最多選兩項建設，則增加限制寫成：$x_1 + x_2 + x_3 + x_4 \le 2$。
條件關係問題	某方案受到另一方案之限制。例如，建網球場之前提是建游泳池，此提案之意義也就是「有游泳池才會考慮網球場」，或者「沒有游泳池不要網球場」，若則陳述為「若建網球場，則建游泳池」。此條件的限制式可以寫成 $x_1 \ge x_2$；其中，$x_i = 1$ 投資，$x_i = 0$ 則不投資。

上述「若建網球場（$x_2 = 1$），則建游泳池（$x_1 = 1$）」之則條件關係（if……then……）如表 4-6 所示，四種組合中只有($x_1 = 0, x_2 = 1$)是不可接受的情形。$x_1 \ge x_2$ 限制式反映其要求如下：

$$\begin{cases} x_1 = 1 \text{時，可以選擇} x_2 = 1 \\ x_1 = 0 \text{時，不可以選擇} x_2 = 1 \end{cases}$$

$$\begin{cases} x_2 = 1 \text{時，須} x_1 = 1 \\ x_2 = 0 \text{時} x_1 = 1 \text{或} x_1 = 0 \text{都可以} \end{cases}$$

完全符合下表中可行或不可行的情況。

表 4-6 「有游泳池才會考慮網球場」的邏輯關係

網球場前提是游泳池	建游泳池($x_1=1$)	不建游泳池($x_1=0$)
建網球場($x_2=1$)	○	X
不建網球場($x_2=0$)	○	○

探討模式中變數間的邏輯關係之後，討論模式中限制式間的邏輯關係。二個限制式選擇其中一個，例如下列左方模式中有兩個限制式，如只需要其中之一成立即可，則寫成下列右方的模式。其中，一個開關變數 y 處理「二擇一」，兩個限制式只挑一個，M 是一個很大的正數。當 y=0 時第一個限制式成立，第二個限制式不受限制；當 y=1 時第二個限制式成立，第一個限制式不受限制；y 等於 0 或 1，受整個模式尋優過程之影響。

$$\text{Max } Z = 7x_1 + 8x_2$$
s.t.
$$x_1 + 2x_2 \le 10$$
$$3x_1 + 2x_2 \le 18$$
$$x_1 \ge 0, x_2 \ge 0$$

$$\text{Max } Z = 7x_1 + 8x_2$$
s.t.
$$x_1 + 2x_2 \le 10 + My$$
$$3x_1 + 2x_2 \le 18 + M(1-y)$$
$$x_1 \ge 0, x_2 \ge 0, y = (0,1)$$

以 LINDO 求解上右方模式時，必須給 M 一個確定的數值，考慮各變數可能之最大數值，此例中 100 就是一個很大的數；此外，以 LINDO 求解時，必須記得將開關變數 y 移至不等式左側。此例中，兩個限制式都需要滿足的最佳解是(4,3)，目標值=52；兩個限制式擇一滿足的最佳解是(0,9)，目標值=72，y=1 表示限制式 2 滿足。

將上述兩個模式以幾何圖解的方法比較一下：上述左列線性規劃模式的可行解區域是多邊形 ABDE，兩個限制式必須同時滿足，亦即兩個限制式之交集；上述右列整數線性規劃模式的可行解區域是多邊形 ACDF，不需要兩限制式同時成立，只需要其中之一成立即可，亦即兩個限制式之聯集。

對於多邊形 ABDE，目標函數的極大值 52 發生在最佳解(4,3)；對於多邊形 ACDF，目標函數的極大值 72 發生在最佳解(0,9)。請討論 LP 模式與 ILP 模式可行解區域之差異，例如：LP 模式可行解區域多邊形 ABDE 是凸集合，ILP 模式可行解區域多邊形 ACDF 不是凸集合。

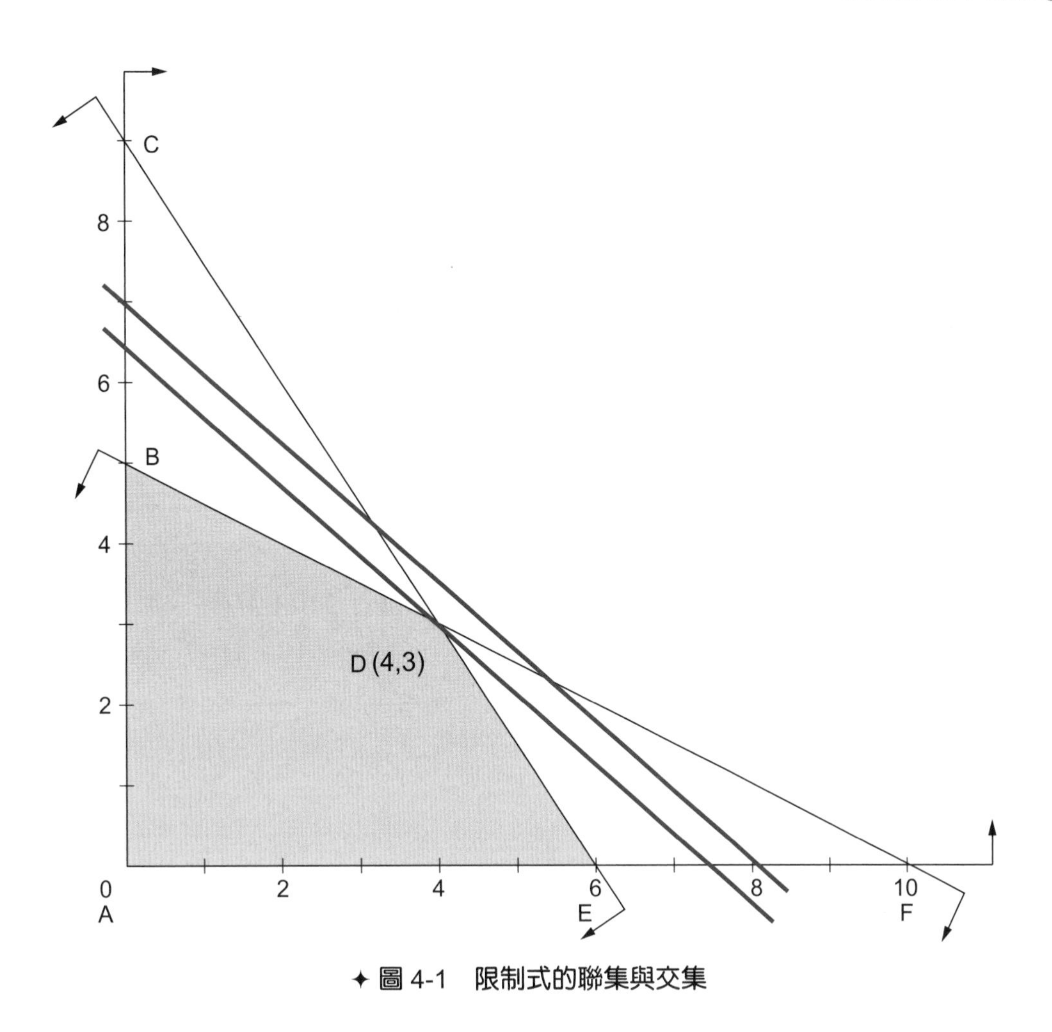

✦ 圖 4-1　限制式的聯集與交集

多個限制式選擇其中數個限制的課題：例如，下列左方的模式有四個限制式，如果不需要四個限制式同時都成立，只需要其中之一成立，則可寫成下列右方的模式。模式中在每一個限制式設有一個開關變數，當開關變數=1 時該限制式成立，當開關變數=0 時該限制式不受限制。最後，再加一個限制式選擇規則之限制式，四個限制式只需要其中之一成立，就是要有：1 個開關變數=1，3 個開關變數=0；亦即，$y_1 + y_2 + y_3 + y_4 = 1$。

$$
\begin{aligned}
&\text{Max } Z = 5x_1 + 4x_2 \\
&\text{s.t.} \\
&\quad 2x_1 + 3x_2 \le 6 \\
&\quad 5x_1 + x_2 \le 10 \\
&\quad 4x_1 + 2x_2 \le 12 \\
&\quad x_1 + 4x_2 \le 7 \\
&\quad x_1 \ge 0, x_2 \ge 0
\end{aligned}
$$

$$
\begin{aligned}
&\text{Max } Z = 5x_1 + 4x_2 \\
&\text{s.t.} \\
&\quad 2x_1 + 3x_2 \le 6 + M(1 - y_1) \\
&\quad 5x_1 + x_2 \le 10 + M(1 - y_2) \\
&\quad 4x_1 + 2x_2 \le 12 + M(1 - y_3) \\
&\quad x_1 + 4x_2 \le 7 + M(1 - y_4) \\
&\quad y_1 + y_2 + y_3 + y_4 = 1 \\
&\quad x_1 \ge 0, x_2 \ge 0; y_i = (0,1)
\end{aligned}
$$

最後討論限制式間之條件關係。第一個 LP 模式如下列左方所示，有兩個限制式。如果限制式之間的條件是「限制 1 成立之前提是限制式 2 成立」，即「限制式 2 成立才會考慮限制式 1 成立」，即「若限制式 2 不成立，則限制式 1 不成立」，或「若限制式 1 成立，則限制式 2 成立」。

有條件關係之 LP 問題可以寫成下列右方模式，y_1 與 y_2 分別爲限制式 1 與限制式 2 之開關變數，當開關變數=1 時限制式成立，當開關變數=0 時限制式不受限制。限制式條件關係 $y_1 \le y_2$ 與前述設計方案間條件關係限制式，在形式與意義上都相似。

$$\text{Max } Z = 7x_1 + 8x_2$$

s.t.

$$x_1 + 2x_2 \le 10$$
$$3x_1 + 2x_2 \le 18$$
$$x_1 \ge 0, x_2 \ge 0$$

$$\text{Max } Z = 7x_1 + 8x_2$$

s.t.

$$x_1 + 2x_2 \le 10 + M(1 - y_1)$$
$$3x_1 + 2x_2 \le 18 + M(1 - y_2)$$
$$y_1 \le y_2$$
$$x_1 \ge 0, x_2 \ge 0, y_i = (0,1)$$

4-4 固定費用問題（Fixed Charge Problem）

某工廠接到一份訂單將於下週生產產品 200 個。工廠內有 3 部機器可以使用，其固定設置成本、變動成本、與機器產能如下表所示。請建立模式，決定哪部機器要投入生產，以及其生產數量，決策目標爲追求最少的生產成本。

表 4-7　固定成本問題

機器	固定成本（$）	變動成本（$/個）	機器產能
1	100	3.4	100
2	150	3.0	120
3	200	2.6	150

生產設施的成本分爲固定成本(f)與變動成本(v)，如右圖所示；產量爲正數（大於 0）時，總生產成本爲 $f + vx$；產量爲 0 或不生產時，總生產成本爲 0。此時必須使用二元 0-1 變數做爲是否生產之開關，反映是否發生固定成本。亦即，若產量爲正數發生固定成本；若不生產不計算固定成本。

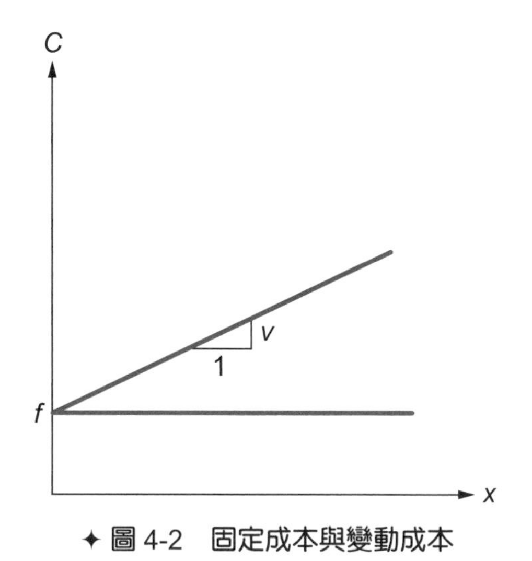

✦ 圖 4-2　固定成本與變動成本

$$
\begin{aligned}
\text{Min } & 100y_1 + 3.4x_1 + 150y_2 + 3x_2 + 200y_3 + 2.6x_3 \\
\text{s.t. } & x_1 + x_2 + x_3 = 200 \\
& x_1 \le 100 \quad x_2 \le 120 \quad x_3 \le 150 \\
& x_1 \le My_1 \quad x_2 \le My_2 \quad x_3 \le My_3 \\
& y_i = (0,1) \quad i = 1,2,3 \\
& x_i \ge 0
\end{aligned}
$$

上列 ILP 模式中：y_i 是第 i 部機器是否使用之開關變數(0-1)，y_i=1 使用機器 i，發生該機器之固定成本；y_i=0 不使用機器 i，不發生該機器之固定成本下。x_i 是第 i 部機器的產量變數，第 1 個限制式是需求產量，第 2－3－4 個限制式爲機器的產能限制。

此外，使用機器 i 該機器才會有產量，不使用機器 i 該機器的產量爲 0；限制式 $x_i \leqq My_i$ 就是處理這個條件關係，其中 M 是一個很大的正數，本題中 M 取各機器的產能就可以了。反之，機器 i 的產量爲 0 時，最佳解亦保證 y_i=0，亦即不使用機器 i；不過，此效果不來自限制式，而來自於最小化目標函數。

4-5
設施區位問題（Facility Location Problem）

許多設施區位問題與固定成本問題有類似之模式結構，範例：某都會區有 3 個公司的銷售中心，公司考量 6 個候選地點作都會區發貨倉庫。銷售中心（A、B、C）的營業量（千個產品/年）、候選倉庫之固定成本（千元/年）、候選倉庫之容量（千個產品/年）、以及倉庫至銷售中心之單位運輸成本（元/個），如下表所示。請建立模式探討倉庫之區位選擇。

表 4-8　倉庫位置問題

運輸成本（元/個）	A	B	C	倉庫成本（千元/年）	倉庫容量（千個產品）
1	18	15	12	405	11.2
2	13	10	17	390	10.5
3	16	14	18	450	12.8
4	19	15	16	368	9.3
5	17	19	12	520	10.8
6	14	16	12	465	9.6
營業量（千個產品）	12	10	14	-	-

本題之實數的決策變數 $x_{i,j}; i=1,..6; j=a,b,c.$ 爲 i 倉庫服務 j 銷售中心之產品數量（千個）。0-1 整數決策變數 y_i 代表 i 地點是否設立倉庫，$y_i=1$ 爲設立。目標函數爲每年之運輸成本與倉儲成本（千元）。限制式有兩類，第一是設倉庫才有運量的條件關係以及倉庫容量的限制，第二是銷售中心營業需求的限制。ILP 模式與 LINDO 輸出檔如下所示，最佳解爲：設立倉庫 1、2、4、6，共 4 個倉庫；運輸計劃爲：

$$
\begin{aligned}
\text{Min}\quad & 405y_1+18x_{1a}+15x_{1b}+12x_{1c}+390y_2+13x_{2a}\ldots \\
\text{s.t.}\quad & x_{1a}+x_{1b}+x_{1c}\le 11.2y_1 \\
& \ldots \\
& x_{1a}+x_{2a}+x_{3a}+x_{4a}+x_{5a}+x_{6a}=12 \\
& \ldots \\
& x_{ij}\ge 0,\forall(i,j) \\
& y_i=(0,1), i=1,..6.
\end{aligned}
$$

```
LAST INTEGER SOLUTION IS THE BEST FOUND
RE-INSTALLING BEST SOLUTION...

       OBJECTIVE FUNCTION VALUE

       1)      2082.300

  VARIABLE        VALUE          REDUCED COST
        Y1         1.000000        360.200012
        Y2         1.000000        337.500000
        Y3         0.000000        424.399994
        Y4         1.000000        368.000000
        Y5         0.000000        476.799988
        Y6         1.000000        426.600006
       X1A         0.000000          4.000000
       X1B         0.000000          4.000000
       X1C        11.200000          0.000000
       X2A         2.400000          0.000000
       X2B         8.100000          0.000000
       X2C         0.000000          6.000000
       X3A         0.000000          0.000000
       X3B         0.000000          1.000000
       X3C         0.000000          4.000000
       X4A         0.000000          1.000000
       X4B         1.900000          0.000000
       X4C         2.800000          0.000000
       X5A         0.000000          3.000000
       X5B         0.000000          8.000000
       X5C         0.000000          0.000000
       X6A         9.600000          0.000000
       X6B         0.000000          5.000000
       X6C         0.000000          0.000000
```

```
D:\教學\管理科學\電腦程式與輸出\CH4\4-5.ltx
min 405y1+18x1a+15x1b+12x1c+390y2+13x2a+10x2b
st
x1a+x2a+x3a+x4a+x5a+x6a=12
x1b+x2b+x3b+x4b+x5b+x6b=10
x1c+x2c+x3c+x4c+x5c+x6c=14
x1a+x1b+x1c-11.2y1<=0
x2a+x2b+x2c-10.5y2<=0
x3a+x3b+x3c-12.8y3<=0
x4a+x4b+x4c-9.3y4<=0
x5a+x5b+x5c-10.8y5<=0
x6a+x6b+x6c-9.6y6<=0
end
int y1
int y2
int y3
int y4
int y5
int y6
```

✦ 圖 4-3　倉庫問題之 LINDO 輸出檔

4-6
集合涵蓋問題（Set Covering Problem）與最大涵蓋問題（Maximum Covering Problem）

考慮設置消防站，若消防站可以在 10 分鐘內服務某鄰近社區之消防事件，則稱該消防站涵蓋某社區；10 個候選消防站與 20 個社區之關係如下表所示。市政府期望以最少的消防隊或最少的支出與投資，讓每一個社區都可以被消防站的服務所涵蓋。

表 4-9　消防站位置選擇問題

候選消防站	消防站 10 分鐘涵蓋之社區	候選消防站	消防站 10 分鐘涵蓋之社區
1	2,3	6	10,12,15,16
2	1,2,6,7	7	13,17
3	3,4,5,8	8	9,14,18
4	7,8,10,11,13	9	14,15,18,19
5	11,12,13,16,17	10	17,19,20

此問題之決策變數 x_i 爲二元(0-1)變數，1 代表建消防隊於地點 j，0 代表不建消防隊於地點 j；ILP 中每一個限制式表達一個社區被消防服務涵蓋之基本要求，亦即可服務該社區之消防隊地點集合中至少要選一個。上述 ILP 問題共有 10 個變數（消防隊於地點是否選擇）與 20 個限制式（社區被消防服務涵蓋之基本要求），求解所得最佳解之消防隊區位選擇是地點 2、3、5、6、8、10，共建立 6 個消防隊。

$$\text{Min} \quad \sum_{j=1}^{10} x_j = x_1 + x_2 + x_3 + x_4 + x_5 + x_6 + x_7 + x_8 + x_9 + x_{10}$$

$$\begin{aligned}
\text{s.t.} \quad & x_2 \geq 1 && [D1] \\
& x_1 + x_2 \geq 1 && [D2] \\
& x_1 + x_3 \geq 1 && [D3] \\
& \ldots \\
& x_{10} \geq 1 && [D20] \\
& x_j = (0,1),\ j = 1,..,10
\end{aligned}$$

假設政府只有建立 4 個消防站的預算，各社區之人口數（千人）如下表所示，請修改集合涵蓋問題的模式，探討選擇消防站之區位，期望保障最多之民眾能夠得到 10 分鐘優質消防服務。

表 4-10　社區人口資料

社區	人口	社區	人口	社區	人口	社區	人口
1	52	6	57	11	304	16	256
2	44	7	100	12	309	17	110
3	71	8	122	13	120	18	53
4	90	9	76	14	93	19	79
5	61	10	203	15	155	20	99

除了決策變數 x_j 爲二元(0-1)變數，1 代表建消防隊於地點 j；y_i 爲二元(0-1)變數，1 代表社區 i 被優質消防服務涵蓋。ILP 中每一個限制式表達一個社區是否被涵蓋，共有 10 個設施地點變數、20 個社區是否涵蓋的開關變數、與 20 個限制式。

以社區 2 的限制式爲例說明：第 2 個社區被涵蓋($y_2=1$)的前提是設立相關的消防站($x_1+x_2\geq 1$)；但是，設立相關的消防站($x_1+x_2\geq 1$)，得到第 2 個社區被涵蓋($y_2=1$)的結果，則依賴最大化目標函數之尋優過程。ILP 最佳解之消防隊區位選擇是 3、4、5、9，涵蓋之社區包括 3、4、5、7、8、10、11...，被涵蓋之人口數爲 2,126（千人）。

$$
\begin{array}{lll}
\text{Max} & 52y_1+44y_2+71y_3+90y_4+61y_5+\ldots & \\
\text{s.t.} & x_2 \geq y_1 & [D1] \\
& x_1+x_2 \geq y_2 & [D2] \\
& x_1+x_3 \geq y_3 & [D3] \\
& \ldots & \\
& x_{10} \geq y_{20} & [D20] \\
& x_1+x_2+x_3+x_4+x_5+x_6+x_7+x_8+x_9+x_{10}=4 & \\
& x_j=(0,1), j=1,..,10 & \\
& y_i=(0,1), i=1,..,20 &
\end{array}
$$

上述服務或涵蓋的概念，將「涵蓋」視爲有或沒有兩種狀態：某地點設立消防隊後，某個社區可被涵蓋或不可被涵蓋。這方面可以做許多面向的討論與衍申，例如，可被涵蓋之社區需要消防服務時，消防隊之消防車可能已經全部出任務去了，無法回應此消防需求；所以，加上消防車是否有空之機率因素，可以形成最大期望涵蓋問題。

4-7
一般化指派問題（Generalized Assignment Problem）

第二章中以線性規劃模式討論過指派問題，因其模式結構特殊，LP 之最佳解自動會是二元整數，所以不必多做二元整數變數之要求。本節將延伸該模式，探討一般化指派問題。範例：海巡署必須派艦艇巡防 6 大區域（D1～D6），有 3 艦艇（S1～S3）各有其基地，各艦艇巡防各區域一年之成本（萬元）與巡防所需時間（週）如下表所示，每艦艇一年可以工作時間爲 50 週。請建立指派模式，決定艦艇之巡防任務。

◘ 表 4-11　艦艇巡防問題

艦	D1	D2	D3	D4	D5	D6
S1	130（萬）	30	510	30	340	20
	30（週）	50	10	11	13	9
S2	460（萬）	150	20	40	30	450
	10（週）	20	60	10	10	17
S3	40（萬）	370	120	390	40	30
	70（週）	10	10	15	8	12

決策變數 $x_{i,j}$ 爲二元(0-1)變數，1 代表指派艦艇 j 巡防區域 i，目標函數是總成本最小化，限制式包括每個區域均需要指派艦艇巡防，以及每個艦艇不可超過工作負荷。ILP 模式以及 LINDO 輸出檔如下所示，最佳解爲指派 S1 巡防 D1、D4、D6，S2 巡防 D2、D5，S3 巡防 D3，總成本 480。

$$
\begin{aligned}
\text{Min} \quad & 130x_{1,1}+460x_{1,2}+40x_{1,3}+30x_{2,1}+150x_{2,2}+370x_{2,3}+\ldots \\
\text{s.t.} \quad & x_{1,1}+x_{1,2}+x_{1,3}=1 \qquad [\text{D1}] \\
& x_{2,1}+x_{2,2}+x_{2,3}=1 \qquad [\text{D2}] \\
& \ldots \\
& 30x_{1,1}+50x_{2,1}+10x_{3,1}+11x_{4,1}+13x_{5,1}+9x_{6,1}\le 50 \qquad [\text{S1}] \\
& \ldots \\
& x_{i,j}=(0,1);\ i=1,..6;\ j=1,2,3.
\end{aligned}
$$

```
NEW INTEGER SOLUTION OF      480.000000      AT BRAN
RE-INSTALLING BEST SOLUTION...

        OBJECTIVE FUNCTION VALUE

        1)       480.0000

  VARIABLE          VALUE           REDUCED COST
       X11         1.000000           130.000000
       X12         0.000000           460.000000
       X13         0.000000            40.000000
       X21         0.000000            30.000000
       X22         1.000000           150.000000
       X23         0.000000           370.000000
       X31         0.000000           510.000000
       X32         0.000000            20.000000
       X33         1.000000           120.000000
       X41         1.000000            30.000000
       X42         0.000000            40.000000
       X43         0.000000           390.000000
       X51         0.000000           340.000000
       X52         1.000000            30.000000
       X53         0.000000            40.000000
       X61         1.000000            20.000000
       X62         0.000000           450.000000
       X63         0.000000            30.000000
```

```
D:\教學\管理科學\LINDO\4-15.ltx
min 130x11+460x12+40x13+30x21+150x22+370x23+51
st
x11+x12+x13=1
x21+x22+x23=1
x31+x32+x33=1
x41+x42+x43=1
x51+x52+x53=1
x61+x62+x63=1
30x11+50x21+10x31+11x41+13x51+9x61<=50
10x12+20x22+60x32+10x42+10x52+17x62<=50
70x13+10x23+10x33+15x43+8x53+12x63<=50
end
int x11
int x12
int x13
int x21
int x22
int x23
int x31
int x32
int x33
int x41
int x42
int x43
int x51
```

✦ 圖 4-4　艦艇巡防問題之 LINDO 輸出檔

上述之一般指派問題與模式，與第二章中所討論之指派問題，在模式上有什麼相同及有什麼相異的地方。此外，也請探討：這兩種指派模式與下一節之配對模式，有什麼關聯？

4-8 配對問題（Matching Problem）

本節延伸前節之指派問題，討論配對問題，可以應用至各種實務活動配對。假設有 6 個人參加專案研究活動，2 個人一組。主辦單位請每個人對其他人打合作之偏好分數，偏好如下表所示。請依照個人偏好進行配對。

◘ 表 4-12　人員配對之偏好

	1	2	3	4	5	6
1	×	9	5	3	7	2
2	1	×	2	6	6	6
3	5	7	×	1	3	9
4	4	4	2	×	6	4
5	6	2	4	5	×	8
6	8	7	4	1	3	×

$$\text{Max} \quad (9+1)x_{1,2}+(5+5)x_{1,3}+(3+4)x_{1,4}+(7+6)x_{1,5}+(2+8)x_{1,6}\ldots$$

$$\text{s.t.} \quad x_{1,2}+x_{1,3}+x_{1,4}+x_{1,5}+x_{1,6}=1$$

$$x_{1,2}+x_{2,3}+x_{2,4}+x_{2,5}+x_{2,6}=1$$

$$x_{1,3}+x_{2,3}+x_{3,4}+x_{3,5}+x_{3,6}=1$$

$$\ldots$$

$$x_{i,i'}=(0,1); i=1,..5.; i'>i.$$

問題之決策變數爲 $x_{i,i'}=(0,1); i=1,..5.; i'>i.$，變數值爲 1 時，$i$ 與 i' 合作專題研究；例如，$x_{1,2}=1$ 表示 1 與 2 配到同一組，1 與 2 無先後之分，故有變數 $x_{1,2}$ 就不需要變數 $x_{2,1}$；因此，本題只需要 15 個變數。

ILP 模式如上，目標函數是最大偏好的分配；例如，1 與 2 配對，1 得 9 分 2 得 1 分，$x_{1,2}=1$ 合計得 10 分。每一個人只參加一組、只指派 1 次，亦即有一個限制式，因此共有 6 個限制式。LINDO 輸出檔如下所示，1 與 5 一組，2 與 4 一組，3 與 6 一組；最大的總偏好分數是 36 分，1 得 7 分，2 得 6 分，3 得 9 分，4 得 4 分，5 得 6 分，6 得 4 分。

```
NEW INTEGER SOLUTION OF    36.0000000      AT B
RE-INSTALLING BEST SOLUTION...

       OBJECTIVE FUNCTION VALUE

       1)       36.00000

 VARIABLE        VALUE          REDUCED COST
      X12        0.000000        -10.000000
      X13        0.000000        -10.000000
      X14        0.000000         -7.000000
      X15        1.000000        -13.000000
      X16        0.000000        -10.000000
      X23        0.000000         -9.000000
      X24        1.000000        -10.000000
      X25        0.000000         -8.000000
      X26        0.000000        -13.000000
      X34        0.000000         -3.000000
      X35        0.000000         -7.000000
      X36        1.000000        -13.000000
      X45        0.000000        -11.000000
      X46        0.000000         -5.000000
      X56        0.000000        -11.000000
```

```
D:\教學\管理科學\LINDO\4-16.ltx
max 10x12+10x13+7x14+13x15+10x16+9x2
st
x12+x13+x14+x15+x16=1
x12+x23+x24+x25+x26=1
x13+x23+x34+x35+x36=1
x14+x24+x34+x45+x46=1
x15+x25+x35+x45+x56=1
x16+x26+x36+x46+x56=1
end
int x12
int x13
int x14
int x15
int x16
int x23
int x24
int x25
int x26
int x34
int x35
int x36
int x45
```

✦ 圖 4-5　人員分組問題之 LINDO 輸出檔

4-9 集合分割問題（Set Partition Problem）

考慮某航空公司之飛行員排班問題，飛航服務班表之時空圖如下所示，橫軸是時間，縱軸是空間；一條節線代表一個飛航服務，由節線尾巴的節點出發，飛到節線箭頭的節點停止；每一條節線旁有一個班機編號，如 101 號班機於清晨由 A 域飛至 B 域。

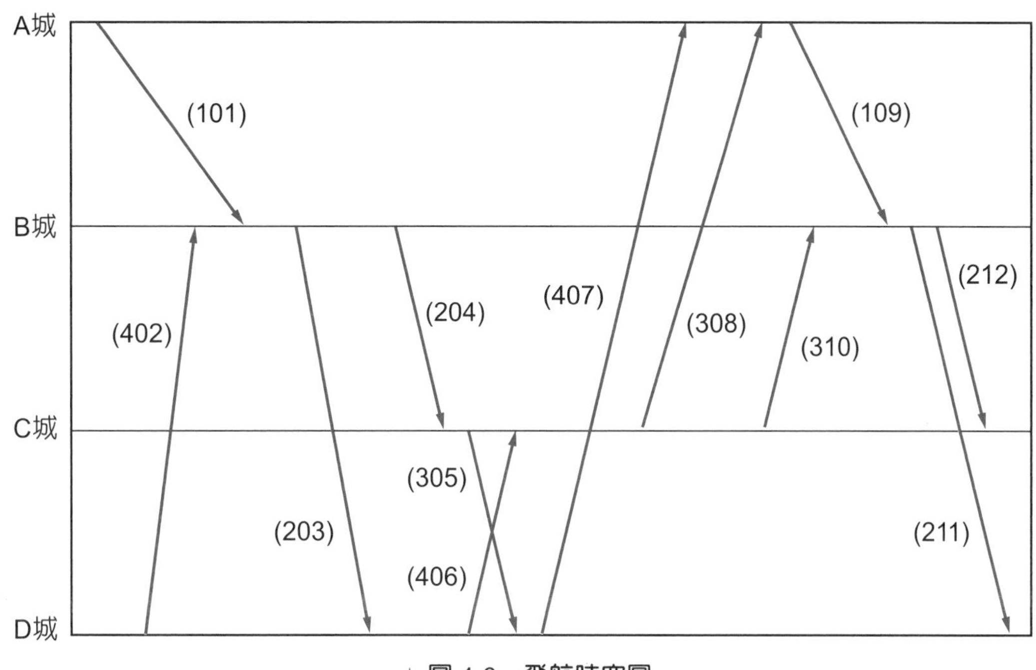

✦ 圖 4-6　飛航時空圖

飛行員可行之工作班如下表所示，一工作班中包括幾個適合連結之飛航服務。例如，若某位飛行員做工作班 1，他將於清晨由 A 城出發飛 101 班機至 B 城，略作休息後，由 B 城飛 203 班機至 D 城；略作休息後，由 D 城飛 406 班機至 C 城；略作休息後，由 C 城飛 308 班機至 A 城，完成一天的飛行工作並回到原出發機場。

A城 —101→ B城 —203→ D城 —406→ C城 —308→ A城

由飛航班表的資訊構建可行的工作班就是一個重要課題，飛航班次的連接必須符合排班的規定，如交班與接班所需的工作時間、基本休息時間等。下表中工作班成本是飛行員除了底薪之外的工作獎金，通常與里程數、航線特性等因素有關。請建立 ILP 決定飛航服務需要幾位飛行員，執行哪幾個工作班。

表 4-13　有效率的飛航工作班

工作班	航班順序	獎金	工作班	航班順序	獎金
1	101-203-406-308	2,900	9	305-407-109-212	2,600
2	101-203-407	2,700	10	308-109-212	2,050
3	101-204-305-407	2,600	11	402-204-305	2,400
4	101-204-308	3,000	12	402-204-310-211	3,600
5	203-406-310	2,600	13	406-308-109-211	2,550
6	203-407-109	3,150	14	406-310-211	2,650
7	204-305-407-109	2,250	15	407-109-211	2,350
8	204-308-109	2,500			

問題中有 15 個可行之工作班（1～15），每個工作班有一個二元變數，1 代表指派一位飛行員使用該工作班；問題中有 12 個飛航服務（航班 101、109、203、204、211、212、305、308、310、402、406、407），每個航班都需要飛行員，所以有 12 個限制式；問題的目標是最小成本以節省薪資之外之工作獎金支出，也可以採用最少工作班（飛行員）。

$$\text{Min} \quad 2900x_1 + 2700x_2 + 2600x_3 + 3000x_4 + 2600x_5 + ...$$

$$\text{s.t.} \quad x_1 + x_2 + x_3 + x_4 = 1 \qquad [101]$$

$$x_6 + x_7 + x_8 + x_9 + x_{10} + x_{13} + x_{15} = 1 \qquad [109]$$

$$x_1 + x_2 + x_5 + x_6 = 1 \qquad [203]$$

.....

$$x_j = (0,1), j = 1,..,15.$$

LINDO 輸出檔如下所示，最佳解選擇工作班 1、9、12，共需 3 位飛行員，總共發獎金 910。這種模式被稱爲集合分割問題，每一個航班集合中有幾個工作班元素，只要航班只要一個工作班服務就好；前述之集合涵蓋問題，每個集合中至少選擇一個，兩者稍有不同；請討論兩者之差異與應用時機，本題是否適合使用集合涵蓋模式？

```
NEW INTEGER SOLUTION OF     910.000000     AT BRANCH      0 PIVOT      17
BOUND ON OPTIMUM:  910.0000
ENUMERATION COMPLETE. BRANCHES=     0 PIVOTS=

LAST INTEGER SOLUTION IS THE BEST FOUND
RE-INSTALLING BEST SOLUTION...

       OBJECTIVE FUNCTION VALUE

       1)      910.0000

  VARIABLE        VALUE          REDUCED COST
        X1        1.000000        290.000000
        X2        0.000000        270.000000
        X3        0.000000        260.000000
        X4        0.000000        300.000000
        X5        0.000000        260.000000
        X6        0.000000        315.000000
        X7        0.000000        225.000000
        X8        0.000000        250.000000
        X9        1.000000        260.000000
       X10        0.000000        205.000000
       X11        0.000000        240.000000
       X12        1.000000        360.000000
       X13        0.000000        255.000000
       X14        0.000000        265.000000
       X15        0.000000        235.000000
```

```
D:\教學\管理科學\LINDO\4-17.ltx
min 290x1+270x2+260x3+300x4+260x5+315x6+22
st
x1+x2+x3+x4=1
x6+x7+x8+x9+x10+x13+x15=1
x1+x2+x5+x6=1
x3+x4+x7+x8+x11+x12=1
x3+x7+x9+x11=1
x12+x13+x14+x15=1
x9+x10=1
x11+x12=1
x1+x5+x13+x14=1
x2+x3+x6+x7+x9+x15=1
x1+x4+x8+x10+x13=1
x5+x12+x14=1
end
int x1
int x2
int x3
int x4
int x5
int x6
int x7
int x8
int x9
int x10
```

✦ 圖 4-7　飛行員排班問題 LINDO 輸出檔

4-10

單機排程問題（Single Machine Scheduling Problem）

某公司只有一個處理流程或設施，有 6 件待處理工作；如印刷廠只有一台印刷機，有 6 件出版工作。每件工作所需處理時間長度，以及收件時間與交貨時間，如下表所示；第 1 件工作 20 天前已經送達等待處理，處理需要 12 個工作天，約好的交件時間是第 10 天。請探討公司最佳之工作順序。

◆ 表 4-14　印刷機待處理之工作

	1	2	3	4	5	6
收件	−20	−15	−12	−10	−3	2
處理	12	8	3	10	4	18
交貨	10	2	72	−8	−6	60

$$
\begin{aligned}
\text{Min} \quad & \frac{1}{6}[(x_1+12)+(x_2+8)+(x_3+3)+(x_4+10)+(x_5+4)+(x_6+18)] \\
\text{s.t.} \quad & x_6 \geq 2 \\
& \ldots \\
& x_2+8 \leq x_6+M(1-y_{2,6}) \\
& x_6+18 \leq x_2+My_{2,6} \\
& \ldots \\
& x_j \geq 0, \qquad \forall j=1,..6. \\
& y_{j,j'}=(0,1), \qquad \forall j=1,..6.; j'>j.
\end{aligned}
$$

模式中 x_j 爲工作 j 之開工時間，$y_{j,j'}$ 爲工作 j 與工作 j' 之工作順序，$y_{j,j'}=1$ 表示工作 j 先做，工作 j' 後做；$y_{j,j'}=0$ 表示工作 j' 先做，工作 j 後做。開工變數必須滿足收貨之限制式，亦即工作 j 之開工時間 $x_j \geq \text{Max}\{0, r_j\}$，$r_j$ 爲工作 j 收件時間。

單一處理流程（設施）無法同時處理兩件事，所以任一對兩件事都必須滿足衝突限制式（Conflict Constraint），上述模式中有工作 2 與工作 6 衝突限制式的寫法。一般言之，工作 j 與工作 j' 之衝突限制式可以描述如下，其中 p_j 爲工作 j 處理時間。

$$
\begin{aligned}
x_j + p_j &\leq x_{j'} + M(1-y_{j,j'}) \\
x_{j'} + p_{j'} &\leq x_j + My_{j,j'}
\end{aligned}
$$

模式中之目標函數爲最早平均完工時間（Mean Completion Time），$(1/n)\sum_j (x_j + p_j)$。此問題 ILP 模式之 LINDO 輸出檔如下，最佳解之工作順序爲 3－5－2－4－1－6，最小之平均完工時間爲 23.67，各個工作之最佳開工時間分別爲：工作 1 第 25 天、工作 2 第 7 天、工作 3 即時第 0 天、工作 4 第 15 天、工作 5 第 3 天、工作 6 第 37 天。請討論個工作之完工時間與遲交時間等。

```
LAST INTEGER SOLUTION IS THE BEST FOUND
RE-INSTALLING BEST SOLUTION...

        OBJECTIVE FUNCTION VALUE

        1)      87.00000

  VARIABLE        VALUE          REDUCED COST
       Y12         0.000000          0.000000
       Y13         0.000000          0.000000
       Y14         0.000000       -200.000000
       Y15         0.000000          0.000000
       Y16         1.000000        100.000000
       Y23         0.000000          0.000000
       Y24         1.000000        300.000000
       Y25         0.000000       -400.000000
       Y26         1.000000          0.000000
       Y34         1.000000          0.000000
       Y35         1.000000        500.000000
       Y36         1.000000          0.000000
       Y45         0.000000          0.000000
       Y46         1.000000          0.000000
       Y56         1.000000          0.000000
        X1        25.000000          0.000000
        X2         7.000000          0.000000
        X3         0.000000          6.000000
        X4        15.000000          0.000000
        X5         3.000000          0.000000
        X6        37.000000          0.000000
```

```
D:\教學\管理科學\LINDO\4-18.ltx
min x1+x2+x3+x4+x5+x6
st
x6>=2
x1-x2+100y12<=88
x2-x1-100y12<=-8
x1-x3+100y13<=88
x3-x1-100y13<=-3
x1-x4+100y14<=88
x4-x1-100y14<=-10
x1-x5+100y15<=88
x5-x1-100y15<=-4
x1-x6+100y16<=88
x6-x1-100y16<=-18
x2-x3+100y23<=92
x3-x2-100y23<=-3
x2-x4+100y24<=92
x4-x2-100y24<=-10
x2-x5+100y25<=92
x5-x2-100y25<=-4
x2-x6+100y26<=92
x6-x2-100y26<=-18
x3-x4+100y34<=97
x4-x3-100y34<=-10
x3-x5+100y35<=97
x5-x3-100y35<=-4
x3-x6+100y36<=97
x6-x3-100y36<=-18
```

✦ 圖 4-8 單機排程問題之 LINDO 輸出檔

此問題之目標函數也可以考慮最小平均延遲時間（Mean Lateness）$(1/n)\sum_j(x_j+p_j-d_j)$；或最少平均遲交時間（Mean Tardiness）$(1/n)\sum_j \text{Max}\{0,\quad x_j+p_j-d_j\}$。此外，也經常考慮：儘早完成最後工作，$\text{Min}\ \max_j\{x_j+p_j\}$，最小的最大工作延遲，$\text{Min}\ \max_j\{x_j+p_j-r_j\}$；或最小的最大工作遲交時間，$\text{Min}\ \max_j[\max\{0,\quad x_j+p_j-r_j\}]$ 等等。

如果以最小的最大工作延遲爲目標函數，ILP 模式如下，最佳解爲：4－2－5－3－1－6，最大延遲之工作 1 之開工時間爲 22；不過，新工作順序下之平均完工時間爲 31.17，比原先之 23.67 差很多。

$$
\begin{aligned}
\text{Min}\quad & \max\{(x_1+12-10),\quad (x_2+8-2),\quad (x_3+3-72) \\
& \quad (x_4+10+8),\quad (x_5+4+6),\quad (x_6+18-60)\} \\
\text{s.t.}\quad & x_6 \ge 2 \\
& \ldots \\
& x_2+8 \le x_6+M(1-y_{2,6}) \\
& x_6+18 \le x_2+My_{2,6} \\
& \ldots \\
& x_j \ge 0, \qquad \forall j=1,..6. \\
& y_{j,j'}=(0,1), \qquad \forall j=1,..6.;\ j'>j.
\end{aligned}
$$

在使用一般 ILP 電腦軟體求解時，Min-Max 模式必須經過簡單的轉換。上列 ILP 模式可以改寫成下列模式。

$$
\begin{aligned}
&\text{Min} \quad f \\
&\text{s.t.} \\
&\quad f \geq x_1 + 2 \\
&\quad f \geq x_2 + 6 \\
&\quad f \geq x_3 - 69 \\
&\quad f \geq x_4 + 18 \\
&\quad f \geq x_5 + 10 \\
&\quad f \geq x_6 - 42 \\
&\quad \ldots\ldots\ldots\ldots \\
&\quad x_2 + 8 \leq x_6 + M(1 - y_{2,6}) \\
&\quad x_6 + 18 \leq x_2 + My_{2,6} \\
&\quad \ldots \\
&\quad x_j \geq 0, \qquad \forall j = 1,..6. \\
&\quad y_{j,j'} = (0,1), \qquad \forall j = 1,..6.; j' > j.
\end{aligned}
$$

本節討論一部機器從事項工作之順序，與第五章中將討論網路分析之「推銷員旅行問題」十分相似；例如探討一個推銷員拜訪 6 個城市之最佳順序，推銷員可以視爲機器，各城市視爲工作，工作順序就是拜訪城市的順序。

4-11
多機排程問題（Job Shop Scheduling Problem）

公司有 7 部不同功能之機器設備，接到 3 份訂單分別生產 A、B、C 三種產品，各產品生產流程與處理時間（分鐘）如下圖所示。若沒有衝突而延滯，A 產品生產時間共 67 分鐘，B 產品生產時間共 73 分鐘，C 產品生產時間共 42 分鐘。請作最佳之生產規劃。

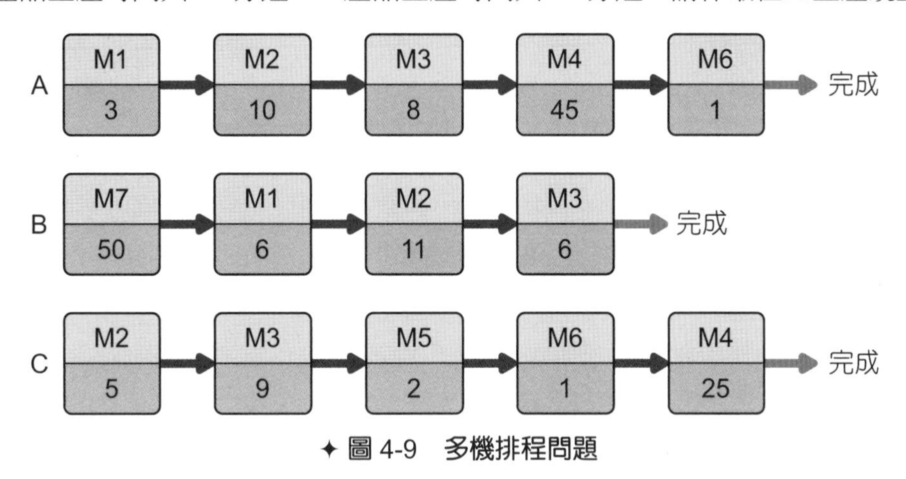

✦ 圖 4-9　多機排程問題

這種排程問題的限制式有兩類：工作順序限制式與機器衝突限制式。令 $x_{j,k}$ 爲產品 j 於機器 k 之開始處理時間，$p_{j,k}$ 爲產品 j 於機器 k 之所需之處理時間，機器 k 先於機器 k' 後之順序限制式可以寫成：$x_{j,k} + p_{j,k} \le x_{j,k'}$。機器衝突限制式之寫法與前一節之說明相同，其中，0-1 變數 $y_{j,j',k} = 1$ 則產品 j 比產品 j' 先使用機器 k。

$$x_{j,k} + p_{j,k} \le x_{j',k} + M(1 - y_{j,j',k})$$
$$x_{j',k} + p_{j',k} \le x_{j,k} + My_{j,j',k}$$

ILP 模式如下，目標是爲儘早完成最後動工之產品。限制式分爲兩類：產品之工作順序限制，先完成工作 1 才能做工作 2 等；機器的衝突排除限制式，機器生產產品 A 時不能處理產品 B 等。

$$\text{Min Max}\left\{x_{a,6} + 1 \quad x_{b,3} + 6 \quad x_{c,4} + 25\right\}$$

s.t.

- A 產品工作順序限制式

$$x_{a,1}+3\le x_{a,2}$$
$$x_{a,2}+10\le x_{a,3}$$
$$x_{a,3}+8\le x_{a,4}$$
$$x_{a,4}+45\le x_{a,6}$$

- B 產品工作順序限制式

$$x_{b,7}+50\le x_{b,1}$$
$$x_{b,1}+6\le x_{b,2}$$
$$x_{b,2}+11\le x_{b,3}$$

- C 產品工作順序限制式

$$x_{c,2}+5\le x_{c,3}$$
$$x_{c,3}+9\le x_{c,5}$$
$$x_{c,5}+2\le x_{c,6}$$
$$x_{c,6}+1\le x_{c,4}$$

1. 機器 1 的衝突限制式

   A 產品與 B 產品使用機器 1 之順序

$$x_{a,1}+3\le x_{b,1}+M\left(1-y_{a,b,1}\right)$$
$$x_{b,1}+6\le x_{a,1}+My_{a,b,1}$$

2. 機器 2 的衝突限制式

   A 產品與 B 產品使用機器 2 之順序

$$x_{a,2}+10\le x_{b,2}+M\left(1-y_{a,b,2}\right)$$
$$x_{b,2}+11\le x_{a,2}+My_{a,b,2}$$

   A 產品與 C 產品使用機器 2 之順序

$$x_{a,2}+10\le x_{c,2}+M\left(1-y_{a,c,2}\right)$$
$$x_{c,2}+5\le x_{a,2}+My_{a,c,2}$$

   B 產品與 C 產品使用機器 2 之順序

$$x_{b,2}+11\le x_{c,2}+M\left(1-y_{b,c,2}\right)$$
$$x_{c,2}+5\le x_{b,2}+My_{b,c,2}$$

3. 機器 3 的衝突限制式

A 產品與 B 產品使用機器 3 之順序

$$x_{a,3}+8 \le x_{b,3}+M\left(1-y_{a,b,3}\right)$$
$$x_{b,3}+6 \le x_{a,3}+My_{a,b,3}$$

A 產品與 C 產品使用機器 3 之順序

$$x_{a,3}+8 \le x_{c,3}+M\left(1-y_{a,c,3}\right)$$
$$x_{c,3}+9 \le x_{a,3}+My_{a,c,3}$$

B 產品與 C 產品使用機器 3 之順序

$$x_{b,3}+6 \le x_{c,3}+M\left(1-y_{b,c,3}\right)$$
$$x_{c,3}+9 \le x_{b,3}+My_{b,c,3}$$

4. 機器 4 的衝突限制式

A 產品與 C 產品使用機器 4 之順序

$$x_{a,4}+45 \le x_{c,4}+M\left(1-y_{a,c,4}\right)$$
$$x_{c,4}+25 \le x_{a,4}+My_{a,c,4}$$

5. 機器 5 僅 C 產品使用，無衝突限制
6. 機器 6 的衝突限制式

A 產品與 C 產品使用機器 6 之順序

$$x_{a,6}+1 \le x_{c,6}+M\left(1-y_{a,c,6}\right)$$
$$x_{c,6}+1 \le x_{a,6}+My_{a,c,6}$$

7. 機器 7 僅 C 產品使用，無衝突限制

● **變數定義：**

$$x_{j,k} \ge 0 \qquad \forall(j,k)$$
$$y_{j,j',k}=(0,1) \qquad \forall(j,j',k)$$

最佳解：A 產品依處理順序之最佳開工時間爲 0、5、34、42、87，B 產品依處理順序之最佳開工時間爲 0、50、56、67，C 產品依處理順序之最佳開工時間爲 0、5、14、16、17，目標值爲 88。A 產品生產過程費時最長共 88 分鐘，比所需之 67 分鐘長許多，排班衝突耽誤了 21 分鐘；B 產品生產過程費時次之，共 73 分鐘，與所需之 73 分鐘相同，沒有耽誤；C 產品生產過程費時最短共 42 分鐘，與所需之 42 分鐘相同，沒有耽誤。此外，多機排程與單機排程中的討論類似，可以考量不同意義之目標函數而建立不同模式。

4-12
折線函數（Piece-wise Linear Function）

本章 4.4 節中的成本函數是一個折線的函數，行銷實務上價格之數量折扣、生產實務上規模經濟等現象，會增加折線的現象。此外，非線性規劃中的非線性函數亦可以折現函數近似。

範例：上下游水庫多期發電問題

某電力公司在拉拉山利用水力發電，由高水平高山至平原依序有兩個水庫與兩個發電廠，各水庫與發電廠之資料如下表所示。上游水庫水量超過容量時會溢流至下游水庫，下游水庫水量超過容量時會溢流至再下游的河流；上游電廠利用水利發電後之水也會流至下游水庫，下游電廠利用水利發電後之水也會流至再下游的河流。

電力收入扣除輸送成本之毛利，在 50,000MWH 內每 MWH 爲$50，超過 50,000MWH 之部分將輸送至較遠的城市，每 MWH 爲$35，每月最低總發電量爲 15,000MWH，請建立 LP 模式，探討該公司拉拉山各電廠之最佳發電量。（其中，KAF 爲水量之單位，代表一千公畝之體積；MWH 爲電量之單位，代表百萬瓦/小時。）

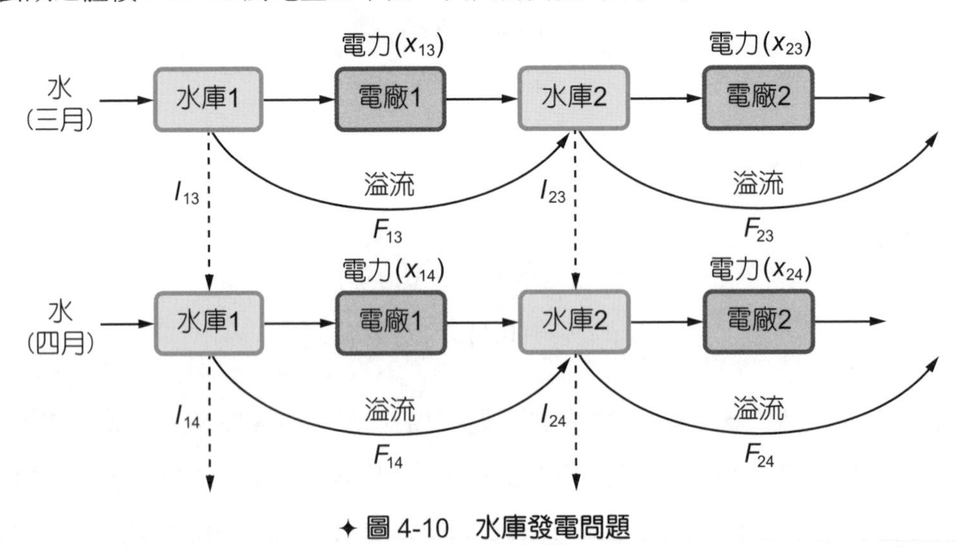

✦ 圖 4-10　水庫發電問題

表 4-15　水庫發電問題之基本資料

	I	II	單位
水庫容量	2,000	1,500	KAF
最低水量	1,200	800	KAF
水電轉換	400	200	MWH／KAF
電廠能量	60,000	35,000	MWH／月
三月初水量	1,900	850	KAF
三月預測進水量	200	40	KAF
四月預測進水量	130	15	KAF

決策變數：x_{ij} i 電廠 j 月份發電量（MWH），I_{ij} i 水庫 j 月底水存量（KAF），F_{ij} i 水庫 j 月份水溢流量（KAF）。

線性規劃模式（只考慮每 MWH 爲$50，未考慮大量生產下之毛利折減）：

$$\text{Max}\quad Z = 50\left(x_{13}+x_{23}+x_{14}+x_{24}\right)$$

$$\text{s.t.}\quad 1900+200=\frac{x_{13}}{400}+i_{13}+f_{13}$$

$$40+850+\frac{x_{13}}{400}+f_{13}=\frac{x_{23}}{200}+f_{23}+i_{23}$$

$$i_{13}+130=\frac{x_{14}}{400}+i_{14}+f_{14}$$

$$15+i_{23}+\frac{x_{14}}{400}+f_{14}=\frac{x_{24}}{200}+f_{24}+i_{24}$$

$$x_{13}+x_{23}\geq 15000$$

$$x_{14}+x_{24}\geq 15000$$

$$2000\geq i_{1i}\geq 1200,\quad i=3,4$$

$$1500\geq i_{2i}\geq 800,\quad i=3,4$$

$$x_{1i}\leq 60000,\quad i=3,4$$

$$x_{2i}\leq 35000,\quad i=3,4$$

電廠 I 發電量 x_{13}（MWH）需要使用水庫 I 之水量 $\frac{x_{13}}{400}$（KAF），同時提供水庫 II $\frac{x_{13}}{400}$（KAF）之水量；亦即，1 單位 KAF 發電 400MWH。同理，電廠 II 發電量 x_{23}（MWH）需要使用水庫 II 之水量 $\frac{x_{23}}{200}$（KAF）。

只考慮每 MWH 爲$50 之 LP 模式，最佳解：Z=9,500,000，x_{13}=60,000，x_{23}=35,000，x_{14}=60,000，x_{24}=35,000，I_{13}=1,220，I_{23}=810，I_{14}=1,200，I_{24}=800，F_{13}=730，F_{23}=885，其它溢流量爲 0。

當考量毛利「在 50,000MWH 內每 MWH 爲$50，超過 50,000MWH 之部分每 MWH 爲$35」時，毛利函數與圖形如下所示，上述模式只要稍加修改即可得到結果。

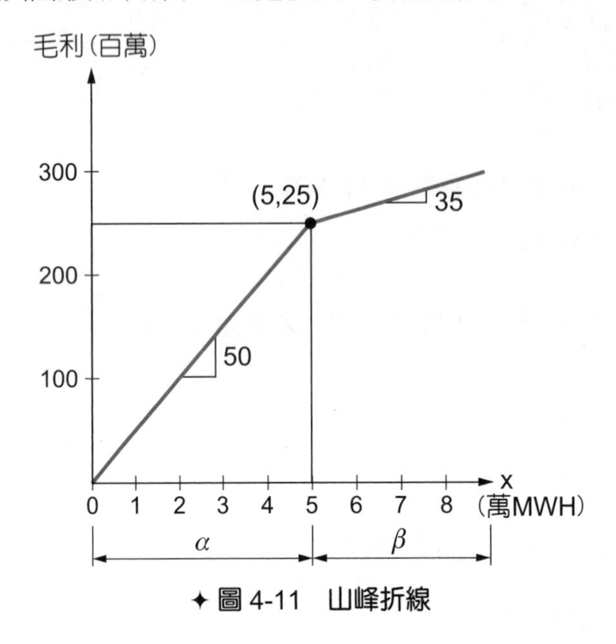

✦ 圖 4-11　山峰折線

此外，若遇到下列圖形中規模不經濟之成本函數，則最小化之成本函數撰寫如下所示：

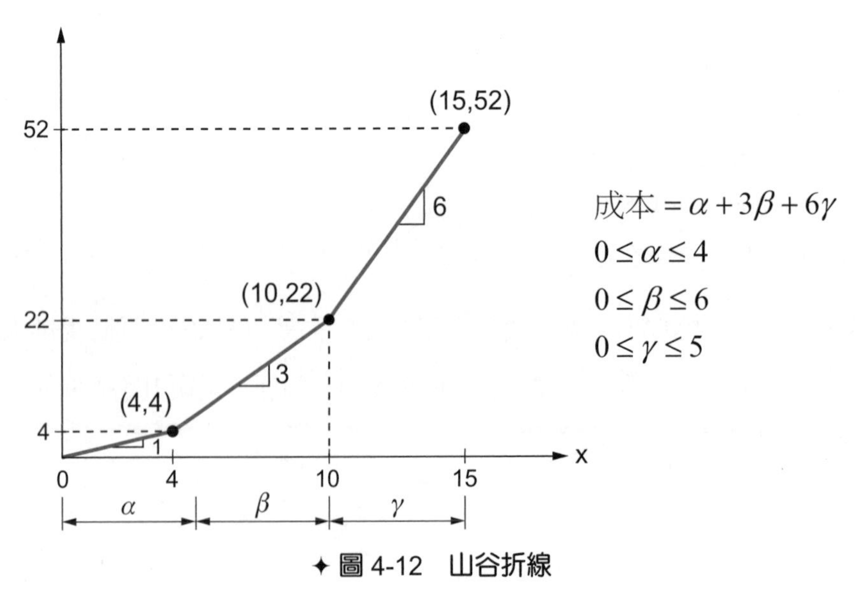

$$成本 = \alpha + 3\beta + 6\gamma$$
$$0 \le \alpha \le 4$$
$$0 \le \beta \le 6$$
$$0 \le \gamma \le 5$$

✦ 圖 4-12　山谷折線

上述兩種折線函數的決策情境，都不必加入整數開關變數，LP 模式之最佳解不會有矛盾現象如：第一階段變數沒有滿足上限，第二階段變數就開始大於零的結果，$\alpha=2, \beta=3, \gamma=0$；或者如此節之發電問題，發電少於 50,000MWH，卻先銷售給收入$35 的城市。但是，最大化決策情境下之目標函數若不是凹性（Concave），最小化決策情境下之目標函數若不是凸性（Convex），則必須使用下列整數限制式的技巧，否則會產生矛盾的結果。例如，下列圖形中之折線函數起起伏伏，該成本函數撰寫方法如下所示。

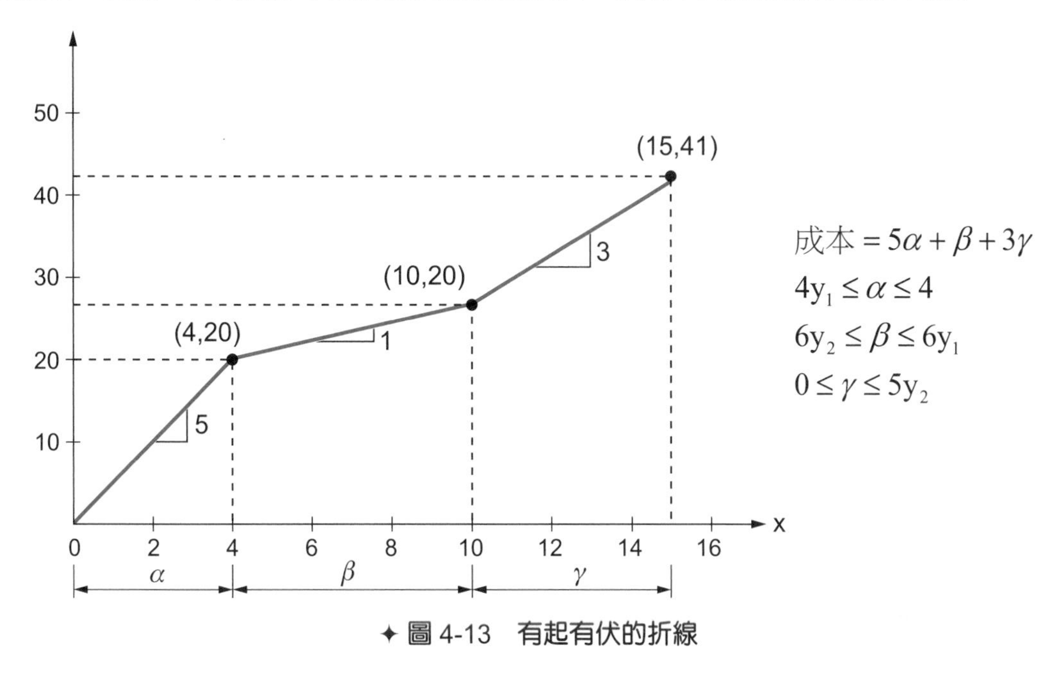

✦ 圖 4-13　有起有伏的折線

其中，$y_1=(0,1)$ 爲第一階段之開關變數，$y_1=1$ 表示第一階段已經滿足，亦即，可以考慮第二階段；否則 $y_1=0$，表示第一階段未全部滿足，不可以考慮第二階段。

$y_2=(0,1)$ 爲第二階段之開關變數，$y_2=1$ 表示第二階段已經滿足，亦即，可以考慮第三階段；否則 $y_2=0$，表示第一階段未全部滿足，不可以考慮第二階段。

這兩個開關變數只允許下列狀態發生：

第一，$y_1=0$，此時必然得到 $y_2=0$；階段變數之結果是 $0\le\alpha\le 4, \beta=0, \gamma=0$，第一階段未滿足。

第二，$y_1=1$ 與 $y_2=0$，階段變數之結果是 $\alpha=4, 0\le\beta\le 6, \gamma=0$，第一階段滿足但第二階段未滿足。

第三，$y_1 = 1$與$y_2 = 1$，階段變數之結果是$\alpha = 4, \beta = 6, 0 \le \gamma \le 5$，第一階段滿足、第二階段滿足、但第三階段未滿足。

4-13 綜合討論

綜合前述各節範例之說明，整數規劃模式之應用包括下列各項時機。

1. 決策問題之特性（模式投入參數）與決策事項（模式產生變數）具「離散」（非連續）之要求。例如，I 廠產能之擴充方案有三：增加 100、200、或 300（萬單位）；所以，產能擴充變數$x \in \{100,\ 200,\ 300\}$。又例如，決定消防隊設立數目必須爲非負整數，如果答案是 2.35 則難以討論；即使四捨五入，也可能有不可行之後果。不過，若討論很大的數目，如生產量之決策（千單位），模式得到 2.35 則不會有任何困擾。
2. 排列組合問題（Combinatorial Problems）通常必須使用整數規劃。例如，在許多投資方案中做選擇、機器在多項工作下做工作順序排程等。
3. 網路問題（Network Problems）也常常需要使用整數規劃模式。如第五章討論之推銷員旅程問題（The Traveling Salesman Problem）、車輛排程問題等。
4. 某些非線性特性之處理。例如，固定成本範例、折線函數之範例皆然。
5. 邏輯關係等。

本章未涉及整數規劃模式之求解演算法，將建立之模式交給 LINDO 軟體求解。一般商用軟體利用「分枝界限法（Branch and Boand Methods）」、「窮舉法（Enumerative Methods）」、「切面法（Cutting Planes Methods）」等演算法，其原理與方法請參見相關文獻。

不過，整數規劃模式之「變數數目」或「限制式數目」增加時，窮舉或求解的複雜程度會快速增加。所以，有許多大型 IP 模式都需要有效率的演算法方得實際應用，各種問題類型的啓發式方法（Heuristic Methods）也有長足的發展與應用，請參見相關專書之介紹。此外，有一些整數規劃模式不需要使用整數規劃之演算法，可以直接使用處理實數之方法。例如，指派問題之決策變數爲二元變數，模式爲整數規劃，但交由 LINDO 求解時不必定義二元變數。這一類模式具有「完全單峰性（Total Unimodularity）」，可以直接以 LP 方法處理 IP 模式；關於其數學特性也請參考專書之討論。

本章有許多邏輯關係之範例，但仍未嚴謹地討論這項課題。例如，x 爲非負之產量變數，y 爲是否生產之二元變數，M 爲已知常數（x 之上限數值）； $x \le My$ 只能表達：$y=0 \Rightarrow x=0$ 或者 $x>0 \Rightarrow y=1$ 。亦即，「y=0 則不生產」，或者「有生產則 y=1」。其實，$x \le My$ 無法精確表達：「y=1 則生產」，或者「不生產則 y=0」。因爲 y=1 時 x 不受限制，x 可以是 0 也可以大於 0。在本章固定成本等範例中「y=1 生產，y=0 不生產」，不僅靠 $x \le My$ 限制式，也依靠最小化之成本目標函數。如果沒有最小化目標式之協助，期望限制式就精確地要求「y=1 生產，y=0 不生產」，其做法必須包括二項限制式：

1. $x \le$ My表達「y=0 不生產」（或者「有生產 y=1」）。
2. $x \ge$ My表達「y=1 生產」（或者「不生產 y=0」），其中 m 爲大於 0 之生產下限。

再以邏輯限制式之範例進行討論。對於限制式 $\sum_j a_{ij}x_j \le b_i$ 做開關，限制式利用二元變數 y 改寫爲 $\sum_j a_{ij}x_j \le b_i + M(1-y)$，期望表達「$y$=1 限制式成立，$y$=0 限制式不成立」。不過，$\sum_j a_{ij}x_j \le b_i + M(1-y)$ 只能表達「y=1 限制式成立」或者「限制式不成立 y=0」，無法表達「y=0 限制式不成立」或者「限制式成立 y=1」。亦即 y=0 時限制式可以成立，也可以不成立。所以，如果問題需要「y=1 限制式成立，y=0 限制式不成立」，必須利用二項限制式。除了討論過之 $\sum_j a_{ij}x_j \le b_i + M(1-y)$ 之外，還必須加上 $(M' + \varepsilon)y + \sum_j a_{ij}x_j \ge b_i + \varepsilon$ ，其中M′爲已知大數，ε 爲已知小數。當 y= 0時，第二式變爲 $\sum_j a_{ij}x_j \ge b_i + \varepsilon$，表達 $\sum_j a_{ij}x_j$ 不成立。

邏輯表達有賴整數變數，不過精確表達確實不容易，茲再舉例說明之。某公司有 A、B、C、D 四種產品，A、B 與 C、D 爲互補品，「如果生產 A$(x_a > 0)$或 B$(x_b > 0)$，則必須生產 C$(x_c > 0)$或 D$(x_d > 0)$」。前面討論過之技巧可以處理某產品之生產與不生產，亦即，「y_i=1 生產 i 產品，y_i=0 不生產 i 產品」。生產 A 或 B，如本章以前範例中對「或」之處理，限制式寫爲 $y_a+y_b \geqq 1$；同理，生產 C 或 D 寫爲 $y_c+y_d \geqq 1$。此時，定義二位元變數 y，y=1 生產 A 或 B，否則 y=0 不生產 A 或 B。

限制式有下列二項。

1. $M(1-y) + y_a + y_b \ge 1$ 表達「y=1 時 $y_a+y_b \geqq 1$，即生產 A 或 B」或者「不生產 A 或 B，$y_a+y_b<1$ 時 y=0」。
2. 表達「y=0 時不生產 A 或 B，亦即 $y_a+y_b<1$」之限制式爲 $y_a + y_b + \varepsilon \le 1 + M'y$ ；例如，令M″=2 與 ε =1，限制式爲 $y_a+y_b \leqq 2y$。

接著，「若生產 A 或 B(y=1)，則生產 C 或 D($y_c+y_d \geqq 1$)」可以依本章範例中常用之技巧寫爲 $M''(1-y)+y_c+y_d \geq 1$；M″可以令爲常數 1 就足夠了，可以得到 $y_c y_d \geqq y$。

第三章中以範例論及線性規劃之可行解區域爲凸集合，整數規劃之可行解區域與線性規劃不盡相同。舉例言之，下列三組限制式分別，如下圖所示，界定了一個凸集合區域。如果考慮三個區域中，至少一個區域以上，爲模式之可行解區域。對三組限制分別設立二元變數開關，「y_i=1 考慮區域 i，y_i=0 不考慮區域 i」。再加上 $y_1+y_2+y_3 \geq 1$ 至少選擇 1 個區域之可行解區域。

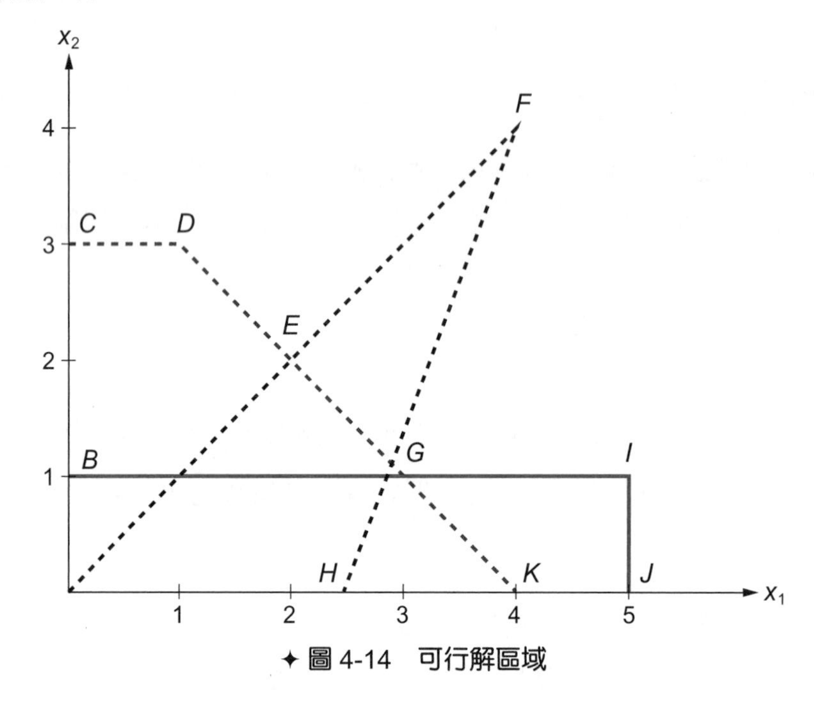

✦ 圖 4-14　可行解區域

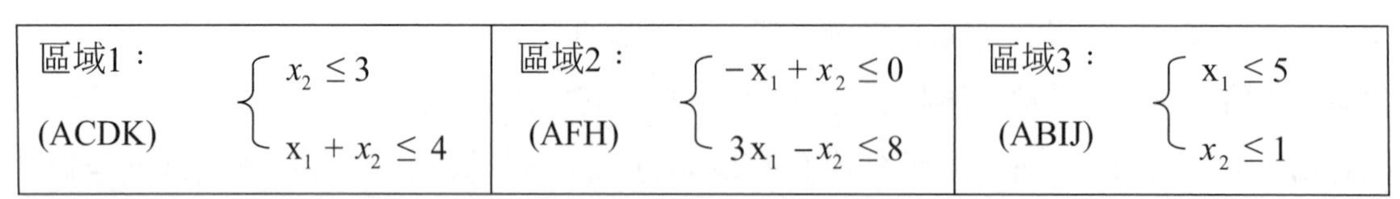

區域1：(ACDK)	區域2：(AFH)	區域3：(ABIJ)
$\begin{cases} x_2 \leq 3 \\ x_1+x_2 \leq 4 \end{cases}$	$\begin{cases} -x_1+x_2 \leq 0 \\ 3x_1-x_2 \leq 8 \end{cases}$	$\begin{cases} x_1 \leq 5 \\ x_2 \leq 1 \end{cases}$

2-13 節 LP 模式綜合討論中，言及「最小最大問題」與「最大最小問題」之處理，本章機器排程範例中也有相同之應用。對於「最小最小問題」與「最大最大問題」，LP 模式難以處理，只有依賴整數規劃。例如，資源分配給各大學，將第 j 種資源 x_{ij} 數量給大學 i 之效果是 $\sum_j a_{ij}x_{ij}$；資源分配希望「效果最大的大學」得到「最大效果」。

$$\text{Max} \quad \left[\ Max\ \left(\sum_j a_{ij} x_{ij}\right)\ \right]$$

s.t. . . . . . .

. . . . . .

模式必須依下列概念修改，才能套用商用軟體。

$$\text{Max} \quad Z$$

$$\text{s.t.} \quad Z = \sum_j a_{1j} x_{1j} \ \text{或}\ Z = \sum_j a_{2j} x_{2j} \ \text{或}\ ....$$

模式中「或」的處理本章已經有許多討論，必須使用整數變數，其方法不再贅述。

整數規劃尚有一些之技巧值得進一步深究，例如整數規劃之敏感性分析等，請參閱專門著作。此外，第五章中網路分析問題會經常利用整數規劃模式，所以有一些著名網路問題的整數規劃模式在本章都沒有介紹與討論。

本章習題

一、選擇題

社區有$120,000 資金與 12 公畝土地，設想四種休閒設施：游泳池、網球場、體育館（籃球、羽毛球等）、棒球場，期望之使用次數與成本如下表所示。假設「建網球場之前提是建游泳池」，也就是「有游泳池才會考慮網球場」。（決策變數：x_i，表示第 i 項設施是否投資，等於 1 投資，等於 0 則不投資）

休閒設施	期望使用次數（人次/每天）	所需資金（$）	所需土地（公畝）
游泳池	300	35,000	4
網球場	90	10,000	2
體育館	400	25,000	7
棒球場	150	90,000	3

(　　) 1. 決策追求　(A)最大利潤　(B)最多大使用次數　(C)最小成本　(D)最少土地。

(　　) 2. 目標函數式為

(A) $x_1 + x_2 + x_3 + x_4$

(B) $300x_1 + 90x_2 + 400x_3 + 150x_4$

(C) $35x_1 + 10x_2 + 25x_3 + 90x_4$

(D) $4x_1 + 2x_2 + 7x_3 + 3x_4$ 。

(　　) 3. 資金限制式為

(A) $x_1 + x_2 + x_3 + x_4 \le 120$

(B) $300x_1 + 90x_2 + 400x_3 + 150x_4 \le 120$

(C) $35x_1 + 10x_2 + 25x_3 + 90x_4 \le 120$

(D) $4x_1 + 2x_2 + 7x_3 + 3x_4 \le 120$

(　　) 4. 方案「游泳池」與方案「網球場」之關係式為　(A) $x_1 + x_2 = 0$　(B) $x_1 + x_2 = 1$　(C) $x_1 \le x_2$　(D) $x_1 \ge x_2$

某都會區有 3 個公司的銷售中心，公司考量 6 個候選地點作都會區發貨倉庫。銷售中心（A、B、C）的營業量（千個產品/年）、候選倉庫之固定成本（千元/年）、候選倉庫之容量（千個產品/年）、以及倉庫至銷售中心之單位運輸成本（元/個），如下表所示。探討倉庫之區位選擇；實數的決策變數 $x_{i,j}; i=1,..6; j=a,b,c.$ 為 i 倉庫服務 j 銷售中心之產品數量（千個）；0-1 整數決策變數 y_i 代表 i 地點是否設立倉庫，$y_i=1$ 為設立。

運輸成本（元/個）	A	B	C	倉庫成本（千元/年）	倉庫容量（千個產品）
1	18	15	12	405	11.2
2	13	10	17	390	10.5
3	16	14	18	450	12.8
4	19	15	16	368	9.3
5	17	19	12	520	10.8
6	14	16	12	465	9.6
營業量（千個產品）	12	10	14	-	-

(　　)5. 決策追求 (A)最大利潤 (B)最大銷售 (C)最小成本 (D)最少機器。

(　　)6. 銷售中心 B 之需求限制式為

(A) $x_{1b}+x_{2b}+x_{3b}+x_{4b}+x_{5b}+x_{6b}=10$

(B) $15x_{1b}+10x_{2b}+14x_{3b}+15x_{4b}+19x_{5b}+16x_{6b}=10$

(C) $x_{2a}+x_{2b}+x_{2c}=10$

(D) $13x_{2a}+10x_{2b}+17x_{2c}=10$

(　　)7. 倉庫區位 0-1 變數 y_2 與倉庫能量以及運輸流量變數之限制式

(A) $x_{2a}+x_{2b}+x_{2c}\le 10.5$

(B) $x_{2a}+x_{2b}+x_{2c}\le 10.5y_2$

(C) $13x_{2a}+10x_{2b}+17x_{2c}\le 10.5$

(D) $13x_{2a}+10x_{2b}+17x_{2c}\le 10.5y_2$

建立上述倉庫區位選擇模式，以 LINDO 求解之結果如下。

OBJECTIVEFUNCTIONVALUE

1) 2082300.

VARIABLE	VALUE	REDUCEDCOST
Y1	1.000000	360200.000000
Y2	1.000000	337500.000000
Y3	0.000000	424400.000000
Y4	1.000000	368000.000000
Y5	0.000000	476800.000000
Y6	1.000000	426600.000000
X1A	0.000000	4.000000
X1B	0.000000	4.000000
X1C	11200.000000	0.000000
X2A	2400.000000	0.000000
X2B	8100.000000	0.000000
X2C	0.000000	6.000000
X3A	0.000000	0.000000
X3B	0.000000	1.000000
X3C	0.000000	4.000000
X4A	0.000000	1.000000
X4B	1900.000000	0.000000
X4C	2800.000000	0.000000
X5A	0.000000	3.000000
X5B	0.000000	8.000000
X5C	0.000000	0.000000
X6A	9600.000000	0.000000
X6B	0.000000	5.000000
X6C	0.000000	0.000000

( ) 8. 由 LINDO 結果得知共設幾個倉庫： (A)2 (B)3 (C)4 (D)5。

( ) 9. 由 LINDO 結果得知需設置哪個倉庫： (A)7 (B)3 (C)4 (D)5。

( ) 10. 由 LINDO 結果得知倉庫 2 與銷售中心之關係是 (A)倉庫 2 服務銷售中心 A/B/C (B)倉庫 2 服務銷售中心 A/B (C)倉庫 2 服務銷售中心 A/C (D)倉庫 2 服務銷售中心 C。

( ) 11. 由 LINDO 結果得知倉庫 4 之總運量是： (A)4,700 (B)9,600 (C)11,200 (D)8,100。

(　　) 12. 由 LINDO 結果得知下列哪個倉庫之總運量小於其產能： (A)1 (B)2 (C)3 (D)4。

某公司只有一個處理流程（設施），有 6 件待處理工作，每件工作所需處理時間長度，以及收件時間與交貨時間，如下表所示。請探討公司最佳之工作順序。

	1	2	3	4	5	6
收件	−20	−15	−12	−10	−3	2
處理	12	8	3	10	4	18
交貨	10	2	72	−8	−6	60

決策變數 x_j 為工作 j 之開工時間；$y_{j,j'}$ 為工作 j 與工作 j' 之工作順序，$y_{j,j'}=1$ 表示工作 j 先做工作 j' 後做，$y_{j,j'}=0$ 表示工作 j' 先做工作 j 後做。建立模式如下：

$$\text{Min} \quad \frac{1}{6}[(x_1+12)+(x_2+8)+(x_3+3)+(x_4+10)+(x_5+4)+(x_6+18)]$$

$$\begin{aligned}
\text{s.t.} \quad & x_6 \ge 2 \\
& \ldots \\
& x_2+8 \le x_6 + M(1-y_{2,6}) \\
& x_6+18 \le x_2 + My_{2,6} \\
& \ldots \\
& x_j \ge 0, \qquad \forall j=1,..6. \\
& y_{j,j'} = (0,1), \qquad \forall j=1,..6.; j'>j.
\end{aligned}$$

LINDO 求解結果如下：

```
OBJECTIVE FUNCTION VALUE

1)      87.00000

VARIABLE        VALUE          REDUCED COST
     Y12        0.000000           0.000000
     Y13        0.000000           0.000000
     Y14        0.000000        -200.000000
     Y15        0.000000           0.000000
     Y16        1.000000         100.000000
     Y23        0.000000           0.000000
     Y24        1.000000         300.000000
     Y25        0.000000        -400.000000
     Y26        1.000000           0.000000
     Y34        1.000000           0.000000
     Y35        1.000000         500.000000
     Y36        1.000000           0.000000
     Y45        0.000000           0.000000
     Y46        1.000000           0.000000
     Y56        1.000000           0.000000
      X1       25.000000           0.000000
      X2        7.000000           0.000000
      X3        0.000000           6.000000
      X4       15.000000           0.000000
      X5        3.000000           0.000000
      X6       37.000000           0.000000
```

(　　) 13. 工作 1 之開工時間是　(A)25　(B)7　(C)0　(D)15。

(　　) 14. 哪一項工作最先做，亦即立刻開工：　(A)1　(B)2　(C)3　(D)4。

(　　) 15. 哪一項工作最後做，亦即較遲開工：　(A)5　(B)6　(C)1　(D)4。

二、綜合題

1. 某人有 14 億資金，可以投資下列 4 項方案，試建立整數規劃模式。

方案	1	2	3	4
淨現值(億)	16	22	12	8
所需資金(億)	5	7	4	3

(A) 若最多投資兩項方案，需要增加的限制式為何？

(B) 若投資第二項方案，必須投資第一項方案；需要增加的限制式為何？

(C) 若投資第二項方案，不可投資第四項方案；需要增加的限制式為何？

2. 某公司有 20 萬廣告預算，刊登 A 雜誌與 B 雜誌的廣告。在 A 雜誌刊登廣告的曝光效果，1-6 次每次 1 萬人，7-10 次每次 3 千人，11-15 次每次 2 千 5 百人，再多就不增加效果。在 B 雜誌刊登廣告的曝光效果，1-4 次每次 8 千人，5-12 次每次 6 千人，13-15 次每次 2 千人，再多就不增加效果。A 雜誌與 B 雜誌的讀者相互獨立，試建立整數規劃模式。

3. 四個軟體處理管理科學問題，成本與功能如下。學校希望具備各種功能的教學軟體，試建立整數規劃模式。

軟體	1	2	3	4
線性規劃	○	○	○	○
整數規劃		○		○
非線性規劃			○	○
軟體成本	30	40	60	140

CHAPTER

05

標的規劃與多目標規劃

本章大綱

5-1 緒論

5-2 無優先型標的規劃

5-3 優先型標的規劃

5-4 多目標線性規劃

5-5 有效用函數之多目標規劃

5-6 互動式多目標規劃

5-1
緒論

標的規劃（Goal Programming, GP）與多目標規劃（Multi-Objective Programming, MOP）爲前述線性規劃與線性整數規劃之延伸，可以處理許多實務決策課題。此外，後續章節討論之網路分析與非線性規劃，也可以做多目標思考。本節利用範例介紹標的規劃（GP）與多目標規劃（MOP）之基本概念。

範例一：線性規劃

某汽車公司擬刊登廣告進行促銷，考慮在電視「連續劇」與「職棒轉播」節目中播放廣告，一次播放之成本爲 100 萬與 80 萬。廣告效果與接收人之所得與性別有關，「職棒轉播」廣告之觀眾中有 70 萬中高所得男性，70 萬低所得民眾，與 10 萬中高所得女性。「連續劇」廣告之觀眾中有 10 萬中高所得男性，70 萬低所得民眾，與 40 萬中高所得女性。達成行銷目標之期望廣告曝光績效是：400 萬中高所得男性、600 萬低所得民眾、350 萬中高所得女性接收到汽車資訊。請探討最佳之廣告組合問題並建立 LP 模式。

表 5-1　廣告行銷效果

	連續劇 成本 100（萬）	職棒轉播 成本 80（萬）	期望值
男性－中高所得	10	70	400
民眾－低所得	70	70	600
女性－中高所得	40	10	350

$$\text{Min} \quad 100x_1 + 80x_2$$

s.t.

$$10x_1 + 70x_2 \geq 400$$

$$70x_1 + 70x_2 \geq 600$$

$$40x_1 + 10x_2 \geq 350$$

$$x_1 \geq 0, \quad x_2 \geq 0$$

範例二：標的規劃（一）

上述 LP 模式之結果為「連續劇」廣告 7.59 次與「職棒轉播」廣告 4.63 次，需要成本 1,129.63 萬元。但是，會計部門告知公司經費有限，廣告支出最多只有 600 萬元。所以，期望的廣告曝光績效無法全部達成。

經廣告研究得知：100 萬中高所得男性觀眾，可以創造 200 萬收入；100 萬中高所得女性觀眾，可以創造 50 萬收入；100 萬低所得觀眾，可以創造 100 萬收入。如果期望「中高所得男性曝光績效」、「中高所得女性曝光績效」、「低所得民眾曝光績效」離目標值差異，所造成營業收入之影響最小化，可以使用下列標的規劃（GP）模式，處理此廣告組合問題。

男性－中高所得	100	→	200（萬）
民眾－低所得	100	→	100（萬）
女性－中高所得	100	→	50（萬）

✦ 圖 5-1　廣告效益

$$\text{Min}\quad 200d_1^- + 100d_2^- + 50d_3^-$$

s.t.

$$10x_1 + 70x_2 + d_1^- - d_1^+ = 400$$

$$70x_1 + 70x_2 + d_2^- - d_2^+ = 600$$

$$40x_1 + 10x_2 + d_3^- - d_3^+ = 350$$

$$100x_1 + 80x_2 \le 600$$

$$x_1 \ge 0,\quad x_2 \ge 0,\quad d_i^- \ge 0,\quad d_i^+ \ge 0.$$

其中，d_i^+ 與 d_i^- 為第 i 項標的之差異變數，d_i^- 表示不足的部份，d_i^+ 表示超過的部份。目標函數表達廣告曝光對營收目標未達成之差異最小化，前 3 個限制式為標的之定義方程式，第 4 個限制式為公司廣告預算限制式。此模式稱為無優先型標的規劃（Non-preemptive Goal Programming），三項曝光績效目標可以藉著「權數」加以整合成一個目標函數式。無優先型標的規劃模式之幾何意義、代數意義、與使用 LINDO 求解之方法，將於 5-2 節討論。

有以上之範例可以了解「目標函數」與「標的」的關係。茲分類簡述如下列三種情形：

1. 若 $f(x) \geq b$ 有目標值下限的標的，則設 $f(x)+d^- - d^+ = b$ 以定義偏差變數，再建立模式目標爲 $MIN \quad d^-$。
2. 若 $f(x) \leq b$ 有目標值上限之標的，則設 $f(x)+d^- - d^+ = b$ 以定義偏差變數，再建立模式目標爲 $MIN \quad d^+$。
3. 若 $f(x) = b$ 有固定目標值爲標的，則設 $f(x)+d^- - d^+ = b$ 以定義偏差變數，再建立模式目標爲 $MIN \quad d^- + d^+$。

範例三：標的規劃（二）

假設無法取得上述廣告曝光績效對於營收之影響，決策者主觀認爲「中高所得男性曝光績效」最重要，「低所得民眾曝光績效」次重要，「中高所得女性曝光績效」第三重要，三者之間有絕對之優先關係，亦即三者之權數 $P_1 >> P_2 >> P_3$，則需要使用優先型標的規劃（Preemptive Goal Programming）。優先型標的規劃模式之表達方式如下，幾何意義、代數意義、與使用 LINDO 求解之方法，將於 5.3 節討論。

$$
\begin{aligned}
\text{Min} \quad & P_1 d_1^- + P_2 d_2^- + P_3 d_3^- \\
\text{s.t.} \quad & \\
& 10x_1 + 70x_2 + d_1^- - d_1^+ = 400 \\
& 70x_1 + 70x_2 + d_2^- - d_2^+ = 600 \\
& 40x_1 + 10x_2 + d_3^- - d_3^+ = 350 \\
& 100x_1 + 80x_2 \leq 600 \\
& x_1 \geq 0, \quad x_2 \geq 0, \quad d_i^- \geq 0, \quad d_i^+ \geq 0.
\end{aligned}
$$

範例四：多目標規劃

假設廣告曝光績效對於公司之影響是多方面的，無法用營收一個觀點討論；或者「中高所得男性曝光績效」、「低所得民眾曝光績效」、與「中高所得女性曝光績效」各有其意義，不宜整合成一個觀點；此時，三項曝光績效獨立考量，則需要多目標規劃（Multiple

Objective Programming）處理。下列之 MOP 模式中，目標式有三項目標函數，分別代表三項曝光績效，亦即目標為一個向量函數，表示模式同時追求「中高所得男性曝光績效」、「低所得民眾曝光績效」、與「中高所得女性曝光績效」差異之最小化。多目標規劃模式之幾何意義、代數意義、與使用 LINDO 求解之方法，將於 5-4 節、5-5 節、與 5-6 節討論。

$$\text{Min} \quad Z = \begin{bmatrix} Z_1 \\ Z_2 \\ Z_3 \end{bmatrix} = \begin{bmatrix} d_1^- \\ d_2^- \\ d_3^- \end{bmatrix}$$

s.t.

$$10x_1 + 70x_2 + d_1^- - d_1^+ = 400$$

$$70x_1 + 70x_2 + d_2^- - d_2^+ = 600$$

$$40x_1 + 10x_2 + d_3^- - d_3^+ = 350$$

$$100x_1 + 80x_2 \le 600$$

$$x_1 \ge 0, \quad x_2 \ge 0, \quad d_i^- \ge 0, \quad d_i^+ \ge 0.$$

5-2 無優先型標的規劃（Non-preemptive Goal Programming）

範例一：幾何求解

某公司生產兩種產品（A 與 B），生產技術在機器、人力、原料與產品（千個）之關係，以及下週公司在機器、人力、原料上之產能如表 5-2 所示。例如，每生產 1 千個 A 產品需要使用機器 0.5 小時，0.2 組人力，1 單位原料。又知 A 產品之利潤為 1（萬元/千個），B 產品之利潤為 2（萬元/千個），公司希望利潤不要少於 33（萬元）。此外，生產過程會產生污水，A 產品之污水產量為 3（噸/千個），B 產品之污水產量為 2（噸/千個），公司希望污水產量不要超過汙水處理設施之容量 36（噸），否則需要委外處理，每噸 5 萬元。請討論生產組合問題，建立無優先型標的規劃模式。

表 5-2　產品組合問題之基本資料

	A	B	產能
機器	0.5	0.25	8（小時）
人力	0.2	0.2	4（組/週）
原料	1	5	72（單位）

$$\text{Min } d_1^- + 5d_2^+$$
s.t.
$$x_1 + 3x_2 + d_1^- - d_1^+ = 33$$
$$3x_1 + 2x_2 + d_2^- - d_2^+ = 36$$
$$0.5x_1 + 0.25x_2 \le 8$$
$$0.2x_1 + 0.2x_2 \le 4$$
$$x_1 + 5x_2 \le 72$$
$$x_1 \ge 0, \quad x_2 \ge 0, \quad d_i^- \ge 0, \quad d_i^+ \ge 0.$$

模式中的主要決策變數是產品產量：x_1 爲 A 產品產量，x_2 爲 B 產品產量。5 個限制式，前 2 個爲利潤標的與污水標的之定義方程式，後 3 個限制式爲下一週之機器、人力、與原料產能限制式。目標函式是爲利潤不足與污水超量之最小化，因污水處理每噸 5 萬元，污水標的之權數爲 5，亦即標的都化爲金錢單位。

這是一個有 2 項主要決策變數的問題，以 x_1 與 x_2 爲軸，幾何作圖求解，如圖 5-2 所示。圖中滿足 3 個產能限制式之產能可行解區域爲 AC(E)FH(I)K(J)，CF 線是原料產能限制式，FH 線是人力產能限制式，HK 線是機器產能限制式。此產能可行解區域中，達成利潤目標之多邊形爲 BC(E)FHI(G)，亦即多邊形 BC(E)FHI(G)內每一點 $d_1^- = 0$ 。

此產能可行解區域中，達成污水量目標之多邊形爲 A(B)CE(G)J，亦即多邊形 A(B)CE(G)J 內每一點 $d_2^+ = 0$ 。此產能可行解區域中，同時達成利潤目標與污水標的之多邊形爲 BCEG，多邊形 BCEG 內每一點 $d_1^- = 0$ 且 $d_2^+ = 0$ ，都是滿意點，都使得模式之目標函數值爲 0；亦即，此模式有多重最佳解。

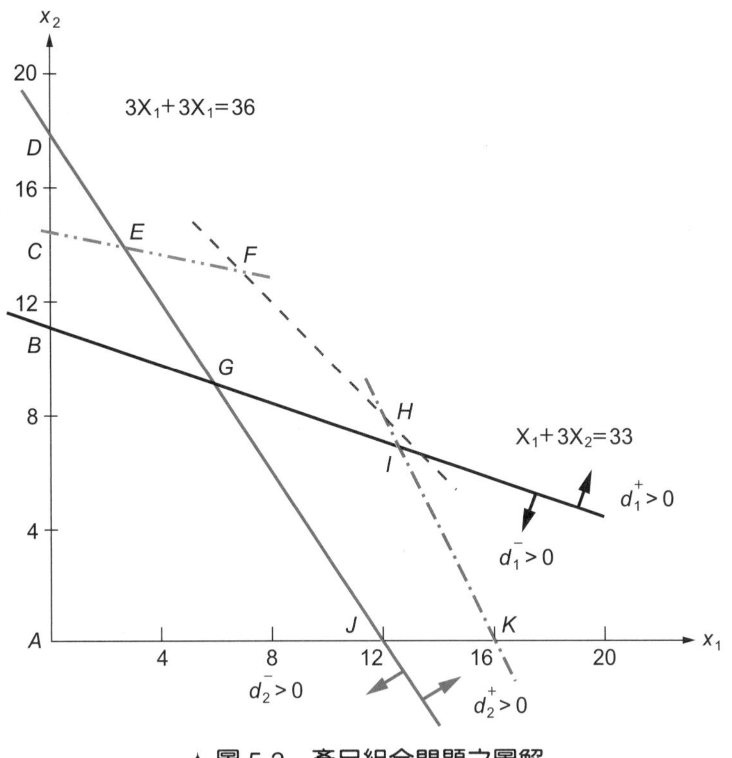

✦ 圖 5-2　產品組合問題之圖解

假設利潤目標之標的爲 48 萬元，則圖 5-2 中之黑線上移，改變的結果如圖 5-3 所示。

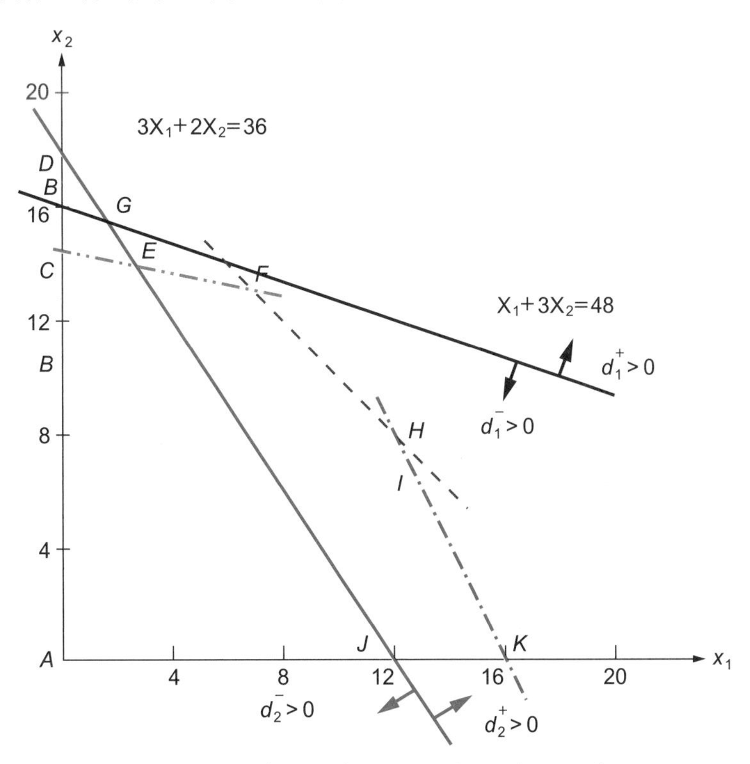

✦ 圖 5-3　產品組合問題（利潤目標＝48）

$$
\begin{aligned}
&\text{Min} \quad d_1^- + 5d_2^+ \\
&\text{s.t.} \\
&\quad x_1 + 3x_2 + d_1^- - d_1^+ = 48 \\
&\quad 3x_1 + 2x_2 + d_2^- - d_2^+ = 36 \\
&\quad 0.5x_1 + 0.25x_2 \le 8 \\
&\quad 0.2x_1 + 0.2x_2 \le 4 \\
&\quad x_1 + 5x_2 \le 72 \\
&\quad x_1 \ge 0, \quad x_2 \ge 0, \quad d_i^- \ge 0, \quad d_i^+ \ge 0.
\end{aligned}
$$

同時達成利潤標的與污水標的之三角形爲 BDG，三角形 BDG 內每一點 $d_1^- = 0$ 且 $d_2^+ = 0$，都是滿意點，都使得模式之目標函數値爲 0。但是，三角形 BDG 中的點，都不在產能可行解區域 AC(E)FHK(J)中；亦即，沒有一個可行解是滿意的點。

新利潤標的問題之模式如下，以 LINDO 求解的結果是：$x_1 = 2.769$，$x_2 = 13.846$，目標値 3.692，$d_1^- = 23.692$，其他差異變數爲 0。

在幾何圖形上，此最佳解位於 E 點，是原料產能限制式與汙染標的方程式之交點。請注意最佳解之敏感性分析資訊，例如，當水污染之權數減小至 0.15 時，最佳解會改變。

範例二：LINDO求解

某公司生產三種產品（P1，P2，P3），下一年度三種產品與公司三項目標之關係，以及公司三項目標之標的資訊如下。產品 1 每 1 千單位產量可以創造 12（百萬元）收益，需要 4（百）人力資源與 5（百萬元）之設施投資；產品 2 每 1 千單位產量可以創造 9（百萬元）收益，需要 3（百）人力資源與 7（百萬元）之設施投資；產品 3 每 1 千單位產量可以創造 15（百萬元）收益，需要 4（百）人力資源與 8（百萬元）之設施投資。

公司之三項目標是：收益、人力資源、設施投資，三項目標之下年度標的爲：收益不少於 125（百萬元），維持 40（百）人之人力資源規模，設施投資不超過 55（百萬元）。各項標的的權數是：收益每少 1（百萬元）懲罰權數 5，人力資源每多 1（百）人懲罰權數 2，人力資源每少 1（百）人懲罰權數 4，設施投資每多 1（百萬元）懲罰權數 3。請建立 GP 模式探討公司之經營策略。

表 5-3　LINDO 求解範例之基本資料

	產品			標的	懲罰權數
	1	2	3		
收益（百萬）	12	9	15	≧125	5
人力（百）	5	3	4	=40	2(+)，4(−)
投資（百萬）	5	7	8	≦55	3

此問題之 GP 模式如下所示。其中，3 個限制式是公司三項目標之標的定義方程式。目標函數是標的沒有達成之懲罰值最小化。此模式可以利用第三章介紹之單體法代數求解，也可以直接交由 LINDO 求解。

最佳解爲：$x_1 = 8.333$，$x_2 = 0$，$x_3 = 1.667$；目標值 16.667，$d_2^+ = 8.333$，其他差異變數爲 0。

$$\text{Min} \quad 5d_1^- + 2d_2^+ + 4d_2^- + 3d_3^+$$

s.t.

$$12x_1 + 9x_2 + 15x_3 + d_1^- - d_1^+ = 125$$

$$5x_1 + 3x_2 + 4x_3 + d_2^- - d_2^+ = 40$$

$$5x_1 + 7x_2 + 8x_3 + d_3^- - d_3^+ = 55$$

$$x_j \geq 0; \quad d_i^- \geq 0, \quad d_i^+ \geq 0.$$

LINDO 之敏感性分析結果如下所示，請討論懲罰權數對最佳結果之影響。

```
OBJ COEFFICIENT RANGES
VARIABLE      CURRENT      ALLOWABLE     ALLOWABLE
              COEF         INCREASE      DECREASE
D1-           5.000000     INFINITY      3.095238
D2+           2.000000     0.333333      2.000000
D2-           4.000000     INFINITY      6.000000
DP3           3.000000     INFINITY      0.428571
X1            0.000000     0.600000      3.600000
X2            0.000000     INFINITY      6.857142
X3            0.000000     3.692308      0.750000
D1+           0.000000     INFINITY      1.904762
D3-           0.000000     INFINITY      2.571429
```

5-3
優先型標的規劃（Preemptive Goal Programming）

範例一：幾何求解

某公司生產兩種產品（A與B），生產技術在機器、人力、原料與產品（千個）之關係，以及下週公司在機器、人力、原料上之產能如表5-2所示。例如，每生產1千個A產品需要使用機器0.5小時，0.2組人力，1單位原料。又知A產品之利潤爲1（萬元/千個），B產品之利潤爲2（萬元/千個），公司希望利潤不要少於33（萬元）。此外，生產過程會產生污水，A產品之污水產量爲3（噸/千個），B產品之污水產量爲2（噸/千個），公司希望污水產量不要超過汙水處理設施之容量36（噸），否則需要委外處理。利潤目標之優先性比污水目標高，請討論生產組合問題，建立優先型標的規劃模式。

$$\text{Min} \quad P_1d_1^- + P_2d_2^+$$

s.t.

$$x_1 + 3x_2 + d_1^- - d_1^+ = 33$$

$$3x_1 + 2x_2 + d_2^- - d_2^+ = 36$$

$$0.5x_1 + 0.25x_2 \le 8$$

$$0.2x_1 + 0.2x_2 \le 4$$

$$x_1 + 5x_2 \le 72$$

$$x_1 \ge 0, \quad x_2 \ge 0, \quad d_i^- \ge 0, \quad d_i^+ \ge 0.$$

模式中的主要決策變數是產品產量：x_1爲A產品產量，x_2爲B產品產量。5個限制式，前2個爲標的定義方程式，後3個限制式爲產能限制式。目標函式是利潤不足與污水超量之最小化，利潤不足之優先權比污水目標高，權數$P_1 >> P_2$。以x_1與x_2爲軸，幾何作圖求解。

圖5-4中滿足3個產能限制式之產能可行解區域爲AC(E)FH(I)K(J)。

第一步考慮利潤目標，在此產能可行解區域中，達成利潤目標之多邊形爲BC(E)FHI(G)，亦即多邊形BC(E)FHI(G)內每一點$d_1^- = 0$。

第二步考慮污水目標，在第一步最佳結果之多邊形 BC(E)FHI(G)內，達成污水量目標之多邊形為 BCEG，亦即多邊形 BCEG 內每一點除了是第一步利潤目標之最佳解之外，也使得差異變數 $d_2^+ = 0$。

多邊形 BCEG 內每一點都是滿意點，都使得模式之目標函數值為 0；亦即，此模式有多重最佳解。

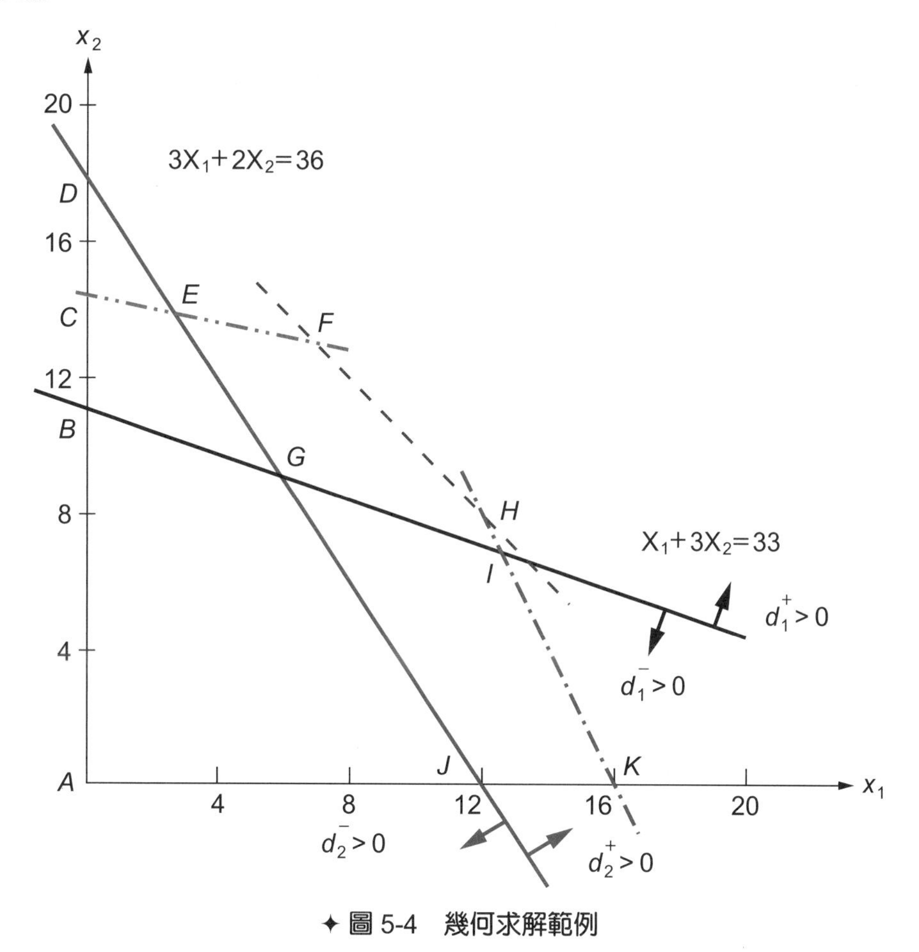

✦ 圖 5-4　幾何求解範例

假設公司之 A 部門與 B 部門分別設定部門銷售目標，A 部門銷售目標之標的是至少 5（千）個，B 部門銷售目標之標的是至少 12（千）個。加入這兩項目標與其對應之差異變數，問題之圖形加入兩條線，如下圖 5-5 所示。如果目標之優先性順序是：利潤目標、污水目標、A 部門銷售目標、B 部門銷售目標，四個目標之 GP 模式如下所示。

完成前兩項目標，即上述之第二步之後，在最佳解多邊形 BCEG 內，繼續討論下兩項目標。

第三步，在最佳解多邊形 BCEG 內，討論 A 部門銷售目標 5（千）個 A 產品，滿意的點是三角形 PQG，亦即三角形 PQG 內的點使得 $d_3^- = 0$ 。

接著第四步，在第三步最佳解三角形 PQG 中，討論 B 部門銷售目標 12（千）個 B 產品，發現沒有滿意的解。所以，在第三步最佳解三角形 PQG 中尋找使得 d_4^- 最小的解，結果是圖形中的 P 點，A 產品 $x_1 = 5$ ，B 產品 $x_2 = 10.5$ 。

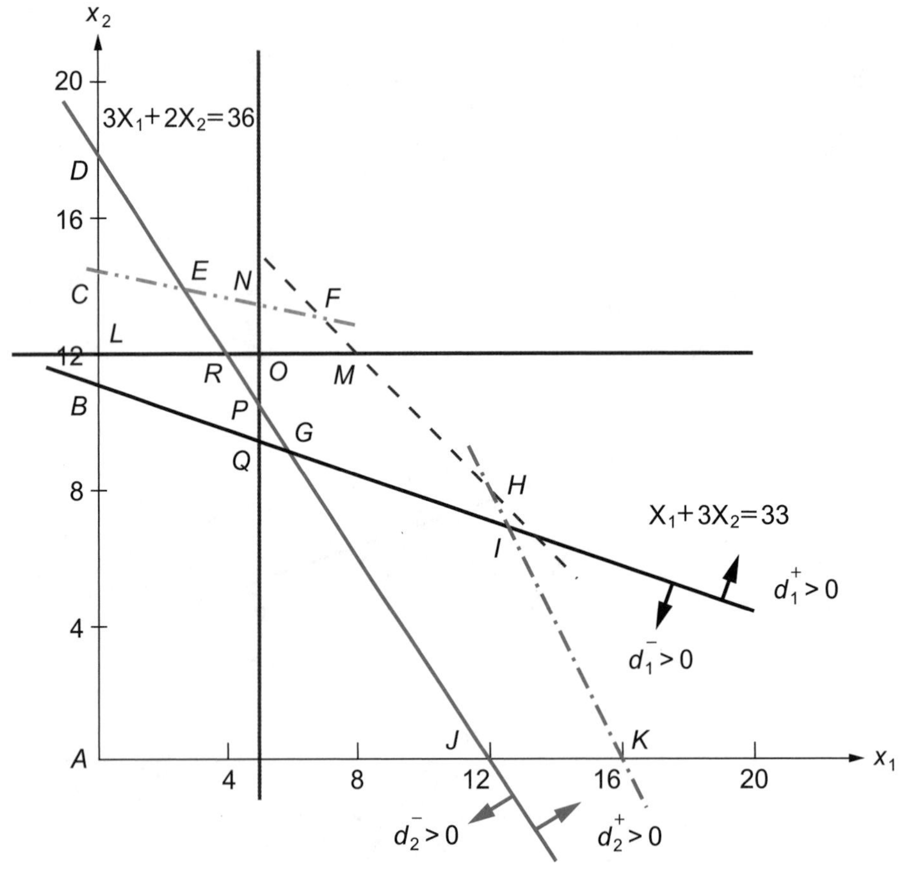

✦ 圖 5-5　幾何求解範例（四項目標）

$$\text{Min} \quad P_1d_1^- + P_2d_2^+ + P_3d_3^- + P_4d_4^-$$

s.t.

$$x_1 + 3x_2 + d_1^- - d_1^+ = 33$$
$$3x_1 + 2x_2 + d_2^- - d_2^+ = 36$$
$$x_1 + d_3^- - d_3^+ = 5$$
$$x_2 + d_4^- - d_4^+ = 12$$
$$0.5x_1 + 0.25x_2 \le 8$$
$$0.2x_1 + 0.2x_2 \le 4$$
$$x_1 + 5x_2 \le 72$$
$$x_1 \ge 0, \quad x_2 \ge 0, \quad d_i^- \ge 0, \quad d_i^+ \ge 0.$$

如果目標之優先性順序是：利潤目標、污水目標、B 部門銷售目標、A 部門銷售目標，結果會有很大的不同。

完成前兩項目標，在最佳解多邊形 BCEG 內，繼續討論 B 部門銷售目標 12（千）個 B 產品，滿意的點是多邊形 LCER，亦即多邊形 LCER 的點使得 $d_3^- = 0$ 。

接著，在多邊形 LCER 中，討論 A 部門銷售目標 5（千）個 A 產品，發現沒有滿意的解。所以，在多邊形 LCER 中尋找使得 d_4^- 最小的解，結果是圖形中的 R 點，A 產品 $x_1 = 4$，B 產品 $x_2 = 12$ 。

範例二：LINDO求解

某公司生產三種產品（P1，P2，P3），下一年度三種產品與公司三項目標之關係，以及公司三項目標之標的資訊如表 5-3 所示。產品 1 每 1 千單位產量可以創造 12（百萬元）收益，需要 4（百）人力資源與 5（百萬元）之設施投資；產品 2 每 1 千單位產量可以創造 9（百萬元）收益，需要 3（百）人力資源與 7（百萬元）之設施投資；產品 3 每 1 千單位產量可以創造 15（百萬元）收益，需要 4（百）人力資源與 8（百萬元）之設施投資。

公司之三項目標是：收益、人力資源、設施投資下年度標的達到收益不少於 125（百萬元），維持 40（百）人之人力資源規模，設施投資不超過 55（百萬元）。

目標之優先性分爲兩層，第一優先標的是人力資源不超過 40（百）人之規模，以及設施投資不超過 55（百萬元），權數爲 2 與 3；第二優先標的是收益不少於 125（百萬元），以及人力資源不足 40（百）人之規模，權數爲 5 與 4。請建立 GP 模式探討公司之經營策略。

表 5-4　LINDO 求解優先型標的範例之基本資料

	產品			標的
	1	2	3	
收益（百萬）	12	9	15	≧125
人力（百）	5	3	4	=40
投資（百萬）	5	7	8	≦55

此問題之 GP 模式如下所示。其中，3 個限制式爲標的定義方程式。目標函數中目標層次權數 $P_1 >> P_2$，優先考慮 $2d_2^+ + 3d_3^+$ 最小化，亦即人力資源超過 40（百）人及設施投資超過 55（百萬元）之加權數值。第二層次考慮 $5d_1^- + 4d_2^-$ 最小化，亦即收益少於 125（百萬元）及人力資源不足 40（百）人之加權數值。

$$\text{Min} \quad P_1[2d_2^+ + 3d_3^+] + P_2[5d_1^- + 4d_2^-]$$

s.t.

$$12x_1 + 9x_2 + 15x_3 + d_1^- - d_1^+ = 125$$

$$5x_1 + 3x_2 + 4x_3 + d_2^- - d_2^+ = 40$$

$$5x_1 + 7x_2 + 8x_3 + d_3^- - d_3^+ = 55$$

$$x_j \ge 0; \quad d_i^- \ge 0, \quad d_i^+ \ge 0.$$

以 LINDO 求解，先求解第一層次問題，模式如下所示。多重最佳解，其中之一爲：$x_1 = 0$，$x_2 = 0$，$x_3 = 0$；目標值 0，表示存在滿意點。

$$\text{Min} \quad 2d_2^+ + 3d_3^+$$

s.t.

$$12x_1 + 9x_2 + 15x_3 + d_1^- - d_1^+ = 125$$

$$5x_1 + 3x_2 + 4x_3 + d_2^- - d_2^+ = 40$$

$$5x_1 + 7x_2 + 8x_3 + d_3^- - d_3^+ = 55$$

$$x_j \ge 0; \quad d_i^- \ge 0, \quad d_i^+ \ge 0.$$

接著，在第一層次最佳結果中，$2d_2^+ + 3d_3^+ = 0$ 之下，考慮第二層次標的最小化 ($5d_1^- + 4d_2^-$)。亦即，以 LINDO 求解下列模式。

$$\begin{aligned}
&\text{Min} \quad 5d_1^- + 4d_2^- \\
&\text{s.t.} \\
&\qquad 12x_1 + 9x_2 + 15x_3 + d_1^- - d_1^+ = 125 \\
&\qquad 5x_1 + 3x_2 + 4x_3 + d_2^- - d_2^+ = 40 \\
&\qquad 5x_1 + 7x_2 + 8x_3 + d_3^- - d_3^+ = 55 \\
&\qquad 2d_2^+ + 3d_3^+ = 0 \\
&\qquad x_j \geq 0; \quad d_i^- \geq 0, \quad d_i^+ \geq 0.
\end{aligned}$$

LINDO 輸出結果如下所示：最佳解爲 $x_1 = 5$，$x_2 = 0$，$x_3 = 3.75$，差異變數 $d_1^- = 8.75$，其他差異變數爲 0，目標值 43.75。最佳解時無法達成利潤目標之標的 125 萬元，差距爲 8.75 萬元；其他目標均達成標的之要求。

```
        OBJECTIVE FUNCTION VALUE
        1)          43.75000
VARIABLE      VALUE              REDUCED COST
D1-           8.750000           0.000000
D2-           0.000000           9.250000
X1            5.000000           0.000000
X2            0.000000           18.000000
X3            3.750000           0.000000
D1+           0.000000           5.000000
D2+           0.000000           0.000000
D3-           0.000000           6.750000
D3+           0.000000           1.125000
ROW           SLACK OR SURPLUS   DUAL PRICES
2)            0.000000           -5.000000
3)            0.000000           5.250000
4)            0.000000           6.750000
5)            0.000000           2.625000
RANGES IN WHICH THE BASIS IS UNCHANGED:
OBJ COEFFICIENT RANGES
VARIABLE      CURRENT         ALLOWABLE          ALLOWABLE
```

	COEF	INCREASE	DECREASE
D1−	5.000000	INFINITY	5.000000
D2−	4.000000	INFINITY	9.250000
X1	0.000000	1.406250	33.750000
X2	0.000000	INFINITY	18.000000
X3	0.000000	18.000000	1.800000
D1+	0.000000	INFINITY	5.000000
D2+	0.000000	0.750000	INFINITY
D3−	0.000000	INFINITY	6.750000
D3+	0.000000	INFINITY	1.125000

RIGHTHAND SIDE RANGES

ROW	CURRENT RHS	ALLOWABLE INCREASE	ALLOWABLE DECREASE
2	125.000000	INFINITY	8.750000
3	40.000000	8.333334	12.500000
4	55.000000	6.481482	15.000000
5	0.000000	16.666668	0.000000

5-4
多目標線性規劃（Multi-Objective Linear Programming）

範例一：幾何求解

某公司生產兩種產品（A 與 B），生產技術在機器、人力、原料與產品（千個）之關係，以及下週公司在機器、人力、原料上之產能如表 5-2 所示。例如，每生產 1 千個 A 產品需要使用機器 0.5 小時，0.2 組人力，1 單位原料。又知：A 產品之利潤爲 1（萬元/千個），B 產品之利潤爲 2（萬元/千個）；生產過程會產生污水，A 產品之污水產量爲 3（噸/千個），B 產品之污水產量爲 2（噸/千個）。公司追求利潤目標愈高愈好，以及污水目標愈少愈好。請討論生產組合問題，建立多目標規劃模式。

$$\text{Max} \quad Z = \begin{bmatrix} Z_1 \\ Z_2 \end{bmatrix} = \begin{bmatrix} x_1 + 3x_2 \\ -3x_1 - 2x_2 \end{bmatrix}$$

s.t.

$$0.5x_1 + 0.25x_2 \le 8$$

$$0.2x_1 + 0.2x_2 \le 4$$

$$x_1 + 5x_2 \le 72$$

$$x_1 \ge 0, \quad x_2 \ge 0.$$

模式中的決策變數是產品產量：x_1 爲 A 產品產量，x_2 爲 B 產品產量。3 個限制式爲下一週之機器、人力、與原料產能限制式。目標函數爲向量函數，同時追求利潤最大，以及水污染量最小。在 x_1 與 x_2 爲軸，探討決策空間（Decision Space），幾何作圖求解，如圖 5-6 所示。圖中滿足 3 個產能限制式之產能可行解區域爲 ACFHK。如果考慮利潤目標，在此產能可行解區域中，最佳解是 F 點。如果考慮污水目標，在此產能可行解區域中，最佳解是 A 點。在此產能可行解區域中，兩個目標有衝突；例如，由 A 點至 B 點，利潤目標值增加，淡水汙染目標值變差。

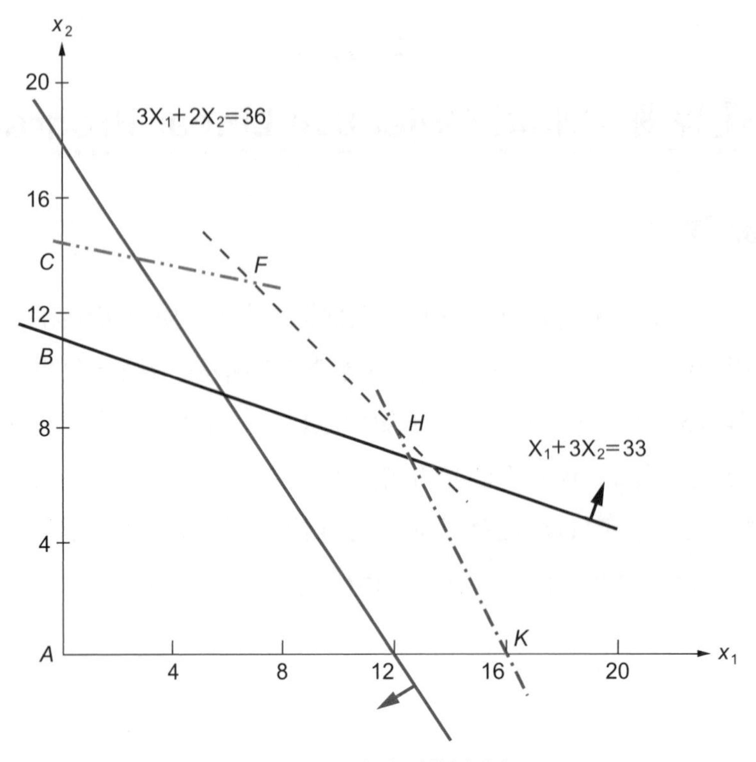

✦ 圖 5-6　多目標規劃範例之圖解

在 Z_1 與 Z_2 爲軸，探討目標空間（Objective Space），幾何作圖求解，如圖 5-7 所示。決策空間可行解區域之端點 A(0,0)、C(0,14.4)、F(7,13)、H(8,12)、K(16,0)，分別對應於下圖目標空間之 A(0,0)、C(43.2, −28.8)、F(46, −47)、H(44, −48)、K(16, −48)。簡言之，決策空間可行解區域 ACFHHK 各點之兩個目標值對應於目標空間上之 ACFHHK 區域。

在目標空間圖形中，可以清楚發現：由 A 點至 C 點，利潤變好、污染變差，兩個目標之間相互衝突；由 C 點至 F 點，利潤變好、污染變差，兩個目標之間相互衝突；由 H 點至 F 點，利潤變好、污染變好，兩個目標之間沒有衝突等等。簡言之，目標規劃中的各個目標之間，經常不時同步變好，或是一個變好的同時另一個變差，交互損益或有衝突。

此外，討論某一個解是否優於（或劣於）另一個解，亦即定義「效率解（Efficient Solution）」與「非劣解（Non-inferior Solution）」。例如，C 點與 K 點比較，C 點之利潤與汙染都比 K 點好，C 點優於 K 點或 K 點劣於 C 點，K 點是劣解（Dominated Solution）。對於可行解 C，不存在任一其他的可行解 X，使得 X 點的目標值優於或等於 X 點的目標值，C 點就是「效率解」；在目標空間觀點，就是「非劣解」。亦即，極大化問題，對於可行解 C 點，不存在 $[Z_1(X), Z_2(X)] \geq [Z_1(C), Z_2(C)]$ 。

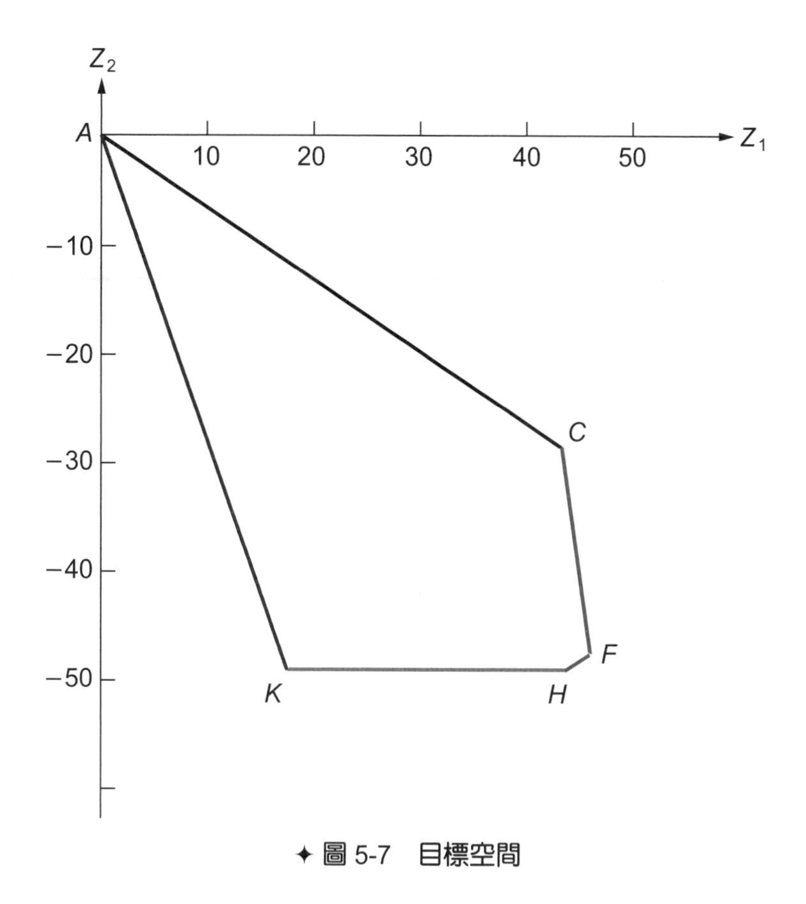

✦ 圖 5-7　目標空間

接著，討論效率邊界（Efficient Frontier）或交互損益曲線（Tradeoff Curve）。觀察同樣的利潤水準下，污染水準較好的點，都在 A 點至 C 點以及 C 點至 F 點的線段上。觀察同樣的汙染水準下，利潤水準較好的點，也都在 A 點至 C 點以及 C 點至 F 點的線段上。A 點至 C 點以及 C 點至 F 點的線段上的點，都是「效率解」或「非劣解」。

如同經濟學上討論之生產可能曲線，A 點至 C 點以及 C 點至 F 點的線段構成效率邊界或交互損益曲線。效率邊界上不同的解比較時，若某一個目標上比較好，另一個目標就比較差，才在交互損益的關係。至於在效率邊界上，那一點最佳，需要知道決策者之偏好。

範例二：LINDO求解

權重法（Weighting Method）設定權數，將多目標函數（向量函數）簡化爲單一目標函數（實數函數），藉著變動權數之設定，求算出各個效率解或非劣解。前述之幾何求解範例模式，利用權重法之求解結果如表 5-5 所示。每一列有一組權數，形成一個單一目標函數之 LP 問題，模式如下所示，經過一次 LINDO 求解，得到一個效率解結果。表中效率解對應前述圖形中之 A 點、C 點、與 F 點。

表 5-5 權重求解

權數		目標函數斜率	端點	效率解		非劣解	
W_1	W_2	$-W_1/W_2$		x_1	x_2	Z_1	Z_2
1	0	$-\infty$	F	7	13	46	47
2	1	−2	C	0	14.4	43.2	28.8
1	1	−1	C	0	14.4	43.2	28.8
1	2	−1/2	A	0	0	0	0
0	1	0	A	0	0	0	0

$$\text{Max} \quad Z = W_1Z_1 + W_2Z_2 = W_1(x_1 + 3x_2) + W_2(-3x_1 - 2x_2)$$

s.t.

$$0.5x_1 + 0.25x_2 \le 8$$

$$0.2x_1 + 0.2x_2 \le 4$$

$$x_1 + 5x_2 \le 72$$

$$x_1 \ge 0, \quad x_2 \ge 0.$$

5-5 有效用函數之多目標規劃

範例一：線性效用函數

假設多目標規劃模式如下所示，目標函數中包含兩個單一目標，有 3 個限制式。假設決策者之偏好或效用函數是線性函數，例如 $U(Z_1, Z_2) = 2Z_1 + Z_2$。多目標規劃可以直接利用效用函數，改寫爲單目標規劃。MOP 模式可以改寫成下列 LP 模式，並使用 LINDO 求解。

$$\text{Max} \quad Z=\begin{bmatrix} Z_1 \\ Z_2 \end{bmatrix}=\begin{bmatrix} 3x_1+5x_2 \\ 2x_1-3x_2 \end{bmatrix}$$

s.t.

$$x_1+x_2 \le 6$$
$$x_1+2x_2 \le 10$$
$$x_1 \le 4$$
$$x_1 \ge 0, \quad x_2 \ge 0.$$

$$\text{Max} \quad Z=2[3x_1+5x_2]+[2x_1-3x_2]$$

s.t.

$$x_1+x_2 \le 6$$
$$x_1+2x_2 \le 10$$
$$x_1 \le 4$$
$$x_1 \ge 0, \quad x_2 \ge 0.$$

範例二：非線性效用函數

假設決策者之偏好或效用函數是非線性函數，例如$U(Z_1,Z_2)=Z_1Z_2$。多目標規劃可以先利用前述之權重法求取非劣解，利用效用函數算非劣解之效用，再尋找效率邊界上最大效用的解。本節範例可以使用 LINDO 求取非劣解，得到表 5-6 中之結果。如決策空間圖 5-8 所示，只考慮第一個目標，C 點是最佳解；只考慮第二個目標，B 點是最佳解；兩個目標之權重相同時，C 點是最佳解。

表 5-6 中之每一列，均利用權重改變，建立一個簡單之 LP 模式，再以 LINDO 求取一個非劣解。在決策空間裡，D 點至 C 點至 B 點構成效率邊界。由於效用函數是非線性函數，在效率邊界上效用最大的點不一定是端點解，必須應用單一變數之非線性規劃方法求解。此問題在 BC 線段上(4, 0.133)點之效用最大，效用 96.27。

表 5-6　權重求解過程

權數		效用	端點	效率解		非劣解	
W_1	W_2			x_1	x_2	Z_1	Z_2
1	0	−208	D	2	4	26	−8
1	1	44	C	4	2	22	2
1	2	96	B	4	0	12	8
0	1	96	B	4	0	12	8

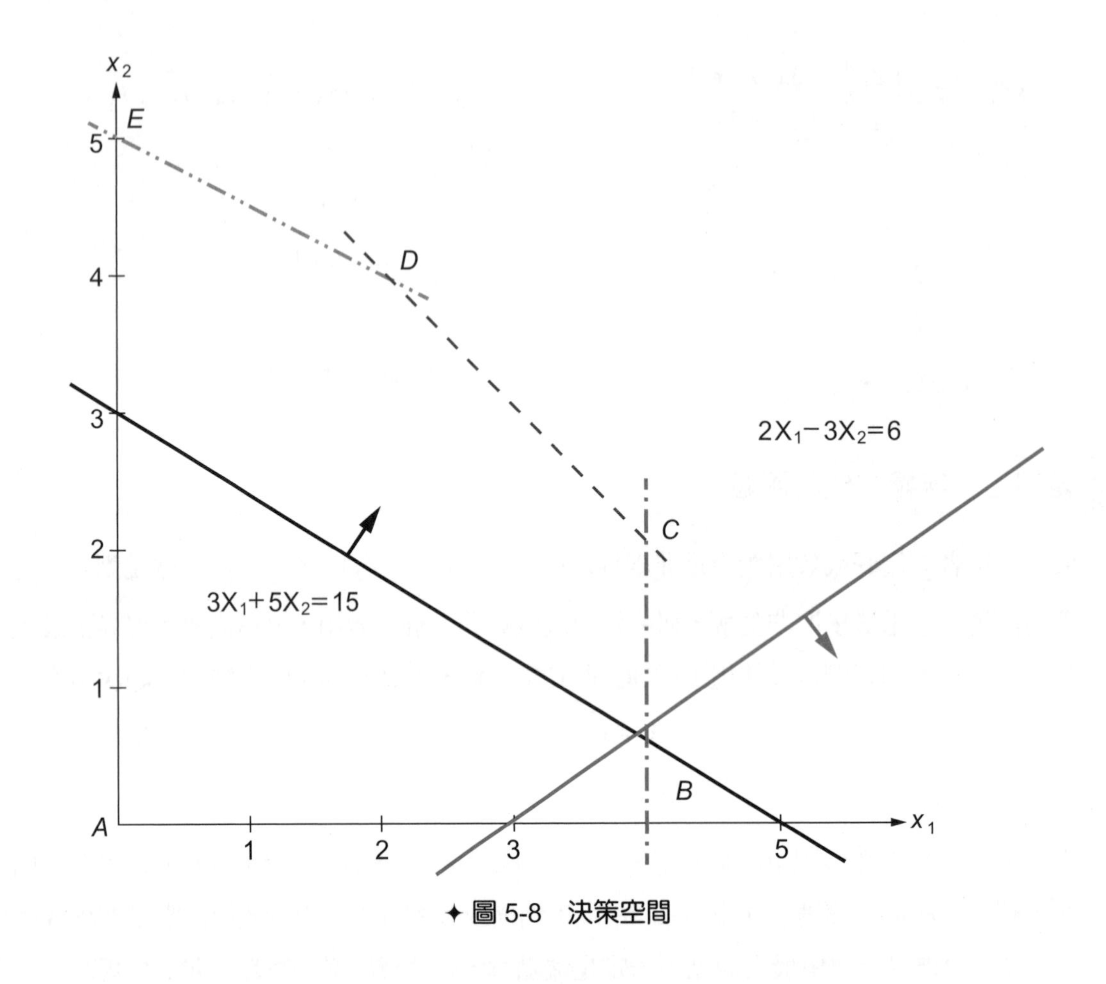

✦ 圖 5-8 決策空間

在 BC 線段上搜尋，B 點是(4,0)，C 點是(4,2)，線段上的點爲兩者之間的線性組合，單一變數之非線性規劃模式如下。α=1 時線性組合得到 B 點，算出 B 點之效用；α=0 時線性組合得到 C 點，算出 C 點之效用；0< α <1 時線性組合得到 B 點與 C 點間線段上的某一點，模式據之算出效用值。單一變數搜尋的求解方法，可以利用微積分的方法，亦即設一階導數爲 0 求 α。所以，最佳解 α=14/15，最佳效率解爲 $\alpha(4,0)+(1-\alpha)(4,2)$ (4,2/15)。至於單一變數搜尋的數值求解方法，請參考第七章之說明。

$$\underset{0\le\alpha\le1}{\text{Max}}\ \text{U}=Z_1Z_2=Z_1(\alpha\begin{pmatrix}4\\0\end{pmatrix}+(1-\alpha)\begin{pmatrix}4\\2\end{pmatrix})Z_2(\alpha\begin{pmatrix}4\\0\end{pmatrix}+(1-\alpha)\begin{pmatrix}4\\2\end{pmatrix})=-60\alpha^2+112\alpha+44$$

在下列之目標空間圖 5-9 中，可以清楚呈現 D 點到 C 點至 B 點構成非劣解集合。圖中也顯示效用函數 $\text{U}(Z_1,Z_2)=Z_1Z_2$ 之最大值發生在 BC 線段之間，比較靠近 B 點。

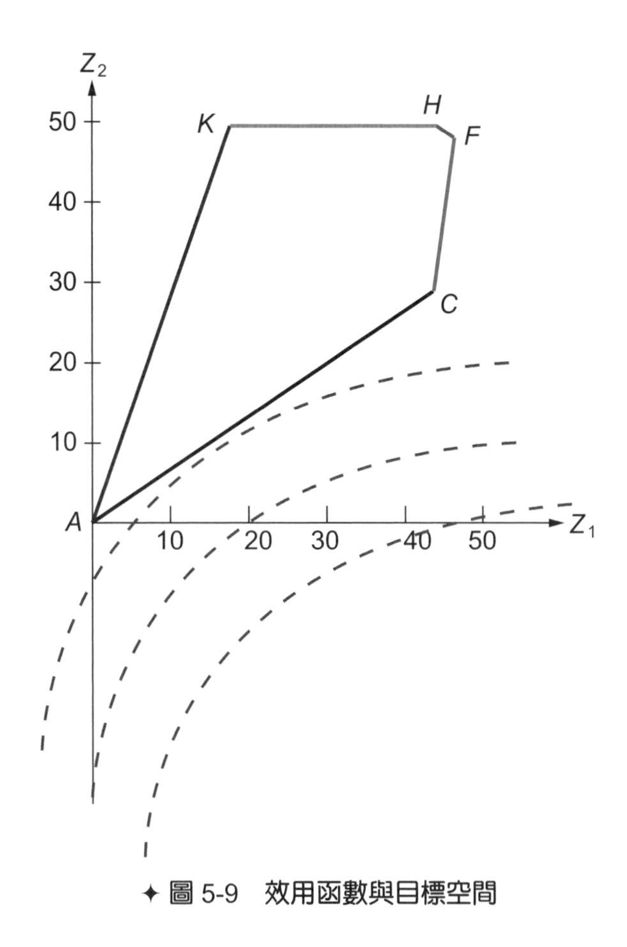

✦ 圖 5-9 效用函數與目標空間

關於效用函數及其特性，經濟學與作業研究文獻上有許多專門的討論，參考相關文獻。

5-6 互動式多目標規劃（Interactive Programming）

多目標規劃範例模式如下所示，目標函數中包含兩個單一目標，有 3 個限制式。假設沒有決策者之偏好效用函數，不過決策者可以針對特定狀況表達其是否滿意，或比較不同特定狀況表達孰優孰劣；則下列 MOP 可以透過互動的求解，嘗試各種特定狀況以尋找最佳解。

$$\text{Max} \quad Z = \begin{bmatrix} Z_1 \\ Z_2 \end{bmatrix} = \begin{bmatrix} 3x_1 + 5x_2 \\ 2x_1 - 3x_2 \end{bmatrix}$$

s.t.

$$x_1 + x_2 \le 6$$

$$x_1 + 2x_2 \le 10$$

$$x_1 \le 4$$

$$x_1 \ge 0, \quad x_2 \ge 0.$$

多年來有不少互動式多目標規劃方法之發展與應用，本節僅介紹季高林（Geoffrion）、戴爾（Dyer）、與范伯格（Feinberg）三人於 1972 年所發展的季高林方法，其他方法請參考多目標規劃專書。季高林方法源自於非線性規劃中，法蘭克沃夫法（Frank－Wolfe）兩人於 1956 年發展出，求解目標函數非線性與限制式爲線性問題之方法，請參見第七章之介紹。法蘭克與沃夫法將非線性規劃問題轉化成一系列簡單之線性規劃問題與簡單之單變數搜尋問題，應用非常廣泛。

季高林方法應用於本節兩個目標之 MOP 範例模式之求解演算過程簡述如下：

已知一個可行解 x^k ，令 $k=1$ 。

已知 x^k ，經過與決策者之動取得目標函數之係數，求解下列線性規劃問題，利用 LINDO 等軟體得到最佳解 y^k 。其中，目標函數之係數 W_1 與 W_2 表示：在 x^k 與 $Z(x^k)=[Z_1(x^k),Z_2(x^k)]$ 之狀態下，決策者覺得減少（或增加）多少單位第一目標，與增加（或減少）多少單位第二目標，在效用與偏好上沒有差異。

$$\text{Max} \quad W_1\left[\frac{\partial Z_1}{\partial x_1}(x^k), \quad \frac{\partial Z_1}{\partial x_2}(x^k)\right]\begin{pmatrix} y_1 \\ y_2 \end{pmatrix} + W_2\left[\frac{\partial Z_2}{\partial x_1}(x^k), \quad \frac{\partial Z_2}{\partial x_2}(x^k)\right]\begin{pmatrix} y_1 \\ y_2 \end{pmatrix}$$

s.t.

$$y_1 + y_2 \le 6$$

$$y_1 + 2y_2 \le 10$$

$$y_1 4$$

$$y_1 \ge 0, \quad y_2 \ge 0.$$

已知 x^k 與 y^k，求解下列單變數最佳化問題，經過與決策者之互動，得到最佳解 α^k。

$$\underset{0\le\alpha\le1}{\text{Max}}\ \text{U}[Z_1(\alpha x^k+(1-\alpha)y^k),\quad Z_2(\alpha x^k+(1-\alpha)y^k)]$$

更新可行解 $x^{k=1}=\alpha^k x^k+(1-\alpha^k)y^k$。

求解收斂之判斷，例如：x^k 與 x^{k+1} 是否非常接近。收斂則停止，否則 $k=k+1$ 至第二步。

假設決策者心中的效用函數為 $\text{U}(Z_1,Z_2)$，在 x^k 處對效用函數作泰勒展開式（Taylor series），x^k 附近某一點 y 之近似值寫為：

$$\begin{aligned}
\text{U}(y) &\approx \text{U}(Z(x^k))+\nabla_x\text{U}(Z(x^k))(y-x^k)\\
&=\text{U}(Z(x^k))+\left[\frac{\partial \text{U}}{\partial \text{Z}_1}(x^k),\quad \frac{\partial \text{U}}{\partial \text{Z}_2}(x^k)\right]\begin{bmatrix}\frac{\partial Z_1}{\partial x_1}(x^k), & \frac{\partial Z_1}{\partial x_2}(x^k)\\ \frac{\partial Z_2}{\partial x_1}(x^k), & \frac{\partial Z_2}{\partial x_2}(x^k)\end{bmatrix}\left[\begin{pmatrix}y_1\\ y_2\end{pmatrix}-\begin{pmatrix}x_1^k\\ x_2^k\end{pmatrix}\right]\\
&=\left[\frac{\partial \text{U}}{\partial \text{Z}_1}(x^k),\quad \frac{\partial \text{U}}{\partial \text{Z}_2}(x^k)\right]\begin{bmatrix}\frac{\partial Z_1}{\partial x_1}(x^k), & \frac{\partial Z_1}{\partial x_2}(x^k)\\ \frac{\partial Z_2}{\partial x_1}(x^k), & \frac{\partial Z_2}{\partial x_2}(x^k)\end{bmatrix}\begin{pmatrix}y_1\\ y_2\end{pmatrix}+\text{常數}
\end{aligned}$$

所以，$\begin{array}{ll}\text{Max} & \text{U}(y)\\ \text{s.t.} & y\in D\end{array}$ 可以改寫為

$$\begin{aligned}
\text{Max}\quad &\left[\frac{\partial \text{U}}{\partial \text{Z}_1}(x^k),\quad \frac{\partial \text{U}}{\partial \text{Z}_2}(x^k)\right]\begin{bmatrix}\frac{\partial Z_1}{\partial x_1}(x^k), & \frac{\partial Z_1}{\partial x_2}(x^k)\\ \frac{\partial Z_2}{\partial x_1}(x^k), & \frac{\partial Z_2}{\partial x_2}(x^k)\end{bmatrix}\begin{pmatrix}y_1\\ y_2\end{pmatrix}\\
&=[W_1(x^k),\quad W_2(x^k)]\begin{bmatrix}\frac{\partial Z_1}{\partial x_1}(x^k), & \frac{\partial Z_1}{\partial x_2}(x^k)\\ \frac{\partial Z_2}{\partial x_1}(x^k), & \frac{\partial Z_2}{\partial x_2}(x^k)\end{bmatrix}\begin{pmatrix}y_1\\ y_2\end{pmatrix}\\
\text{s.t.}\quad & y\in D
\end{aligned}$$

亦即，上述第二步中所列之 LP 模式。

在求解過程中，第二步與第三步都需要與決策者互動，由決策者告知其偏好。第二步中 LP 模式之目標函數係數W_1與W_2表示在x^k，兩個目標之邊際替代率，可以寫爲$W_2 = 1$與$W_1 = -\Delta Z_2 / \Delta Z_1$。因爲沒有效用函數，請決策者告知此處之權數；亦即，決策者覺得減少 1 單位第一目標與增加多少單位第二目標效用上沒有差異。LP 模式可以 LINDO 求解，得到最佳解y^k。

第三步中，LP 模式最佳解y^k與x^k都是可行解，以y^k與x^k爲端點之線段上的每一點也都是可行解。第三步之單變數最佳化問題，求取此線段上效用最大的解。因爲沒有效用函數，令$\alpha = 0$，$\alpha = 02$，$\ldots \alpha = 1$，分別計算線段上各點之數值，以及該點對應之目標函數值，請決策者判斷哪一點最佳，進而求得單變數最佳化問題最佳解α^k。

現在以本節之範例實際求解一次。首先，假設滿足範例模式所有限制式之可行解$x^1 = (4,0)$，此時之目標值$Z(x^1) = [Z_1(x^1),\ Z_2(x^1)] = [12,\ 8]$。第二步，$x^1 = (4,0)$，$Z = [12,\ 8]$，請決策者告知此處之$W_1$與$W_2$；或者，請決策者告知願意用多少單位之第二個目標去換一個單位之第一個目標。亦即，請決策者告知$\text{Z} = [12,\ 8]$與$\text{Z} = [11,\ 9]$滿意程度相同，或效用無差異。假設決策者認爲$\text{Z} = [12,\ 8]$與$\text{Z} = [11,\ 9]$效用無差異，$W_2 = 1$，第二步之 LP 模式如下。

$$\text{Max} \quad \begin{bmatrix} 3, & 5 \end{bmatrix} \begin{pmatrix} y_1 \\ y_2 \end{pmatrix} + \begin{bmatrix} 2, & -3 \end{bmatrix} \begin{pmatrix} y_1 \\ y_2 \end{pmatrix} = 5y_1 + 2y_2$$

s.t.

$$y_1 + y_2 \le 6$$

$$y_1 + 2y_2 \le 10$$

$$y_1 \le 4$$

$$y_1 \ge 0, \quad y_2 \ge 0.$$

以 LINDO 求解得到最佳解$y^1 = (4,2)$。第三步在線段$x^1 = (4,0)$與$y^1 = (4,2)$之間，尋找最大效用的解。以下列公式嘗試不同之α計算線段上可行解與對應之目標值，結果如表 5-7 所示。

$$x = \alpha \begin{pmatrix} 4 \\ 0 \end{pmatrix} + (1-\alpha) \begin{pmatrix} 4 \\ 2 \end{pmatrix}$$

表 5-7　兩點線段中之最大效用(1)

α		1	0.8	0.6	0.4	0.2	0
目標值	Z_1	12	14	16	18	20	22
	Z_2	8	6.8	5.6	4.4	3.2	2
變數值	x_1	4	4	4	4	4	4
	x_2	0	0.4	0.8	1.2	1.6	2

請決策者表達哪一點之狀況最滿意？假設決策者選擇 $Z=[20,3.2]$，則第三步驟之最佳解 $\alpha^1=0.2$。接著第四步，$x^2=\alpha^1x^1+(1-\alpha^1)y^1=0.2(4,0)+0.8(4,2)$，$x^2=(4,1.6)$。第五步，因爲尚未收斂，$k=2$，再進入第二步。$x^2=(4,1.6)$，目標值 $Z=[20,3.2]$，請決策者說明 $Z=[19,6.2]$ 時與 $Z=[20,3.2]$ 效用無差異。假設決策者之選擇是 $Z=[19,6.2]$，則 $W_2=1$ 與 $W_1=-\Delta Z_2/\Delta Z_1=-3/(-1)=3$，第二步之 LP 模式如下：

$$\text{Max}\quad 3\begin{bmatrix}3, & 5\end{bmatrix}\begin{pmatrix}y_1\\y_2\end{pmatrix}+\begin{bmatrix}2, & 3\end{bmatrix}\begin{pmatrix}y_1\\y_2\end{pmatrix}=11y_1+12y_2$$

s.t.

$$y_1+y_2\le 6$$

$$y_1+2y_2\le 10$$

$$y_1\le 4$$

$$y_1\ge 0,\quad y_2\ge 0.$$

以 LINDO 求解得到最佳解 $y^2=(2,4)$。第三步在線段 $x^2=(4,1.6)$ 與 $y^2=(2,4)$ 之間，尋找最大效用的解。以下列公式嘗試不同之 α 計算線段上可行解與對應之目標值，結果如表 5-8 所示。

$$x=\alpha\begin{pmatrix}4\\1.6\end{pmatrix}+(1-\alpha)\begin{pmatrix}2\\4\end{pmatrix}$$

表 5-8　兩點線段中之最大效用(2)

α		1	0.8	0.6	0.4	0.2	0
目標值	Z_1	20	21.2	22.4	23.6	24.8	26
	Z_2	3.2	0.96	−1.28	−3.52	−5.76	−8
變數值	x_1	4	3.6	3.2	2.8	2.4	2
	x_2	1.6	2.08	2.56	3.04	3.52	4

請決策者表達哪一點最滿意？假設決策者選擇 $Z=[23.6,\ -3.52]$，則第三步驟之最佳解 $\alpha^2=0.4$。接著第四步，$x^3=0.4(4,\ 1.6)+0.6(2,\ 4)$，$x^3=(2.8,\ 3.04)$。第五步，因爲尚未收斂，$k=3$，再進入第二步，$x^3=(2.8,\ 3.04)$，$Z=[23.6,\ -3.52]$。如此一直做到收斂爲止。

本章習題

一、選擇題

某公司生產 A 與 B 兩項產品，單位產品之利潤分別是 7 元與 8 元，生產過程需要經過製造廠與組裝廠兩項工作序。單位 A 產品需要製造廠 2 小時工作，B 產品需要製造廠 3 小時工作；單位 A 產品需要組裝廠 6 小時工作，B 產品需要組裝廠 5 小時工作。下週兩個工廠之生產能量是：製造廠 12 小時與組裝廠 30 小時。請規劃下週之生產活動。

(　　)1. 求解生產規劃之 LP 模式可以得到實數最佳解 (A) $x_1 = 4,\ x_2 = 1$ (B) $x_1 = 3.75,\ x_2 = 1.5$ (C)多重最佳解 (D)無解。

(　　)2. 求解生產規劃模式並要求整數解可以得到 (A) $x_1 = 4,\ x_2 = 1$ (B) $x_1 = 3,\ x_2 = 1$ (C) $x_1 = 5,\ x_2 = 0$ (D)無解。

(　　)3. 求解生產規劃模式並要求整數解可以得到最佳利潤目標值 (A)25 (B)30 (C)35 (D)40。

(　　)4. 若利潤目標值為 30，不足與超過都不好；最佳解為 (A) $x_1 = 4,\ x_2 = 0$ (B) $x_1 = 3,\ x_2 = 1$ (C) $x_1 = 5,\ x_2 = 0$ (D)以上皆是。

(　　)5. 若利潤目標值為 30，不足與超過都不好；最佳利潤值為 (A)25 (B)28 (C)33 (D)35。

(　　)6. 請若利潤目標 30，不足不好，超過沒關係；最佳解為 (A) $x_1 = 4,\ x_2 = 1$ (B) $x_1 = 3,\ x_2 = 2$ (C) $x_1 = 5,\ x_2 = 0$ (D)以上皆是。

(　　)7. 若利潤目標值為 30，不足不好，超過沒關係；最佳利潤值為 (A)25 (B)28 (C)30 (D)35。

上述生產組合問題，考慮 4 項目標：利潤 30，配合製造廠之時數，配合組裝廠之時數，配合 B 產品訂單 4 單位。不希望發生：利潤不足，製造廠產能未利用，組裝廠要加班，以及 B 品缺貨。

(　　)8. 公司希望的理想狀態 (A)可以達成 (B)不可能達成。

(　　)9. 公司希望的理想狀態下之生產組合 (A) $x_1 = 4,\ x_2 = 1$ (B) $x_1 = 1,\ x_2 = 4$ (C) $x_1 = 5,\ x_2 = 0$ (D) $x_1 = 0,\ x_2 = 5$ 。

(　　)10. 如果 B 產品之訂單為 7 單位，公司最佳狀態下 (A) $x_1 = 4,\ x_2 = 1$ (B) $x_1 = 1,\ x_2 = 5$ (C) $x_1 = 5,\ x_2 = 0$ (D) $x_1 = 0,\ x_2 = 6$ 。

(　　) 11. 如果 B 產品之訂單為 7 單位，公司最佳狀態下之利潤目標　(A)可以達成　(B)不可能達成。

(　　) 12. 如果 B 產品之訂單為 7 單位，不缺貨目標比其他目標優先，最佳解是　(A) $x_1 = 4,\ x_2 = 1$　(B) $x_1 = 1,\ x_2 = 5$　(C) $x_1 = 6,\ x_2 = 0$　(D) $x_1 = 0,\ x_2 = 7$。

(　　) 13. 如果 B 產品訂單 7 單位，不缺貨目標優先，則公司利潤目標 30　(A)可以達成　(B)不可能達成。

(　　) 14. 如果 B 產品訂單 7 單位，不缺貨目標第一優先，利潤目標第二優先，其他目標第三優先。最佳解是　(A) $x_1 = 4,\ x_2 = 1$　(B) $x_1 = 1,\ x_2 = 5$　(C) $x_1 = 6,\ x_2 = 0$　(D) $x_1 = 0,\ x_2 = 7$。

(　　) 15. 如果 B 產品訂單 7 單位，不缺貨目標第一優先，利潤目標第二優先，其他目標第三優先，組裝廠目標的權數是製造廠之 3 倍。最佳解是　(A) $x_1 = 4,\ x_2 = 1$　(B) $x_1 = 1,\ x_2 = 5$　(C) $x_1 = 6,\ x_2 = 0$　(D) $x_1 = 0,\ x_2 = 7$。

二、綜合題

1. 繪圖求解下列標的規劃模式。

$$\text{Min}\quad P_1 d_1^-,\ P_2 d_2^-,\ P_3 d_3^+,\ P_4 d_1^+$$

$$\begin{aligned}
\text{s.t.}\quad & x_1 + 2x_2 + d_1^- - d_1^+ = 40 \\
& 40x_1 + 50x_2 + d_2^- - d_2^+ = 1600 \\
& 4x_1 + 3x_2 + d_3^- - d_3^+ = 120 \\
& x_1 \ge 0,\ x_2 \ge 0,\ d_1^- \ge 0, d_1^+ \ge 0,\ \ldots
\end{aligned}$$

2. 利用 LINDO 軟體求解上列標的規劃模式。

3. 繪圖探討下列多目標規劃模式。

$$\text{Max}\quad x_1 + 5x_2$$

$$\text{Max}\quad x_1$$

s.t.

$$\begin{aligned}
& x_1 - 2x_2 \le 2 \\
& x_1 + 2x_2 \le 12 \\
& 2x_1 + x_2 \le 9 \\
& x_1 \ge 0,\ x_2 \ge 0
\end{aligned}$$

CHAPTER

06

網路分析

本章大綱

- 6-1 緒論
- 6-2 最小成本流量與最大流量問題
- 6-3 交通量指派與多元商品流量問題
- 6-4 網路均衡與網路設計問題
- 6-5 網路區位模式－涵蓋、中心、與中位問題
- 6-6 專案網路與要徑法
- 6-7 最短路徑問題與應用
- 6-8 最小伸展樹問題與應用
- 6-9 推銷員旅行與車輛途程問題

6-1 緒論

網路分析起源很早，例如，1736 年瑞典學者 Euler 發表論文探討「Königsberg 過橋問題」。如圖 6-1 所示，Königsberg 市有一條河流穿過，河中有兩個島，城市與小島間有 7 座橋。Euler 質疑「一市民由家出發，經過每一座橋一次，再返回家中」的問題是否有解？

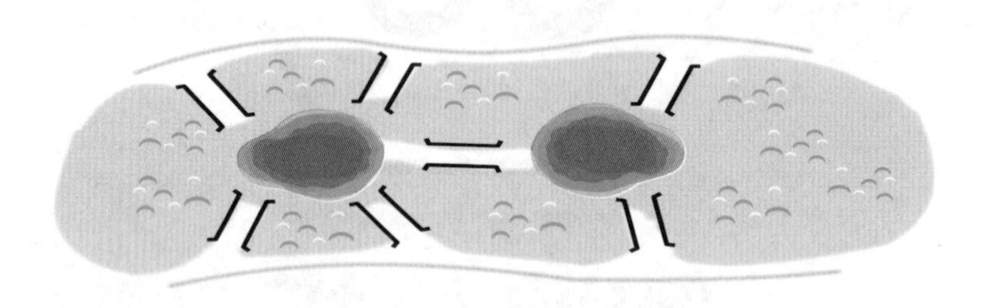

✦ 圖 6-1　尤拉之 7 座橋問題

討論此問題時，將兩岸與小島等陸地設爲「節點」，七座橋設爲「路段」，形成一個「網路」，再以網路分析方法分析與求解。其網路圖形如圖 6-2 所示，①爲北岸，②爲左島，③爲右島，④爲南岸，路段 a～g 分別代表一座橋。「過橋問題」探討由「節點」①出發，經過 a～g 各路段 1 次，再回到出發點①。

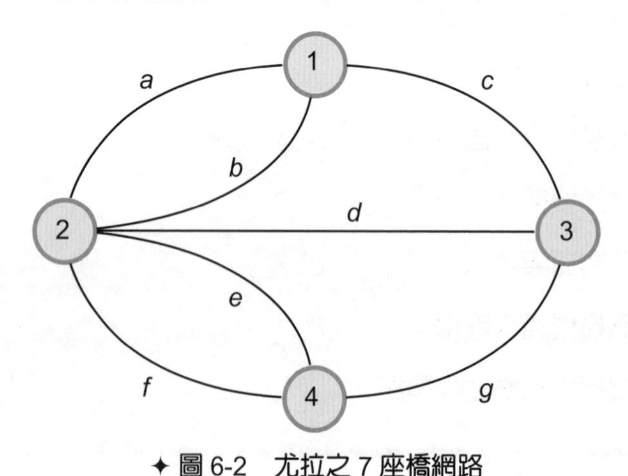

✦ 圖 6-2　尤拉之 7 座橋網路

網路是由「節點（Node, Vertex）」與「路段（Arc, Link, Edge）」（或「節線」）組成的「圖形（Graph）」。前述的網路 G(N,A)，節點的集合 N＝{1,2,3,4}，路段的集合 A＝

{a,b,c,d,e,f,g}。網路中有些節點鄰近（Adjacent），經由一路段連接，如圖①與②；有些路段鄰近，連接於同一節點，如 a 與 c。

網路中節點之維度（Degree）是連接節點之路段數目，如①之維度爲 3。若是方向性（Directed）網路，節點的維度分爲：流入維度（In-Dgree）與流出維度（Out-Degree）。

網路中之路徑（Path, Route）是連接起迄點間的一連串路段，(a,f)爲由①至④之一條路徑。路徑之起迄點相同時，形成迴路（Cycle），如(a,d,c)路徑爲節點①之迴路。

此外，上圖是一個連接性（Connected）網路，因爲各節點之間都有路徑連接。一個連接性網路，若不含任何迴路，就稱爲樹（Tree）；例如，圖 6-3 爲樹。

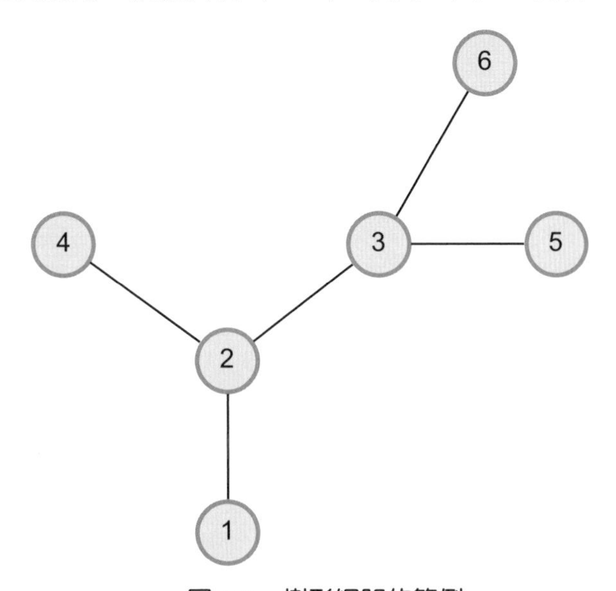

✦ 圖 6-3　樹形網路的範例

觀察 Euler 學者的七座橋網路，圖中的節點都是奇數維度（Degree）。因爲任一節點有進有出，若每次進出使用不同節線或路段，節點必須是偶數維度。所以，「一市民可否由家出發，經過每一座橋一次，再返回家中？」答案是否定的。

假設網路中各節線之成本相同，都是 1。每條節線可以由右向左走，也可以由左向右走，因此有 2 個對映變數。例如，x_{a1} 爲②→①，x_{a2} 爲①→②。Euler 七座橋問題之 LINDO 數學模式如下。目標式追求總途程成本極小化。第一類限制式對每一條節線有一個，至少使用該節線 1 次。第二類限制式對每一節點有一個，離開節點次數與進入節點次數相同，亦即有進有出。最後，決策變數爲一般整數。

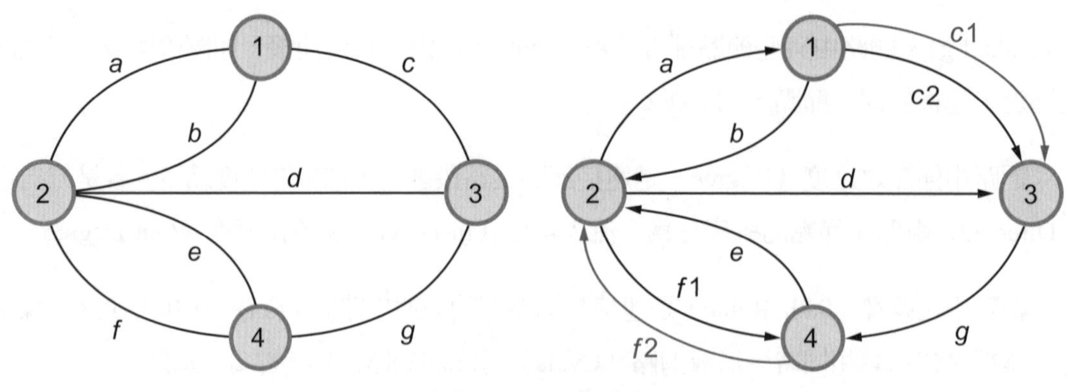

✦ 圖 6-4　尤拉途程

Min xa1 + xa2 + xb1 + xb2 + xc1 + xc2 + xd1 + xd2 + xe1 + xe2 + xf1 + xf2 + xg1 + xg2
s.t.
xa1 + xa2 >= 1
xb1 + xb2 >= 1
xc1 + xc2 >= 1
xd1 + xd2 >= 1
xe1 + xe2 >= 1
xf1 + xf2 >= 1
xg1 + xg2 >= 1
xc1 + xa2 + xb2 − xc2 − xa1 − xb1 = 0
xa1 + xb1 + xd1 + xe1 + xf1 − xa2 − xb2 − xd2 − xe2 − xf2 = 0
xc2 + xd2 + xg2 − xc1 − xd1 − xg1 = 0
xe2 + xf2 + xg1 − xe1 − xf1 − xg2 = 0
end
gin xa1…

LINDO 輸出結果亦如下。

```
        OBJECTIVEFUNCTIONVALUE
1)                 9.000000
VARIABLE           VALUE            REDUCED COST
XA1                1.000000         1.000000
XA2                0.000000         1.000000
XB1                0.000000         1.000000
XB2                1.000000         1.000000
XC1                1.000000         1.000000
```

XC2	1.000000	1.000000
XD1	1.000000	1.000000
XD2	0.000000	1.000000
XE1	0.000000	1.000000
XE2	1.000000	1.000000
XF1	1.000000	1.000000
XF2	1.000000	1.000000
XG1	0.000000	1.000000
XG2	1.000000	1.000000
NO.ITERATIONS＝	153	

由 LINDO 輸出結果可知：節線 c 與節線 f 必須拜訪 2 次。Euler 途程的一個方式爲：c－c－b－d－g－e－f－f—a，如圖 6-4 所示。

上述 Euler 途程問題是一個節線途程問題（Arc Routing Problems），途程必須拜訪網路上各條節線。平日生活中之垃圾收集清運、郵差送信、送報紙、清掃街道、冬天剷雪、警車巡邏、或校車巡迴校園等課題，都是拜訪各條節線的網路問題。1962 年中國學者管梅谷探討與發表郵差途程問題，人們也稱這類問題爲中國郵差問題（Chinese Postman Problem, CPP）。

與探討的 Euler 過橋「順序」問題不同，實務上有許多課題討論網路節線上的「流量」。現實世界上有許多實體的網路，如街道、電力輸送、通訊電話、瓦斯輸送等，都有流量問題以及擁擠問題。此外，也有一些抽象網路，直覺上與網路無關，但是也可以利用網路來表達討論與分析；例如，第二章 2-3 節人員排班範例可以利用圖 6-5 之網路建立網路模式並進行分析。一般言之，網路表達容易理解，網路模式的求解方法比較有效率。

圖中節點代表時間，如節點①代表週一凌晨，節點⑧是星期天深夜與節點①的意義相同；路段(1,2)，……，(7,8)之流量分別代表星期一至星期日上班員工數，這些路段都有最低流量之要求，路段(8,1)只是連接沒有流量限制；虛線路段 x_1……x_7 之流量分別代表週一（至週日）開始上班之員工人數；例如週一開始上班者，上班由節點 1 出發至節點 6，休假由節點 6 至節點 8（亦即節點 1）。

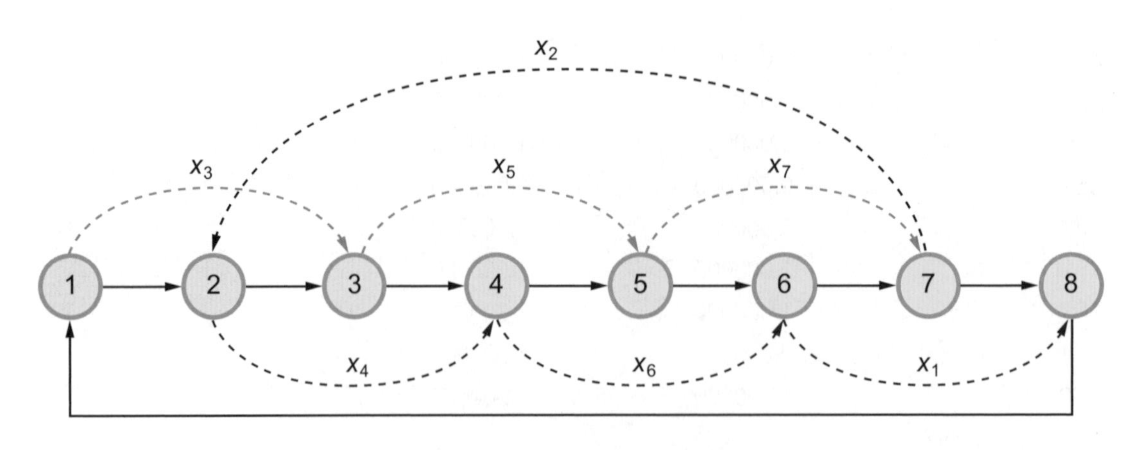

✦ 圖 6-5　人員排班問題網路

本章將首先介紹網路流量問題（Network Flow Problems），第二章探討的運輸問題與轉運問題也是此類的範例；接著，介紹網路均衡（Network Equilibrium）與網路設計（Network Design）問題，這是非線性的網路模式，必須參考第七章的內容；其次，介紹網路區位模式（Network Location Models），第二章探討的涵蓋問題與倉儲問題亦為其範例；其次，介紹專案網路分析（Project Network Analysis），說明專案管理中時間管理的利器；其次，介紹不以數學規劃為主，而與演算法（Algorithms）發展有關的網路課題，包括：最短路徑與最小伸展樹問題之應用與演算法，推銷員旅行與車輛途程問題之應用與演算法等。

6-2
最小成本流量（Minimum-cost Flow Problem）與最大流量問題（Maximal Flow Problem）

範例一：最小成本流量問題

工廠與兩個銷售點間之交通運輸關係如圖 6-6 所示，路段上的數字分別表示最大流量與平均運輸成本。節點旁之數字爲正數表示產量或供給量，數字爲負數表示需求量或銷售量。

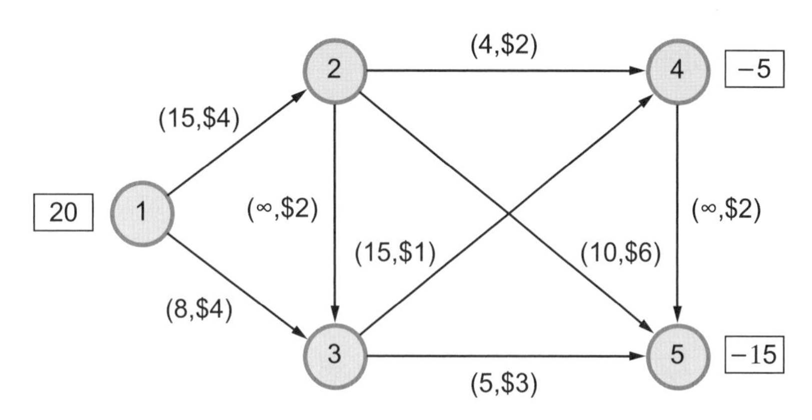

✦ 圖 6-6　最小成本流量問題範例

模式的決策變數 x_{ij}＝路段(i,j)之流量，對每一個網路節點必須滿足流量守衡：流出－流入＝淨供給量。構成流量守衡限制式的是「節點—路段關聯矩陣（Node-arc Incidence Matrix）」，該矩陣充分完全地反映網路結構，如下所示，是建立模式與發展演算法之重要利器。

◉ 表 6-1　節點與節線的關係

	X12	X13	X23	X24	X25	X34	X35	X45	
1	1	1							20
2	−1		1	1	1				0
3		−1	−1			1	1		0
4				−1		−1		1	−5
5					−1		−1	−1	−15

上述問題與表 6-1 可以表達為最小成本流量模式如下：

$$
\begin{aligned}
\text{Min} \quad & Z = 4x_{12} + 4x_{13} + 2x_{23} + 2x_{24} + 6x_{25} + x_{34} + 3x_{35} + 2x_{45} \\
\text{s.t.} \quad & x_{12} + x_{13} = 20 \\
& -x_{12} + x_{23} + x_{24} + x_{25} = 0 \\
& -x_{13} - x_{23} + x_{34} + x_{35} = 0 \\
& -x_{24} - x_{34} + x_{45} = -5 \\
& -x_{25} - x_{35} - x_{45} - 15 \\
& x_{12} \le 15 \ , \ x_{13} \le 8 \ , \ x_{24} \le 4 \ , \ x_{35} \le 10 \ , \ x_{34} \le 15 \ , \ x_{35} \le 5 \\
& x_{ij} \ge 0 \ , \ \forall (i, j)
\end{aligned}
$$

最小成本流量問題的一般化模式如下：

$$
\text{Min} \quad Z = \sum_i \sum_j c_{ij} x_{ij}
$$

$$
\begin{aligned}
\text{s.t.} \quad & \textstyle\sum_j x_{ij} - \sum_k x_{ki} = b_i, \quad \forall i \in \text{N} \\
& l_{ij} \le x_{ij} \le u_{ij}, \quad \forall (i, j) \in \text{A}
\end{aligned}
$$

第二章中介紹之「運輸問題」、「轉運問題」、與「指派問題」都是最小成本流量問題的特例，請回顧比較其模式間之異同。此外，這些模式符合第四章綜合討論中的「完全單峰」（Total Unimodalarity）或「整數特性」（Integrality Property），亦即：b_i, l_{ij}, u_{ij} 為整數時，最小成本流量問題之最佳解為整數。最後，最小成本流量問題常用之求解方法，並非第三章 LP 問題之單體法，而是網路單體法（The Network Simplex Method），可以充分利用網路結構之特性，更有效率的求解。

範例二：最大流量問題

某城市將水流保護區湖泊的水源引至城市自來水之蓄水槽中，水流關係如圖 6-7 所示：節點①為湖泊，節點⑥為蓄水槽，路段上之數字為最大流量。城市規劃人員希望知道由湖泊至蓄水槽之最大流量。

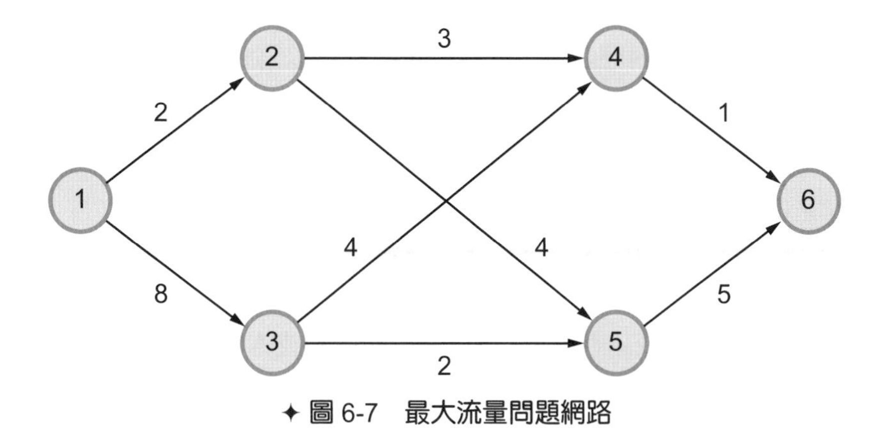

✦ 圖 6-7　最大流量問題網路

最大流量模式可以寫爲：

$$\text{Max} \quad u$$

$$\text{s.t.} \quad \Sigma_j x_{ij} - \sum_k X_{ki} = \begin{cases} u & \text{若}i = ① \\ -u & \text{若}i = ⑥ \\ 0 & \text{其他} \end{cases}$$

$$0 \le x_{ij} \le \text{u}_{ij}, \quad \forall (i, j)$$

最大流量問題也可以轉換成最小成本流量問題，再以最小成本流量問題的演算方法求解。首先，將上列網路加上一個由蓄水槽至湖泊之虛擬路段，如圖 6-8 所示，假設所有流到蓄水槽的水都經過此路段流回湖泊，則此網路上每個節點都是中轉節點，最大流量就是此虛擬路段之流量。

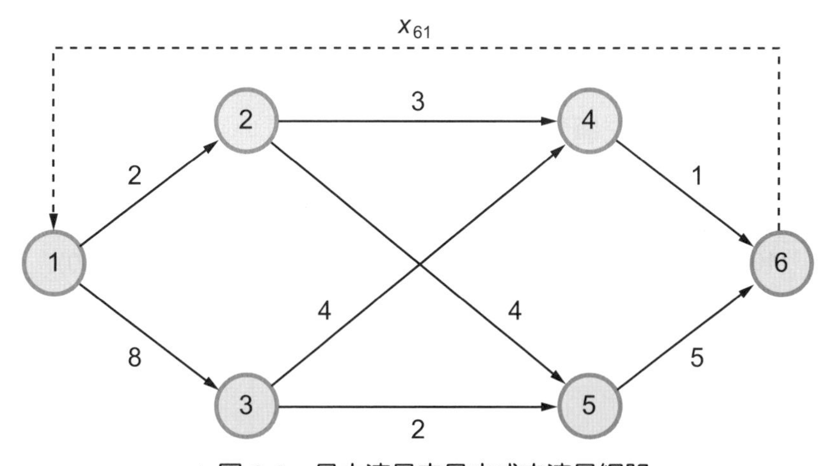

✦ 圖 6-8　最大流量之最小成本流量網路

因此，最大流量問題所對應之最小成本流量問題可以寫成：

$$\text{Min} \quad (-1)x_{61}$$

$$\text{s.t.} \quad \sum_j x_{ij} - \sum_k x_{ki} = 0, \quad \forall i$$

$$0 \le x_{ij} \le u_{ij}, \quad \forall (i,j)$$

其中，假設每個路段之成本都是 0，只有虛擬路段的成本為－1。最小流量成本問題最小化目標式$(-1)x_{61}$，相當於最大化目標式x_{61}，也就是前述之虛擬路段流量最大。

6-3 交通量指派（Traffic Assignment）與多元商品流量問題（Multi-commodity Flow Problem）

第二章範例中的運輸問題或轉運問題，以及 6-2 節的最小成本流量問題，都只探討一種商品流量。本節將介紹兩個旅客之交通量指派問題（Traffic Assignment Problem），先只討論一對起迄點流量的單一商品流量問題，再介紹多對起訖點的多元商品流量問題。

範例一：交通量指派問題

某城市路網如圖 6-9 所示，早上尖峰時段每小時有 900 輛車由住宅區（節點 1）出發至市中心商業區（節點 6）。各路段之旅行時間（分鐘）與每小時最大流量指標於路段邊之括弧中。請探討路網上之交通量指派型態。

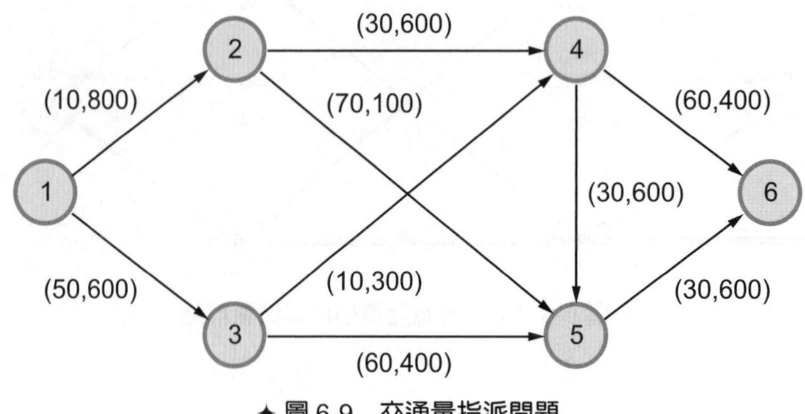

✦ 圖 6-9　交通量指派問題

此問題與 6-1 節討論之最短路徑問題相似，個別用路人追求最短路徑；不同之處包括：起迄點間之交通量由 1 單位，增爲 900 單位；以及必須考量路段容量（最大流量）限制。此交通量指派模式可以寫爲

$$\begin{aligned}
\text{Min}\quad & Z = 10x_{12} + 50x_{13} + 30x_{24} + 70x_{25} + 10x_{34} + \\
& \qquad 60x_{35} + 30x_{45} + 60x_{46} + 30x_{56} \\
\text{s.t.}\quad & x_{12} + x_{13} = 900 \\
& x_{24} + x_{25} - x_{12} = 0 \\
& x_{34} + x_{35} - x_{13} = 0 \\
& x_{45} + x_{46} - x_{24} - x_{34} = 0 \\
& x_{56} + x_{25} - x_{35} - x_{45} = 0 \\
& -x_{46} - x_{56} = -900 \\
& x_{12} \le 800,\quad x_{13} \le 600 .... x_{56} \le 600 \\
& x_{ij} \ge 0,\quad \forall (i, j)
\end{aligned}$$

應用 LINDO 求解可得

$$Z = 95{,}000(\text{分鐘}), x_{12} = 700, x_{13} = 200, x_{24} = 600, x_{25} = 100,$$

$$x_{34} = 200,\ x_{45} = 400,\ x_{46} = 400,\ x_{56} = 500$$

如果此問題沒有路段容量限制，最佳解爲最短路徑的交通量指派。此題如果不以路段變數，而是以路徑變數爲主，建立模式，則模式可以反映用路人追求最小成本之路徑選擇行爲。由節點①至節點⑥之路徑包括：

1. 1－2－4－6，成本 100。
2. 1－3－5－6，成本 140。
3. 1－2－5－6，成本 110。
4. 1－3－4－6，成本 120。
5. 1－3－4－5－6，成本 120。
6. 1－2－4－5－6，成本 100。

若令變數 y_k 表示 k 路徑之交通量，則路徑變數之 LINDO 交通量指派模式如下；最佳解是(400, 0,100, 0,200, 200)。

$$\text{Min } 100y1+140y2+110y3+120y4+120y5+100y6$$

s.t.

$y1+y3+y6<800$

$y2+y4+y5<600$

$y1+y6<600$

$y3<100$

$y4+y5<300$

$y2<400$

$y5+y6<600$

$y1+y4<400$

$y3+y5+y6<600$

$y1+y2+y3+y4+y5+y6900$

end

請探討路徑變數結果與路段變數結果在應用上之意義；此外，本範例中相同起訖點的流量必須分別使用不同路徑，有的成本高有的成本低；若是貨物流量問題，由廠商集中安排，總成本最低就好；當探討的是旅客流量或車流量，誰會讓誰？如果大家都搶最短路徑，勢必造成某些路段之擁擠與延滯，如何反應用路者行爲的網路流量，以及道路交通之擁擠，這是下一節的課題：使用者均衡（User Equilibrium）。

範例二：多起迄點之交通量指派問題

高市與津島之交通量指派問題，其網路如圖 6-10 所示，節點①②⑤爲住宅區，節點④與節點⑤間途徑海底隧道；各起訖點間之交通量如下表所示。

若提供節點②與節點⑥間之免費渡輪服務，各方向可運輸 2,000 旅次；路段上的數字爲旅行時間或履行成本。探討總旅運成本最小之交通型態，與渡輪服務對總體運輸系統之影響。

表 6-2　起訖點與次數

起點	總旅次	迄點						
		1	2	3	4	5	6	7
1	2,850	—	900	750	40	10	600	550
4	6,000	100	2,000	1,100	—	150	1,400	1,250
5	12,250	110	4,000	2,200	200	—	3,300	2,440

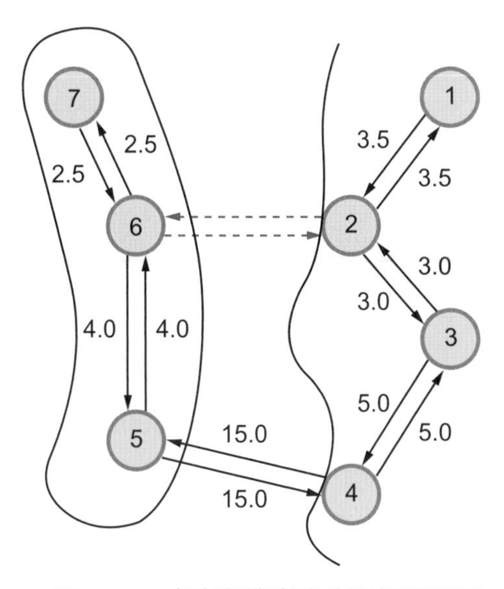

✦ 圖 6-10　高市與津島之交通網路問題

此類多元商品流量問題的一般式如下：

$$\begin{aligned}
&\text{Min} \quad \Sigma_k \Sigma_i \Sigma_j c^k{}_{ij} x^k{}_{ij} \\
&\text{s.t.} \quad \Sigma_j x^k{}_{ij} - \Sigma_j x^k{}_{ji} = b^k{}_i \quad , \quad \forall (i,k) \\
&\qquad\quad l_{ij} \le \Sigma_k x^k{}_{ij} \le u_{ij}, \quad \forall (i,j)
\end{aligned}$$

決策變數 $x^k{}_{ij}$ 表示由起點 k 出發使用路段(i,j)之交通量；其他參數之定義亦類似最小成本流量問題，只是加入不同商品（或旅次）k 之因素。因旅行成本 $c^k{}_{ij}$ 與起點無關，$c^k{}_{ij} = c_{ij}$；路段容量 u_{ij} 只考慮渡輪節線，與 k 無關，爲 2,000 旅次；路段流量下限 l_{ij} 爲 0；LP 模式如下所示。加上渡輪服務後，總旅行成本由 399,250 降至 280,700，下降 29.7%。此外，使用渡輪之旅次爲：。$x^1{}_{26}$=1,160, $x^2{}_{26}$=840, $x^3{}_{26}$=2,000 。

$$\begin{aligned}
\text{Min} \quad & 3.5x^1{}_{12} + 3.5x^1{}_{21} + 3x^1{}_{23} + 3x^1{}_{32} + 5x^1{}_{34} + 5x^1{}_{43} + \\
& 15x^1{}_{45} + 15x^1{}_{54} + 4x^1{}_{56} + 4x^1{}_{65} + 2.5x^1{}_{67} + 2.5x^1{}_{76} + \\
& 3.5x^4{}_{12} + 3.5x^4{}_{21} + 3x^4{}_{23} + \ldots
\end{aligned}$$

$$
\begin{aligned}
\text{s.t.}\quad & x^1_{12} - x^1_{21} = 2850 \\
& (x^1_{21} + x^1_{23} + x^1_{26}) - (x^1_{12} + x^1_{32} + x^1_{62}) = -900 \\
& (x^1_{32} + x^1_{34}) - (x^1_{23} + x^1_{43}) = -750 \\
& \ldots\ldots \\
& x^4_{12} - x^4_{21} = -100 \\
& (x^4_{21} + x^4_{23} + x^4_{26}) - (x^4_{12} + x^4_{32} + x^4_{62}) = -2000 \\
& (x^4_{32} + x^4_{34}) - (x^4_{23} + x^4_{43}) = -1100 \\
& (x^4_{43} + x^4_{45}) - (x^4_{34} + x^4_{54}) = 6000 \\
& \ldots\ldots \\
& (x^5_{43} + x^5_{45}) - (x^5_{34} + x^5_{54}) = -200 \\
& (x^5_{54} + x^5_{56}) - (x^5_{45} + x^5_{65}) = 12250 \\
& (x^5_{62} + x^5_{65} + x^5_{67}) - (x^5_{26} + x^5_{56} + x^5_{76}) = -3300 \\
& x^5_{76} - x^5_{67} = -2440 \\
& x^1_{26} + x^4_{26} + x^5_{26} \le 2000 \\
& x^1_{62} + x^4_{62} + x^5_{62} \le 2000 \\
& x^k_{ij} \ge 0,\quad \forall (i, j, k)
\end{aligned}
$$

範例三：產銷問題

顧名思義，多元商品流量問題在產銷系統（Production-Distribution Systems）上之應用十分普通。

以網路圖 6-11 為例，有二個工廠（I，II，III）分別生產產品 A、B 與 C，工廠有產能限制。產品通常先以大貨車運到都會區市場之倉庫暫存，再以小卡車將商品送到 5 個銷售店舖出售，各店舖有需求限制。

A 商品只能在倉庫 1 儲存，B 商品可以在倉庫 1 或倉庫 2 儲存，C 商品只能在倉庫 2 儲存，倉庫有儲存容量限制。商品 k 由工廠 i 經過倉庫 j 至市場銷售店舖 m 之成本 C^K_{ijm} 包括：在工廠 i 之生產成本，由 i 經 j 至 m 之運輸成本，以及在倉庫 j 之倉儲成本。決策變數 X^K_{ijm} 表示商品 k 由工廠 i 經倉庫 j 至市場店鋪 m 之數量（或網路流量）。此問題之多元商品流量模式如下。

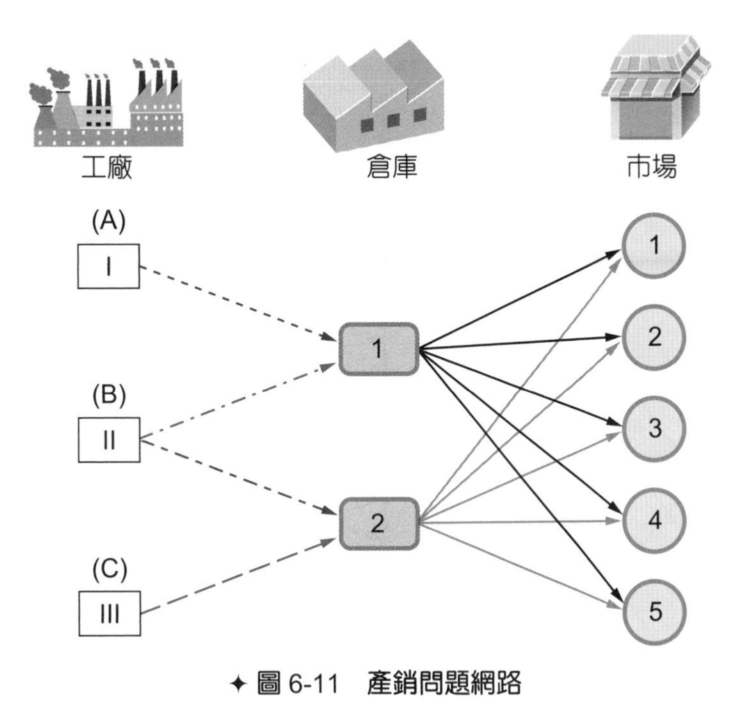

✦ 圖 6-11　**產銷問題網路**

產銷系統之多元商品流量問題，模式可以表達如下，目標函數通常爲總產銷成本之最小化；考量之限制式包括：各店舖商品需求必須滿足，各工廠商品產能不能超出，以及各倉庫各種商品儲存容量不得超過儲存空間或重量限制等。

$$
\begin{aligned}
\text{Min}\quad & \Sigma_i\Sigma_j\Sigma_m\Sigma_k C^k{}_{ijm}x^k{}_{ijm} \\
\text{s.t.}\quad & \Sigma_i\Sigma_j x^k{}_{ijm} \ge D^k{}_m,\ \ \forall(m,k) \\
& \Sigma_j\Sigma_m x^k{}_{ijm} \le S^k{}_i,\ \ \forall(i,k) \\
& \Sigma_j\Sigma_m x^k{}_{ijm} \le Q^k{}_j,\ \ \forall(j,k) \\
& x^k{}_{ijm} \ge 0,\ \ \forall(i,j,m,k)
\end{aligned}
$$

多元商品模式可以與第四章 4-5 與 4-6 節之區位問題結合，將工廠或倉庫等區位選擇加入流量模式中，這也是本章 6-5 節之內容。多元商品模式也可以與第二章 2-8 節多期決策問題結合，同時考慮幾個時期（週、月、季、或年）之產銷問題。當多元商品流量模式考慮時間後，網路結構變得更實務，稱爲時空網路（Time Space Network）；在物流管理流量控制問題上與各種作業管理之設備排程問題上，應用廣泛且使用頻繁；圖 6-12 是時空網路應用於飛機排程的範例。

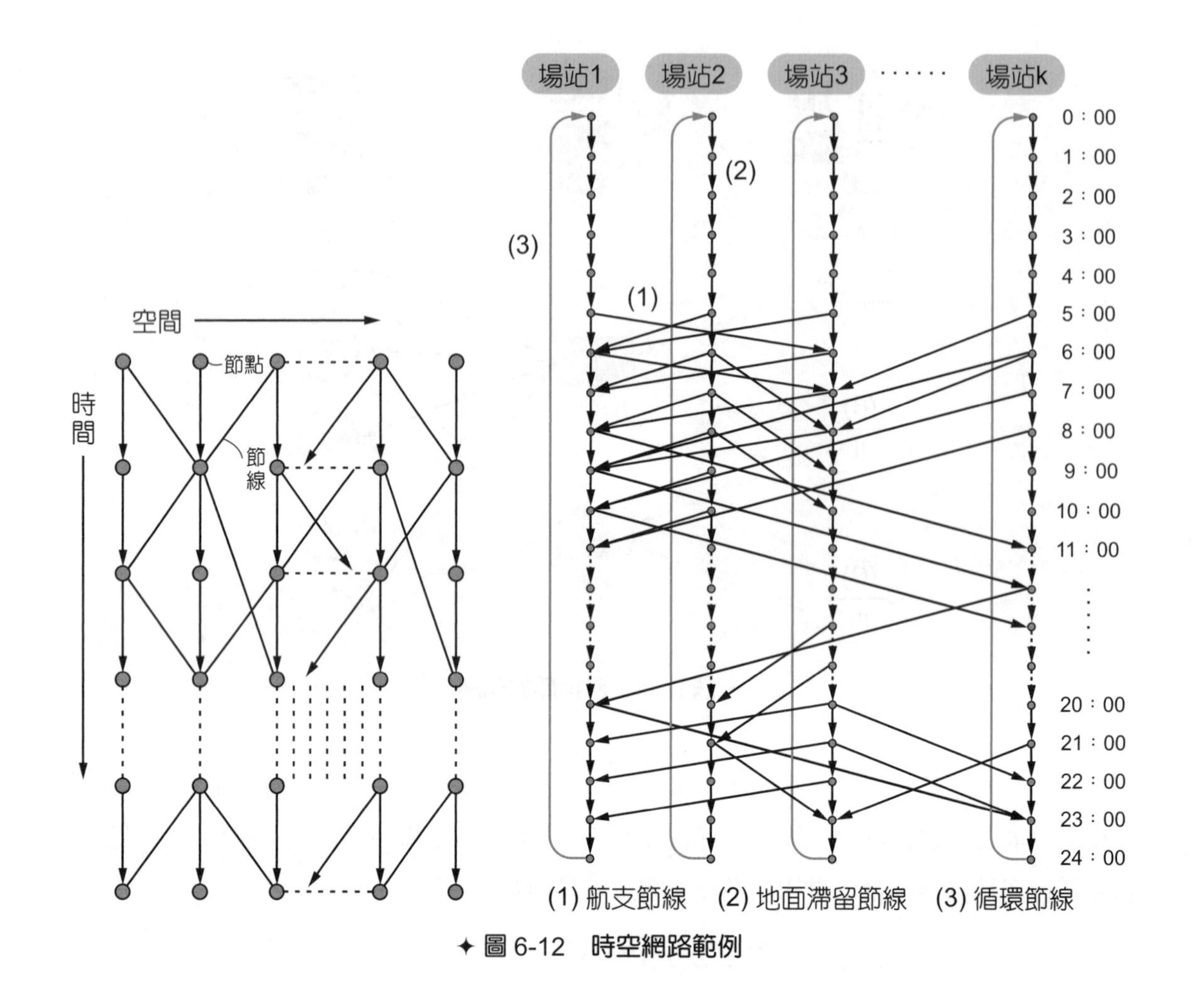

✦ 圖 6-12　時空網路範例

6-4
網路均衡（Network Equilibrium）與網路設計（Network Design）問題

貨物流量依照廠商之安排，追求總成本最小；有時，少數託運人與運送人會有不同觀點，仍可以妥協且問題好解決。但是，流量是旅客或車輛時，眾多的旅客是自己的主人，追求自己旅行成本（包括時間）的最小值，系統總成本最小的安排難以實施。

學者 Wordrop 於 1952 年提出使用者均衡的概念，網路均衡狀態是：路網上每對起訖點以使用路徑之旅行成本，皆相等且小於，未被使用路徑之旅行成本。亦即，在網路均衡狀態下，每一位用路人都沒有動機去變更其所選用的路徑。Beckmann 等學者於 1956 年建立了非線性規劃模式，反應用路人之路徑選擇行爲，求解網路均衡之交通型態。

範例一：使用者均衡問題

探討一對起訖點與兩條路徑的簡單範例。如圖 6-13 所示，由起點 O 至迄點 D 有兩條路段或路徑；路徑旅行成本 S 是流量 V 的函數，流量大時平均每人的旅行成本高，起訖點的總旅次量爲 N，平均累積成本爲 ACC。

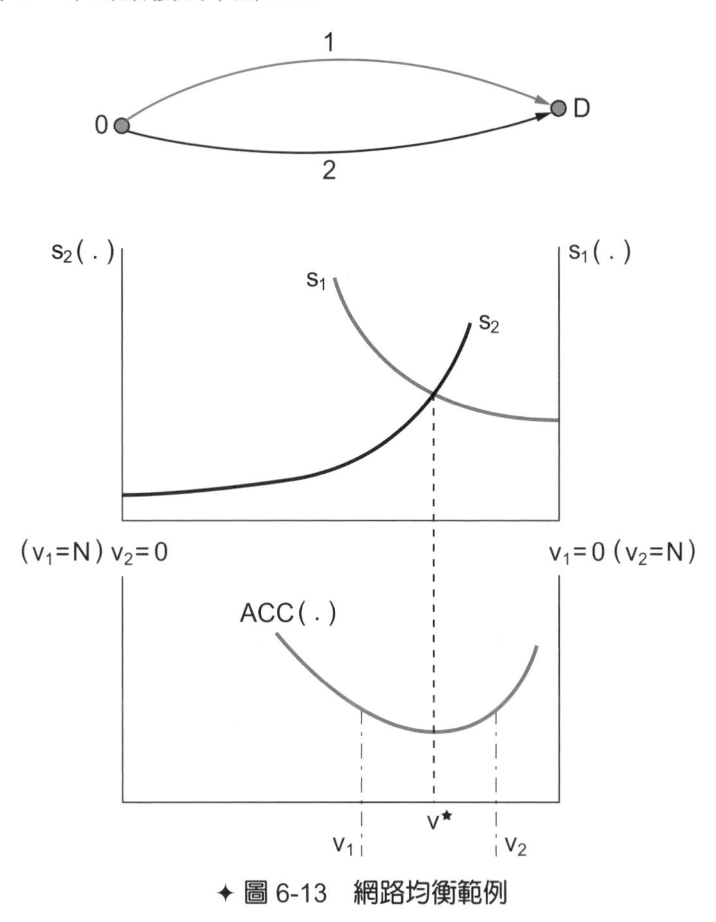

✦ 圖 6-13 網路均衡範例

使用者均衡發生在圖 6-13 中，兩條旅行成本 S_1 與 S_2 的交點，用路人使用哪一條路徑的旅行成本都一樣，所以不必變動自己的用路行爲。這個交點使得兩條平均旅行成本下的面積和最小，因此對應於平均累積成本 ACC 的最小值。

範例二：網路均衡模式

介紹下列確定性網路均衡模式。限制式是線性，可行解區域是凸集合。下標 a 爲路段，下標 r 爲路徑，下標 *ij* 爲起訖點，決策變數是路段變數 V_a 與路徑變數 h_r。

模式已知各路段之旅行成本函數 $S_a(v_a)$與各起訖點之旅次數 T_{ij}。目標函數通常是路段流量變數之凸函數與增函數，流量愈大旅行成本愈高；最常用的函數是：$S_a(v_a)=t_{0a}(1+0.15\left(\frac{V_a}{C_a}\right)^4)$，其中，參數 t_{0a} 是路段 a 自由車流時的旅行成本，參數 C_a 是路段 a 服務水準 C 時的流量。因此，這個問題是凸性規劃，局部最小值就是整體最小值。

$$\text{Min} \ \sum_a \int_0^{v_a} S_a(x)dx$$

$$\text{s.t.} \ \sum_{reRij} h_r = T_{ij}, \ \forall(i,j)$$

$$\sum_{reR} h_r \delta_{ar} = v_a, \ \forall\alpha$$

$$h_r \geq 0, \ \forall\gamma \in R$$

上列非線性規劃問題之拉氏函數爲：

$$\mathcal{L}=\sum_a \int_0^{v_a} S_a(x)dx+\sum_{ij}\beta_{ij}(T_{ij}-\sum_r h_r)+\sum_a \alpha_a(\sum_r h_r\delta_{ar}-v_a)+\sum_r \gamma_r(-h_r)$$

應用凸性非線性規劃之必要且充分條件，K-K-T 條件，進行推導與說明。因爲 $\frac{\partial\mathcal{L}}{\partial v_a}=S_a(v_a)+\alpha_a(-1)=0$，所以 $\alpha_a=S_a(v_a)$ 是路段旅行成本。

因爲 $\frac{\partial\mathcal{L}}{\partial h_\gamma}$；有人使用的路徑，$h_\gamma>0$ 且 $\gamma_\gamma=0$；所以 $\beta_{ij}=\sum_a \alpha_a\delta_{ar}=\sum_a S_a(v_a)\delta_{ar}$，是起訖點$(i,j)$間有人使用路徑的旅行成本；因爲算式中與路徑變數無關，相同起訖點有人使用的不同路徑，旅行成本相同。

沒人使用的路徑：$h_\gamma=0$ 且 $\gamma_\gamma>0$；因 $\frac{\partial\mathcal{L}}{\partial h_\gamma}=-\beta_{ij}+\sum_a \alpha_a\delta_{a\gamma}-\gamma_\gamma=0$；所以 $\sum_a \alpha_a\delta_{a\gamma}=\sum_a S(v_a)\delta_{a\gamma}=\beta_{ij}+\gamma_\gamma>\beta_{ij}$，沒人使用路徑之旅行成本大於有人使用路徑之旅行成本。

若 $h_\gamma = 0$ 且 $\gamma_\gamma = 0, \sum_a S_a(v_a)\delta_{a\gamma} \geq \beta_{ij}$ ，沒人使用路徑之旅行成本不小於有人使用路徑之旅行成本。

這個模式已經廣泛應用於運輸規劃領域，模式求解可應用 1956 年發展之 Frank-Wolfe 方法，每個運算過程解一個最短路徑問題以產生可行之下沉方向，在合理狀況下都會收斂到使用者均衡之最佳解。請參考第七章之相關內容，以及豐富的相關文獻。

範例三：網路設計問題

探討網路設計問題，設想網路節線或路段以及節點上從事改善。平日生活的例子如，街道增加車道，新建街道等；這些情形可考慮通訊網路、電力網路、自來水網路、天然瓦斯網路、下水道網路等。

圖 6-14 爲某城市廢水之下水道網路，①～⑦各個節點爲人口居住處，節點旁邊的數字爲人口數（千人），表示該地之廢水量；網路上之節線表示下水道，除了（4，3）節線爲抽取式水道之外，其他各節線都是重力式下水道；各節線上之括弧內的數字，前者爲固定成本表示土地取得與挖掘等成本，後者爲變動成本表示流量愈大管線半徑較大等成本。網路中節點③、⑦、與⑧可考慮設廢水處理設備，固定成本分別爲$3,800，$3,800，與$2,500，變動成本則分別爲$1，$1，與$2。請設計該城市最佳下水道系統。

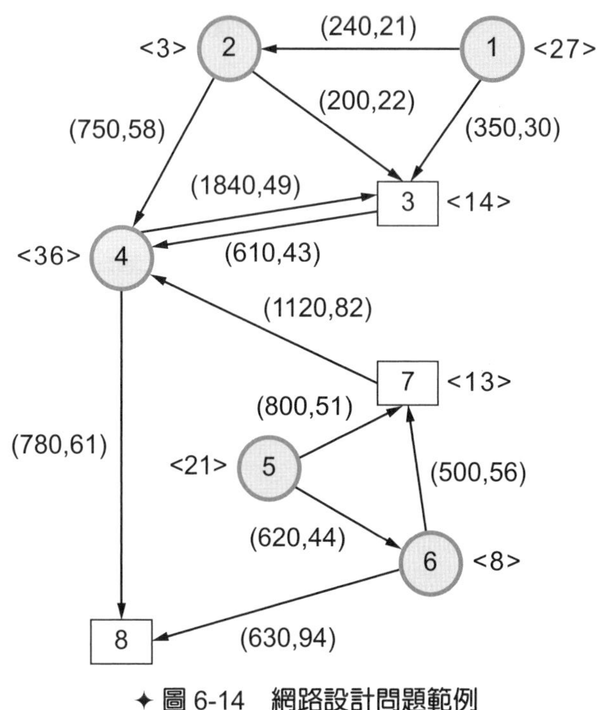

✦ 圖 6-14　網路設計問題範例

因爲網路設計問題是處理路段改善課題，而上述問題中有的改善發生在節點；所以，首先將網路中加入一個虛擬節點⑧。如圖 6-15 所示：

以(3,9)節線成本反映節點③之廢水處理設備成本；

以(7,9)節線成本反映節點⑦之廢水處理設備成本，

以(8,9)節線成本反映節點⑧之廢水處理設備成本。

問題之決策變數包括 y_{ij} (0,1)，表示上述三個虛擬路段或節線(i,j)是否興建；以及 $x_{ij} \geq 0$ ，表示下水道網路各路段或節線(i,j)之流量。問題之目標爲總成本（固定成本與變動成本）最小化。

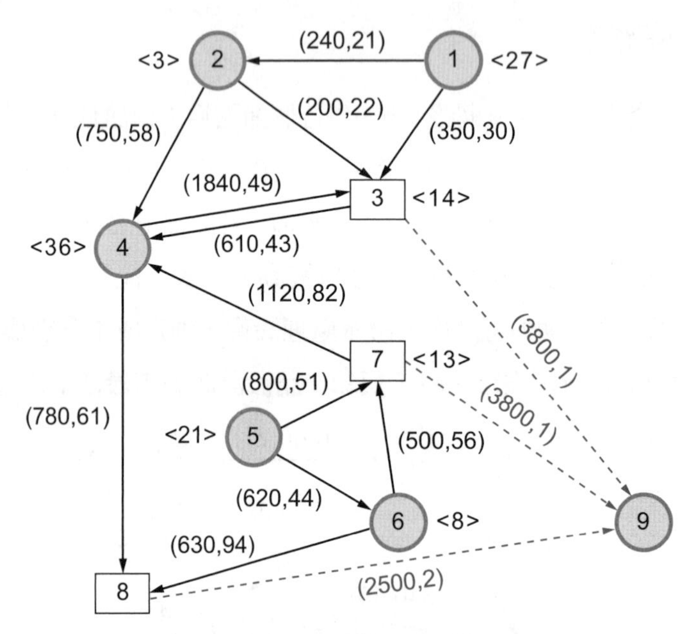

✦ 圖 6-15 網路設計範例問題之網路

$$\begin{aligned}
\text{Min}\quad & 21x_{12}+30x_{13}+22x_{23}+58x_{24}+43x_{34}+x_{39}+49x_{43}+63x_{48}+44x_{56}+51x_{57}+\\
& 56x_{67}+94x_{68}+82x_{74}+x_{79}+2x_{89}+240y_{12}+350y_{13}+200y_{23}+750y_{24}+610y_{34}+\\
& 3800y_{39}+1840y_{43}+780y_{48}+620y_{56}+800y_{57}+500y_{67}+630y_{68}+1120y_{74}+3800y_{79}+2500y_{89}\\
\text{s.t.}\quad & x_{12}+x_{13}=27\\
& x_{23}+x_{24}-x_{12}=3\\
& x_{34}+x_{39}-x_{13}-x_{23}-x_{43}=14\\
& x_{43}+x_{48}-x_{24}-x_{34}-x_{74}=36\\
& x_{56}+x_{57}=21\\
& x_{56}+x_{67}+x_{68}=8\\
& x_{74}+x_{79}-x_{57}-x_{67}=13\\
& x_{89}-x_{48}-x_{68}=0\\
& -x_{39}-x_{79}-x_{89}=-122\\
& 0\le x_{12}\le 27y_{12},\ 0\le x_{13}\le 27y_{13},\ 0\le x_{23}\le 30y_{23}\\
& 0\le x_{24}\le 30y_{24},\ 0\le x_{34}\le 44y_{34},\ 0\le x_{39}\le 122y_{39}\\
& 0\le x_{43}\le 108y_{43},\ 0\le x_{48}\le 122y_{48},\ 0\le x_{56}\le 21y_{56}\\
& 0\le x_{57}\le 21y_{57},\ 0\le x_{67}\le 29y_{67},\ 0\le x_{68}\le 29y_{68}\\
& 0\le x_{74}\le 42y_{74},\ 0\le x_{79}\le 42y_{79},\ 0\le x_{89}\le 122y_{89}\\
& y_{ij}=(0,1)\quad \forall(i,j)
\end{aligned}$$

上列模式中 $0\le x_{12}\le 27y_{12}$ 等限制式，與第四章對二元變數在邏輯課題應用之討論相同，有流量之前提是有建設投資；二元變數前的大數爲最大可能流量；例如，x_{12} 爲 27，x_{23} 則爲 $27+3=30$，x_{34} 則爲 $27+3+14=44$ 等。本題 LINDO 求解後可以獲得最佳解爲 (1,3)，(2,3)，(4,3)，(5,7)與，(6,7)，廢水處理設備建立節點⑦，總成本爲$15,571。

與 6-3 節範例 1 的討論相同，上述範例處理的是水流，設施建設與流量管制都由處理機關統籌安排，追求總成本最小或者稱爲系統成本最小。但是，當處理旅客流或車流時，每一個用路人自己決定行使的路徑，如本節範例 2 所示，交通型態的估計就不是總成本最小化問題。此外，道路設施建設的決策者是政府單位，道路如何使用的決策者是用路人，前者追求系統總成本最小化眼觀全局與長期影響，後者追求個人旅行成本最小化考慮短期個人需要。這樣的網路設計問題，如同對局理論（Game Theory）中 Stackelberg 的領導者與跟隨者關係，可以雙層次數學規劃（Bi-level Programming）方式說明與求解。請參見第七章 7-9 節的討論與豐富的相關文獻。

6-5
網路區位模式（Network Location Models）－涵蓋、中心、與中位問題

本節介紹區位選擇之網路分析模式，考慮在節點上設置設施。

範例一：集合涵蓋問題

首先，探討集合涵蓋問題（Set Covering Problem），下列圖 6-16 之網路中有 6 個節點與 11 個節線，節點是設施區位選擇的地點，節線上之數字表達不同地區間的旅行時間（分鐘）。若以 11 分鐘做爲是否涵蓋或服務的門檻；亦即，11 分鐘內可以到達，算爲可以涵蓋。集合涵蓋問題處理設施區位選擇，使得每個地區都可以接受到設施的服務，也就是每個地區都被涵蓋。

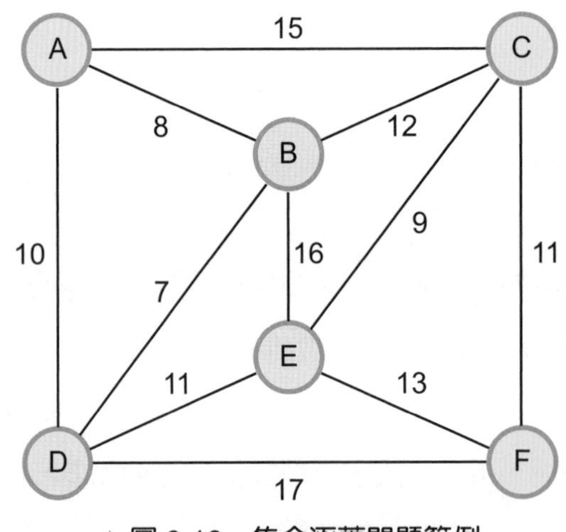

✦ 圖 6-16　集合涵蓋問題範例

決策變數 $x_i = (0,1)$；$i = a, b \ldots f$ 表區位 i 是否設置設施。集合涵蓋模式如下，追求目標是：最少的設施或最少的設施成本；必須滿足之限制是：每個區位被涵蓋。模式之解答是 $x_c = x_d = 1$。

$$
\begin{aligned}
\text{Min} \quad & x_a + x_b + x_c + x_d + x_e + x_f \\
\text{s.t.} \quad & x_a + x_b + x_d \geq 1 \\
& x_c + x_e + x_f \geq 1 \\
& x_a + x_b + x_d + x_e \geq 1 \\
& x_c + x_d + x_e \geq 1 \\
& x_c + x_f \geq 1 \\
& x_i = (0,1) \ ; \ i = a, b ... f
\end{aligned}
$$

如果涵蓋的門檻改變，上列模式中的哪些部分發生改變？模式的結果會發生哪些改變？如果門檻爲 19 分鐘以上，設施只需要 1 個，設置於 C；門檻在 11 至 18 分鐘之間，設施需要 2 個，設置於 C 與 D；門檻爲 9 或 10 分鐘，設施需要 3 個，設置於 B、E 與 F；門檻爲 8 分鐘，則……以此類推。如果希望區位選擇不受到涵蓋門檻之影響，可以使用中心問題（The Center Problem）模式。

表 6-3　涵蓋模式中門檻數值的影響

	分鐘	設施數量	設置點
門檻	19 以上	1	C
	11～18	2	C、D
	9、10	3	B、E、F
	…	…	…

範例二：P個設施之中心問題

排除集合涵蓋問題中「涵蓋門檻」的假設，直接面對與處理地區間的距離（或旅行時間），在設置 p 個設施之假設下，追求服務地區最遠的平均距離（或旅行時間）極小化，即成爲中心問題（The P-Center Problem）。以本節的網路爲範例，P 中心問題的模式如下；其中決策變數，x_i (0,1)爲設施區位選擇二元變數，$y_{ij}\geq 0$ 爲地區 j 使用設施 i 之比例。第一類之限制式，計算各地區 j 使用設施之平均距離，並小於目標值 w；亦即，w 爲最大的平均距離。

$$\begin{aligned}
\text{Min} \quad & w \\
\text{s.t.} \quad & \Sigma_i d_{ij} y_{ij} \le w, \quad \forall j \\
& y_{ij} \le x_i, \quad \forall (i, j) \\
& \Sigma_i y_{ij} = 1, \quad \forall j \\
& \Sigma_i x_i = p \\
& x_i = (0,1) \quad \forall j \\
& y_{ij} \ge 0 \quad \forall (i, j)
\end{aligned}$$

如果圖 6-17 之網路上各地區 j 人口（或對設施之需求量）標示於圖中節點旁之方格內，h_j ；則 P 中心模式中的平均距離，可以利用需求量加權，$h_j \sum d_{ij} y_{ij} \le w$，計算平均加權距離（如人公里或人分鐘）。

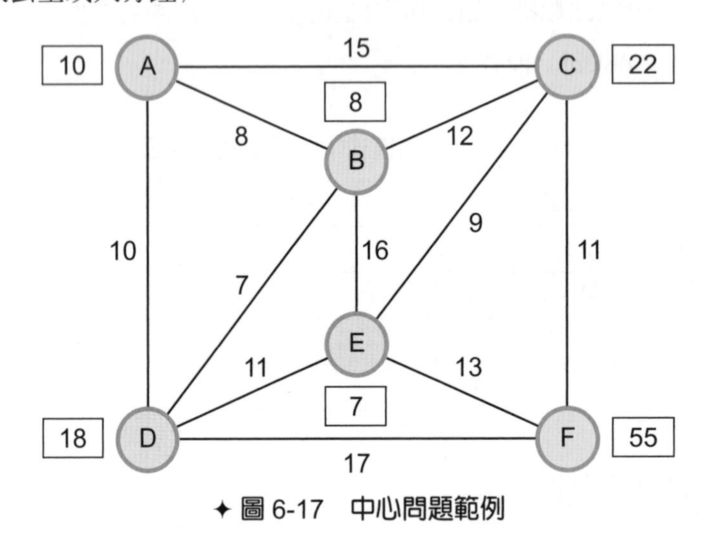

✦ 圖 6-17　中心問題範例

範例三：最大涵蓋問題

集合涵蓋問題要求設施設置可以涵蓋所有的地區；如果需要許多設施超出預算，又不希望放棄門檻與降低門檻水準，可以使用最大涵蓋問題（The Maximum Covering Problem），讓最多數人得到滿意的服務。前述網路範例之最大涵蓋模式，其中 p 爲預算之設施數量，$x_i=(0,1)$ 爲設施在區位 i 之選擇二元變數，$y_i=(0,1)$ 爲區位 j 是否被涵蓋之二元變數，h_j 爲地區 j 人口數，δ_{ij} 爲二元涵蓋係數。

$$
\begin{aligned}
\text{Max} \quad & \Sigma_j h_j y_j \\
\text{s.t.} \quad & \Sigma_i x_i \le p \\
& \Sigma_i \delta_{ij} x_i \ge y_j \quad \forall j \\
& x_i = (0,1) \quad \forall i \\
& y_j = (0,1) \quad \forall j
\end{aligned}
$$

最大涵蓋網路區位模式中，δ_{ij} 係數隨著涵蓋門檻而定；如果門檻爲 11 分鐘，設施在 A 節點，可以涵蓋的區域是 A、B 與 D，亦即 $\delta_{aa}=\delta_{ab}=\delta_{ad}=1$；設施在 F 節點，則可以涵蓋區域是 C 與 F，亦即 $\delta_{fc}=\delta_{ff}=1$；等。不過，如果設定門檻爲 15 分鐘，設施在 A 節點，可以涵蓋區域是 A、B、C 與 D，亦即 $\delta_{aa}=\delta_{ab}=\delta_{ac}=1$，其他 $\delta_{ae}=\delta_{af}=0$。涵蓋門檻有時對設施設置的結果與效果，相當敏感。

範例四：P個設施之中位問題

概念上，δ_{ij} 數值與涵蓋門檻之關係如圖 6-18 左側圖形所示。不過，若取消門檻關係爲圖 6-18 右側圖形，則可以建立另一種網路區位模式。設施服務的關係不是 0 與 1 的二元關係，而以距離（或旅行時間）表達涵蓋成本，如距離愈遠服務成本高。可以將最大涵蓋模式中的目標函數，改變爲涵蓋成本最小化，形成下列 P 中位問題（The P Median Problem）。

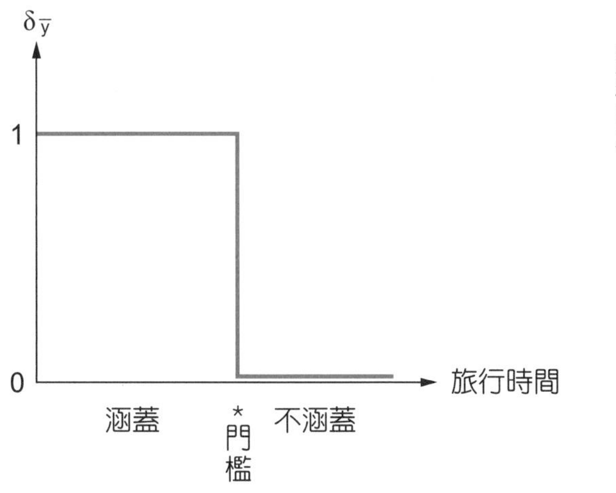

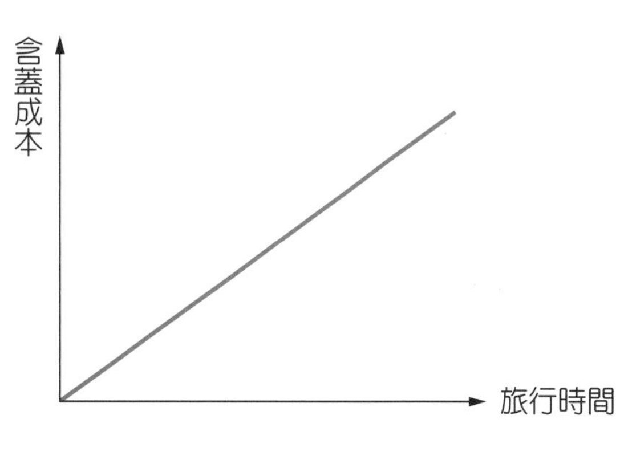

✦ 圖 6-18　涵蓋問題與 P 中位問題

$$
\begin{aligned}
\text{Min} \quad & \Sigma_i \Sigma_j h_j d_{ij} y_{ij} \\
\text{s.t.} \quad & \Sigma_i y_{ij} = 1 \quad \forall j \\
& y_{ij} \le x_i \quad \forall (i, j) \\
& \Sigma_i x_i = p \\
& x_i = (0,1) \quad \forall i \\
& y_{ij} = (0,1) \quad \forall (i, j)
\end{aligned}
$$

模式中的目標函數爲需求量加權之涵蓋成本。第一個限制式要求每一個地區 j 只要一個設施服務，在目標式極小化之下，使用離 j 最近之設施。第二個限制式表達「涵蓋 j 地區之前提是建置設施 i」，第四章有類似邏輯關係的討論。第三個限制式說明一共有 P 個設施。

範例五：區位與流量問題

如前節流量問題之討論，區位選擇問題可以加入流量模式中，以顯現流量決策與區位決策之關聯。下列範例，如圖 6-19 所示，路段或節線成本爲各地區間之單位運輸成本（元/單位），節點需求爲該地區銷售據點之產品需求量（千單位/年），在各地區設倉庫之固定成本（千元/年）分別爲：100(A)，80(B)，200(C)，200(D)，80(E)，500(F)，其每年處理之能量（千單位）分別爲 30(A)，30(B)，20(C)，20(D)，30(E)，20(F)。決策變數包括倉儲區位選擇變數 y_i 與網路流量變數 x_{ij}。

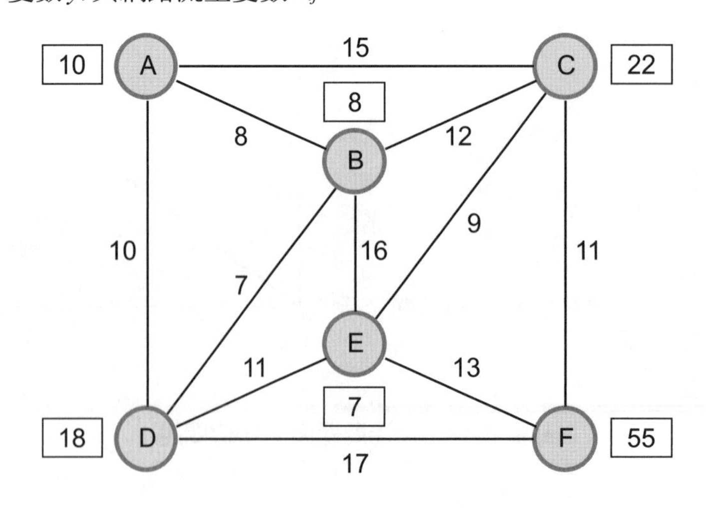

✦ 圖 6-19　區位與流量問題範例

模式之形式如下：目標式爲總成本最小化，其中包括倉儲固定成本與變動之產銷成本，c_{ij}的數值爲網路上由 i 至 j 之最短路徑成本。限制式包括各節點 j 之需求 D_j 必須滿足，以及各倉儲節點 i 之容量 K_i 不得超過，而且必須有倉儲區位才能有倉儲流量。

$$
\begin{aligned}
\text{Min} \quad & \Sigma_i f_i y_i + \Sigma_i \Sigma_j c_{ij} x_{ij} \\
\text{s.t.} \quad & \Sigma_i x_{ij} \geq D_i, \quad \forall j \\
& \Sigma_j x_{ij} \leq K_i y_i, \quad \forall i \\
& y_i = (0,1), \quad \forall i \\
& x_{ij} \geq 0, \quad \forall (i, j)
\end{aligned}
$$

6-6 專案網路（Project Network）與要徑法（Critical Path Method, CPM）

專案管理（Project Management）重視進度控制、成本控制、與品質保證。本節介紹進度控制時常用的方法：要徑法，從眾多工作或作業項目中，找出少數影響進度之關鍵作業，要徑作業，作爲重點管理之對象。

範例一：專案網路之要徑問題

某建屋專案之工作項目，各工作項目之平均工時以及先行工作項目，如下表所示。管理者想找出專案之關鍵項目，工作項目之延遲會造成整個專案延遲。

表 6-4 建屋專案工作項目之順序

編號	工作項目	先行工作	工時	最早開工時
1	架構	—	2	t1
2	側牆	1	3	t2
3	屋頂	1	1	t2
4	窗戶	2	2.5	t3
5	水管	2	1.5	t3
6	電線	3,4	2	t4
7	內部粉刷	5,6	4	t5
8	外部粉刷	3,4	3	t4
9	完工	7,8	0	t6

專案網路如圖 6-20 所示，每一路段代表一項工作，每一節點代表一種狀態。表中之最早開工時，就是到達各節點最早的時間。專案最早完工時就是t_6，希望專案盡快完成，目標爲t_6－t_1之最小值。

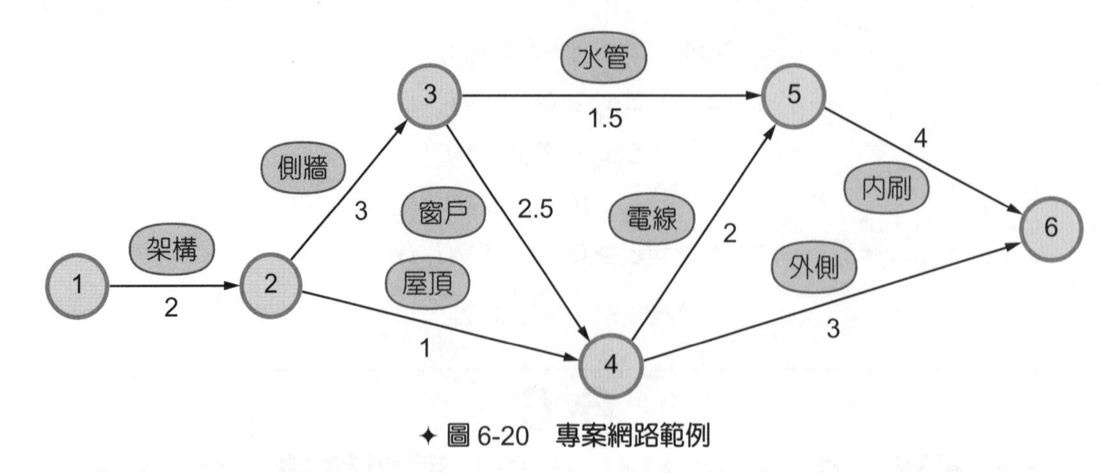

✦ 圖 6-20 專案網路範例

專案網路要徑問題之線性規劃模式如下：網路中每一個路段或作業有一個限制式，$t_j \geq t_i + d_{ij}$，t_j或t_i爲節點之最早開工時，d_{ij}爲路段工作項目之工時；其中，要徑作業爲寬裕時間爲零之作業。

$$
\begin{aligned}
\text{Minimize} \quad & Z = t_6 - t_1 \\
\text{s.t.} \quad & t_2 \geq t_1 + 2 \\
& t_3 \geq t_2 + 3 \\
& t_4 \geq t_3 + 2.5 \\
& t_4 \geq t_2 + 1 \\
& t_5 \geq t_3 + 1.5 \\
& t_5 \geq t_4 + 2 \\
& t_6 \geq t_4 + 3 \\
& t_6 \geq t_5 + 4
\end{aligned}
$$

利用 LINDO 軟體求解，目標值或最短工期爲 13.5，名節點之最早開工時分別爲 0、2、5、7.5、9.5、13.5。因此，寬鬆時間爲零的要徑作業包括：架購、側牆、窗戶、電線、內刷，要徑爲 1－2－3－4－5－6。

專案要徑問題的模式中，先行與後續工作關係之限制式，跟前述網路模式之限制式，明顯不同。不過，將上述線性規劃模式轉爲對偶問題時，可以得到下列模式：

$$
\begin{aligned}
\text{Maximum} \quad & Z = 2x_{12} + 3x_{23} + x_{24} + 2.5x_{34} + 1.5x_{35} + 2x_{45} + 3x_{46} + 4x_{56} \\
\text{s.t.} \quad & x_{12} = 1 \\
& -x_{12} + x_{23} + x_{24} = 0 \\
& -x_{23} + x_{34} + x_{35} = 0 \\
& -x_{24} - x_{34} + x_{45} + x_{46} = 0 \\
& -x_{35} - x_{45} + x_{56} = 0 \\
& -x_{46} - x_{56} = -1 \\
& x_{ij} \geq 0, \quad \forall (i, j)
\end{aligned}
$$

很明顯的，對偶模式對專案網路上的每一個節點建立流量守衡限制，模式以 1 單位流量由起點①流至迄點⑥，追求目標為最長路徑（The Longest Path Problem）。簡言之，要徑工作項目就是最長路徑上之作業。專案網路上的要徑可以由最常路徑的演算法求解；此外，專案網路依時推進，沒有迴路，演算法可以高度簡化；所以，專案管理軟體都用簡化後的演算法求取要徑，請參見相關文獻。

範例二：專案網路之趕工問題

專案網路中經常有並行的工作項目，所以可能二節點之間有一條以上路段，造成變數設定之困擾。此時，可以設定虛擬路段（Dummy Link），使得二節點間只有一條對應之路段。某公司訓練員工、採購物料後，生產 A 與 B 半成品，再組裝成產品；各工作項目及期間關係如下表所示。

表 6-5　生產專案工作項目的順序關係

編號	工作項目	先行工作	工時	最早開工時
1	訓練員工	–	6	t1
2	採購物料	–	9	t1
3	生產 A 半成品	1,2	8	t3
4	生產 B 半成品	1,2	7	t3
5	測試 B	4	10	t4
6	組裝 A 與 B	3,4	12	t5
7	完工	6	0	t6

此專案網路如圖 6-21 所示。工作項目 1 與 2 為並行作業，必須加入虛擬路段，以分別其差異。

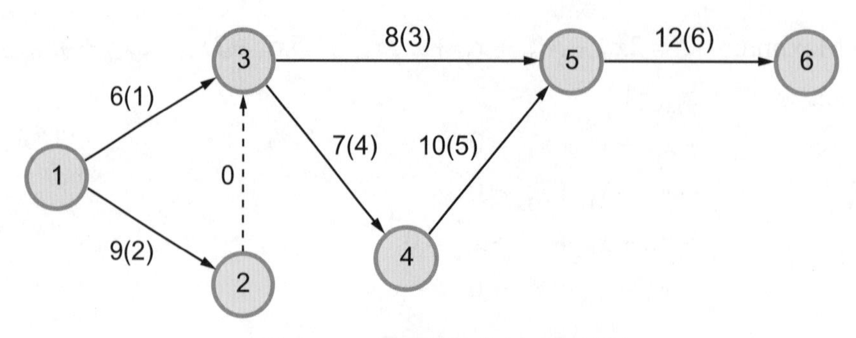

✦ 圖 6-21 專案網路與趕工之範例

$$\begin{aligned} \text{Min} \quad & t_6 - t_1 \\ \text{s.t.} \quad & t_3 \geq t_1 + 6 \\ & t_2 \geq t_1 + 9 \\ & t_3 \geq t_2 \\ & t_4 \geq t_3 + 7 \\ & t_5 \geq t_3 + 8 \\ & t_5 \geq t_4 + 10 \\ & t_6 \geq t_5 + 12 \\ & t_j \geq 0, j = 1,2,3,4,5,6 \end{aligned}$$

此模式之最佳解$(t_1 = 0, t_2 = 9, t_3 = 9, t_4 = 16, t_5 = 26, t_6 = 38)$，最佳目標函數值 38。專案需工時 38 天，要徑為 1－2－3－4－5－6。

此外，假設專案依契約必須在 25 天內完成，各工作項目趕工狀態下可壓縮的工時均為 5 天，趕工增加之成本依工作項目之標號順序為 10，20，3，30，40 與 50，探討最佳之專案趕工生產方式。

首先，定義模式之趕工變數 x_i，下標 i 為工作項目；最佳趕工之 LP 模式設計如下所表示必須趕工的工作項目為 1、2、4、5；各節點最早開工時之最佳解為 $(x_1 = 2, x_2 = 5, x_3 = 0, x_4 = 5, x_5 = 3, x_6 = 0)$ $(t_1 = 0, t_2 = 4, t_3 = 4, t_4 = 6, t_5 = 13, t_6 = 25)$，最佳目標函數值 390，要徑為 1－2－3－4－5－6 與 1－3－4－5－6。

$$
\begin{aligned}
\text{Min}\quad & 10x_1 + 20x_2 + 3x_3 + 30x_4 + 40x_5 + 50x_6 \\
\text{s.t.}\quad & x_1 \le 5,\, x_2 \le 5,\, x_3 \le 5,\, x_4 \le 5,\, x_5 \le 5,\, x_6 \le 5 \\
& t_2 \ge t_1 + 9 - x_2 \\
& t_3 \ge t_2 \\
& t_3 \ge t_1 + 6 - x_1 \\
& t_4 \ge t_3 + 7 - x_4 \\
& t_5 \ge t_3 + 8 - x_3 \\
& t_5 \ge t_4 + 10 - x_5 \\
& t_6 \ge t_5 + 12 - x_6 \\
& t_6 - t_1 \le 25 \\
& t_j \ge 0,\, j = 1,2,3,4,5,6 \\
& x_i \ge 0,\, i = 1,2,3,4,5,6
\end{aligned}
$$

6-7 最短路徑問題（The Shortest Path Problem）與應用

最短路徑問題也是一個特殊的最小成本流量問題（6-2 節），考慮：一個起點有 1 單位供給，一個迄點有 1 單位需求，其他各節點均為中轉節點。所以，其模式可以寫為：

$$
\text{Minimize}\quad \sum_i \sum_j c_{ij} x_{ij}
$$

$$
\text{s.t.}\qquad \sum_j x_{ij} - \sum_k x_{ki} = \begin{cases} 1 & \text{若 } i=\text{起點(s)} \\ 0 & \text{其他} \\ -1 & \text{若 } i=\text{迄點(t)} \end{cases}
$$

$$
x_{ij} \ge 0,\quad \forall (i,j)
$$

其中，每一節點一個流量守衡限制式；對節點 i 而言，路段(k,i)流入，路段(i,j)流出。此 LP 模式之對偶問題如下，每一路段一個限制式，決策變數為節點變數。

$$
\begin{aligned}
\text{Max}\quad & v_t - v_s \\
\text{s.t.}\quad & v_j - v_i \le c_{ij} \quad \forall (i,j) \\
& v_i \ge 0\ , \qquad \forall i
\end{aligned}
$$

最短路徑問題若用 LINDO 求解，比較沒有效率，因爲有更好的方法，簡單快速。此外，求解起點(s)至迄點(t)之最短路徑，與求解起點(s)至所有其他各點之最短路徑，所耗之功夫相近；所以，一般直接求解起點至其他點之所有最短路徑。在此，介紹 Dijstra 演算法，處理路段成本非負之網路問題。此方法在演算過程中，每一節點有二個標記（Label），一個表示到此節點之最小成本，另一個表示到此節點的直接先行節點；以下用(V_j,P_j)表之。

- **步驟 1：起始解**

  (1)起點 s 之標記設爲[0,－]，亦即$V_s=0$與沒有先行節點。

  (2)其他節點 j 之標記設爲(∞,？)，亦即$V_s=\infty$與尚不知先行節點。

  (3)設起點 s 之標記爲已無需變更之永久標記[ ]，令 s 爲完成搜尋之節點。

- **步驟 2：更新標記**

  (1)設上一個完成搜尋之節點 m

  (2)對於由 m 出發之所有路段(m,j)，j 爲未完成搜尋節點，計算

  (a) $T_j=V_m+C_{mj}$

  (b)若$T_j<V_j$，更新節點 j 之標記爲(T_j,m)

- **步驟 3：更新完成搜尋結果**

  (1)在所有未完成搜尋節點中找 V_j 數値最小者。如果最小者超過一個，可任選其中之一。

  (2)設該節點之標記爲永久標記[ ]，令其爲完成搜尋之節點。

- **步驟 4：終止檢驗**

  (1)是否所有節點都已完成搜尋？

  (a)是，停止演算。

  (b)否，至步驟 2。

上述演算法之概念是：

1. 節點 s 當然是最接近起點之節點，所以節點 s 完成搜尋。
2. 對於 s 可以直接到達節點，亦即存在路段(s,j)者，計算其$V_j=T_j=0+C_{sj}$。

3. 第二接近起點 s 之節點必定由 s 直接到達，不可能由某節點中轉到達；所以，由 s 直接到達節點中，搜尋 V_j 最小者，令其爲完成搜尋之節點 m。

4. 對於第二接近 s 之節點 m，可以直接由路段(m,j)到達之節點 j，計算 $T_j = V_m + C_{mj}$；若由 m 中轉到 j 比較快，$T_j < V_j$，則更新到達 j 之最短成本標記 V_j 與先行節點標記 P_j。

5. 第三接近起點 s 之節點，可能由 s 直接到達，或者由第二接近 s 之節點中轉到達；所以，搜尋目前暫時標記( )中 V_j 最小者，令其爲完成搜尋之節點 m。

6. 繼續找第四接近 s 之節點，第五接近 s 之節點等。

範例一：最短路徑問題

某工廠 1 至市場 6 之路網如圖 6-22 所示，請找尋其最短路徑。

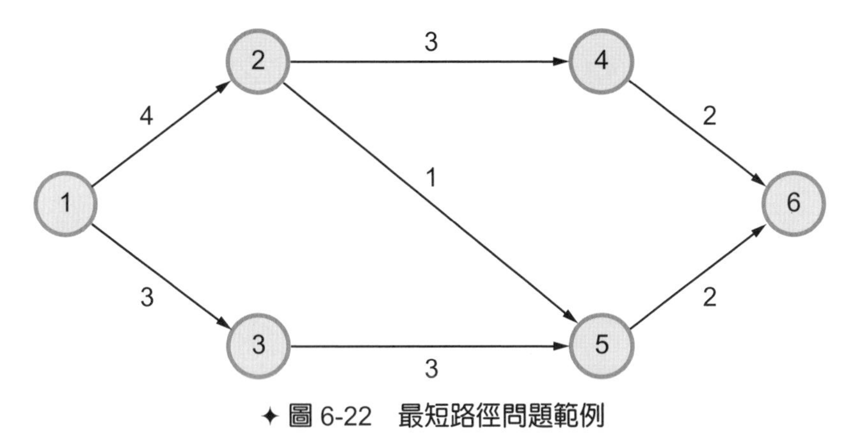

✦ 圖 6-22　最短路徑問題範例

線性規劃模式如下：

	4	3	3	1	3	2	2	
	X12	X13	X24	X25	X35	X46	X56	
1	1	1						1
2	−1		1	1				0
3		−1			1			0
4			−1			1		0
5				−1	−1		1	0
6						−1	−1	−1

演算過程如下：

中轉節點	1	2	3	4	5	6
	[0,−]	(∞,?)	(∞,?)	(∞,?)	(∞,?)	(∞,?)
1		(4,1)	[(3,1)]	(∞,?)	(∞,?)	(∞,?)
3		[(4,1)]		(∞,?)	(6,3)	(∞,?)
2				(7,2)	[(5,2)]	(∞,?)
5				[(7,2)]		(7,5)
4						[(7,5)]

由起點 1 至終點 6 找到之最短路徑為 6→5→2→1，最短路徑成本為 7。此外，由起點 1 至其他各點之最短路徑也已經計算完畢，最短路徑樹如圖 6-23 所示。例如，由起點 1 至節點 4 之最短路徑為 4→2→1。

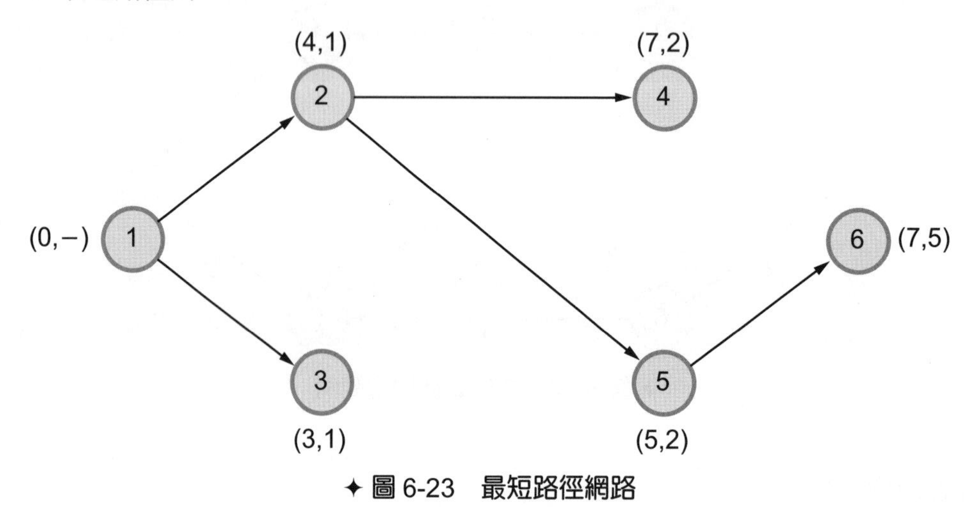

✦ 圖 6-23　最短路徑網路

最短路徑問題是許多網路問題求解時的核心問題（Core Problem）。最短路徑問題有許多實務上的應用；例如，小汽車上之行車路徑導引（Route Guidance）設備，路短旅行成本以時間或距離表之，指引駕駛人以最短路徑接近目的地。例如，最短路徑常應用於通訊或資訊網路（Data Communication Network），路段旅行成本以資訊使用該路段之延滯（Delay）表之，最短路徑為最少延滯路徑；或路徑成本以該路段可以使用之機率($-\ln P_{ij}$)表之，最短路徑為最可靠路徑。不過，也有不少直覺上不是最短路徑的事務，卻利用最短路徑方法處理。下列設備更新的決策問題，就可以利用網路表達，並以最短路徑方法求解。

範例二：設備更新問題

買一部新車價格爲$1,200,000。車輛維修費依車齡而異，如下表所示。若以舊車賣出，舊車可抵之金額依車齡而異，如下表所示。期望未來 5 年使用車輛之總成本最小，應如何進行車輛更新？

表 6-6　車輛維修成本與售價

車齡	年維修成本	舊車賣價
0	$200,000	————
1	$400,000	$700,000
2	$500,000	$600,000
3	$900,000	$200,000
4	$1,200,000	$100,000

現在爲節點 0，5 年車輛更新的可能方式，如圖 6-24 網路之路徑所示。例如，路徑 0→1→2→3→4→5 表示每年都換新車；路徑 0→2→5 表示現在買新車連用 2 年後換車再連用 3 年；路徑 0→5 表示現在買新車連用 5 年。

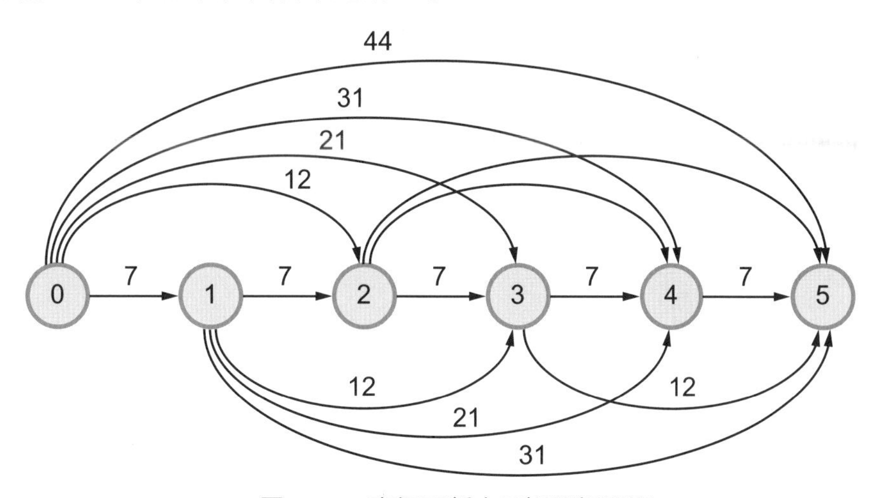

✦ 圖 6-24　車輛更新之最短路徑問題

網路上各路段之成本之說明：C_{ij}＝在 i 時購新車之價格＋新車連用$(j-i)$年之維修成本－車齡$(j-i)$之賣價。例如，C_{02}=1,200,000+(200,000+400,000)−600,000，每隔 2 年更新一次如 C_{35}=1,200,000+(200,000+400,000)−600,000，兩者成本相同。又如，C_{14}=1,200,000+(200,000+400,000+500,000)−200,000。若以 10 萬元爲單位，各路段之成本如圖 6-24 所示。線性規劃模式如下：

	7	12	21	31	44	7	12...	
	X01	X02	X03	X04	X05	X12	X13...	
0	1	1	1	1	1			1
1	−1					1	1	0
2		−1				−1		0
3			−1				−1	0
4				−1				0
5					−1			−1

以上一節 Dijstra 演算法求解，或利用 LINDO 軟體求解，此網路由起點 0 至終點 5 之最短路徑爲 0→2→4→5，成本爲 31（萬元）。

6-8 最小伸展樹問題與應用

本節討論最小伸展樹（Minimum Spaning Tree），它是一個基本的或簡單的網路問題，它也是許多網路問題求解過程中的核心課題。樹（Tree）是一個不含迴路之連結性網路。伸展樹（Spaning Tree）是在一個 N 個節點連結性網路中，由 N－1 節線構成，可以伸展連接所有 N 個節點的樹。最小伸展樹是伸展樹中總節線成本最小者。下列圖 6-25 之圖形中，由左至右，分別表達：5 個節點的連結性網路、樹，以及伸展樹。

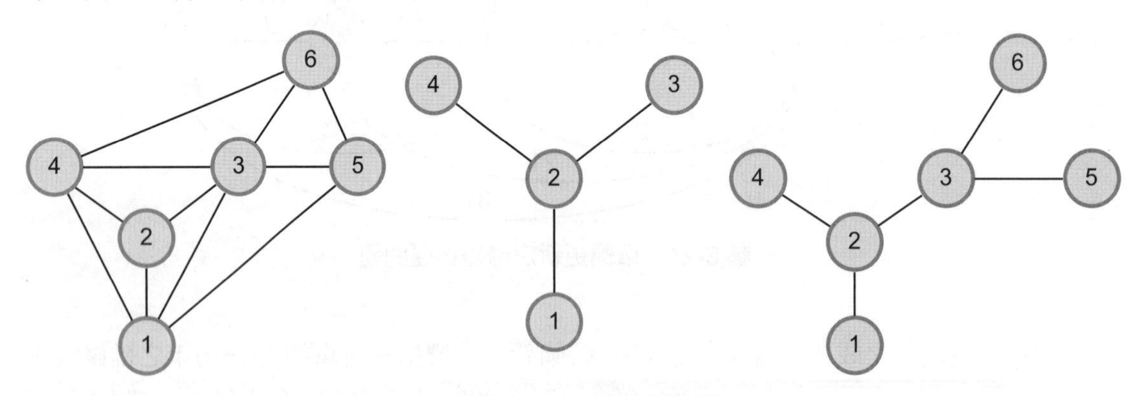

✦ 圖 6-25　三個網路範例

範例一：最小伸展樹問題

某大學校區內之 5 部主要電腦，以光纖網路連結，電腦間的距離如圖 6-26 所示，若二電腦間沒有節線表示不適合連接，如地理因素等。請估計最少需要多長之光纖，並說明連接之網路型態。圖 6-26 之網路圖形 G(N,A)由節點與節線所組成，節點集合爲 N{1,2,3,4,5}，節線集合爲 A＝{(1,2), (1,3), (1,4), (1,5), (2,3), (2,5), (3,4), (3,5), (4,5),}，每條節線上之數字表示電腦間距離（公里）或連接之成本 c_{ij}。欲尋找一個最小伸展樹的網路圖形 $G' = (N', A')$，因爲必須連接所有節點 $N' = N$，A'則需要深入探討以求得解答。

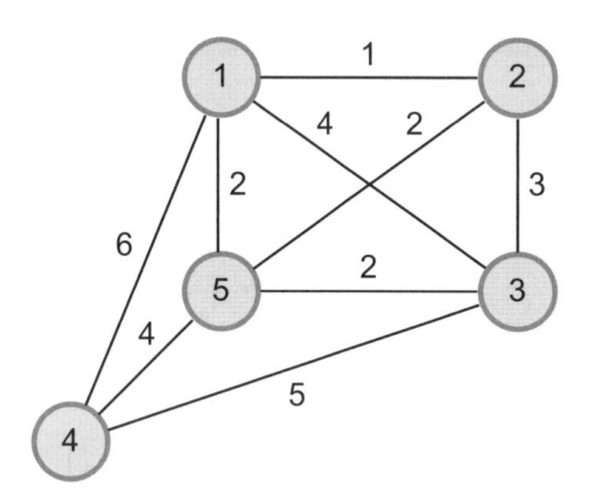

✦ 圖 6-26　最小伸展樹問題範例

最小伸展樹之數學模式如下所示，目標函數追求總距離最小；第一項限制式要求只選 4 條節線(N=5, N-1=14)；第二項限制式要求任一 S 集合中的節點與其外部節點要連接，其中 S 爲節點子集合。變數 x_{ij} 爲(0,1)二元整數，表示節線 (i, j) 是否屬於最小伸展樹；最後，所得之最小伸展樹爲 $A' = \{(i, j) \mid x_{ij} = 1\}$。因 S 之情形隨問題增大而快速成長，此線性規劃模式在實務上不會建立或求解。

$$
\begin{aligned}
\text{Min} \quad & \sum_{(i,j)\in A} c_{ij} x_{ij} \\
\text{s.t.} \quad & \sum_{(i,j)\in A} x_{ij} = N - 1 \\
& \sum_{i\in S} \sum_{i\notin S} (x_{ij} + x_{ji}) \ge 1, \quad \forall S \\
& x_{ij} = (0,1) \quad \forall (i, j)
\end{aligned}
$$

貪心演算法（The Greedy Algorithm）是 Kruskal 於 1956 年所創，其演算過程只找最小成本方案，因此得名。演算法之過程如下：

步驟 1： 設欲連接之節點集合 $C=\varnothing$ ，其他節點集合 $C'=N$ 。將所有不是迴路之節線依成本大小，由小至大排序成表 L。

步驟 2： 由 L 中選出成本最小節線。$L=(m,n)$ 將此節線自 L 中剔除，將節點 m 與 n 加入 $C=\{m,n\}$ ，並自 C' 中剔除。

步驟 3： 由 L 中依序搜尋，自 C' 集合中某節點 m 至 C 集合中某節點 n 之成本最小，選取節線 (m,n)。將此節線自 L 中剔除，將節點 m 加入 C，並自 C' 中剔除。

步驟 4： 檢查 C 是否包含所有節點，或 C' 是否爲空集合。若是，演算法結束；反之，回到步驟 3。

依貪心法求解範例：

1. 首先 $L=\{(1,2),(1,5),(2,5),(3,5),(2,3),(1,3),(4,5),(3,4),(1,4)\}$ ，$C=\varnothing$ 。
2. 接著，將節線(1,2)選出，$C=\{1,2\}$ 與 $C'=\{3,4,5\}$ 。
3. 再來，選取(1,5)，修改 $C=\{1,2,5\}$ 與 $C'=\{3,4\}$ 。
4. 再來，跳過會造成迴路之(2,5)，選取(3,5)，並修改 $C=\{1,2,3,5\}$ 與 $C'=\{4\}$ 。
5. 再來，跳過(2,5)、(2,3)、(1,3)之後，選取(4,5)，得到 $C=\{1,2,3,4,5\}$ 與 $C=\varnothing$ 。

因此，最小伸展樹 $G'=(N',A')$，$N'=N=\{1,2,3,4,5\}$，$A'=\{(1,2),(1,5),(3,5),(4,5)\}$，總距離＝1＋2＋2＋4＝9。

範例二：最小伸展樹與群落分析

除了各種實體網路連結的課題外，最小伸展樹也應用於其他課題上；圖 6-27 顯示最小伸展樹應用於群落分析（Cluster Analysis），將特性空間上的個體分爲若干群，希望各群內個體間的差異愈小愈好，各群體間個體間的差異愈大愈好。

圖 6-27(a)顯示個體在二度空間上之分布，例如，顧客對價格與品質之偏好分布。圖 6-27(b)應用最小伸展樹，追求總空間距離最短，將所有個體連接。圖 6-27(c)將最小伸展樹中最長的 3 條節線刪除，可以得到 4 個群體，完成 4 個群體之群落分析。當然，這樣的分析過程也可以擴充，處理超過 2 維以上的空間問題。

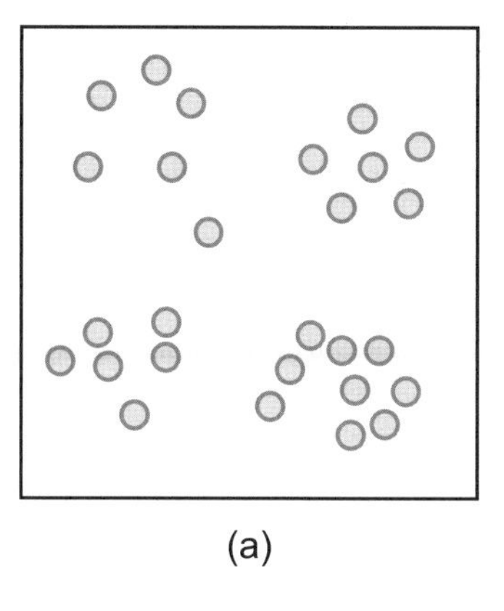
(a)

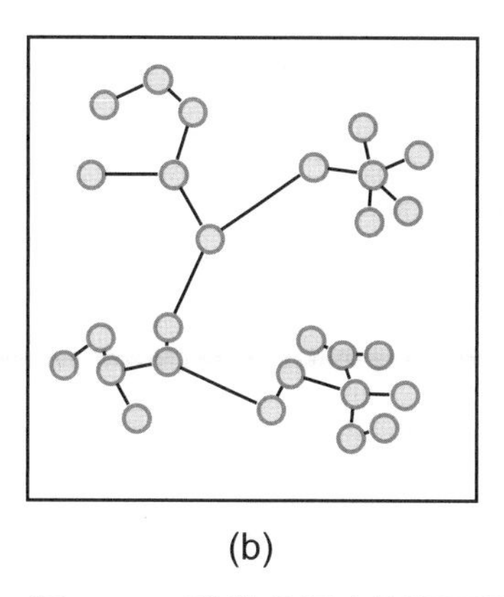
(b)

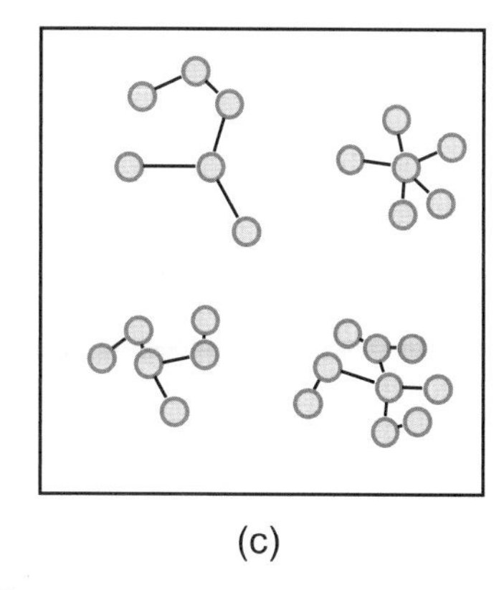
(c)

✦ 圖 6-27　群落分析之網路問題

6-9
推銷員旅行與車輛途程問題

推銷員旅行問題（Traveling Salesman Problem, TSP）是非常有名與重要的網路問題。探討：一位推銷員自某城市出發，到各城市拜訪客戶，再回到原始城市的最短旅行路線問題。這是最基本的節點途程問題（Node Routing Problem）。

範例一：對稱性推銷員旅行問題

以圖 6-28 之網路爲範例，說明對稱性（Symmetric）推銷員旅行問題的數學模式。變數 x_{ij} 爲二元整數，$x_{ij}=1$ 表示選取該節線，$x_{ij}=0$ 表示該節線不在 TSP 途程上。目標式爲總旅行成本之極小化。每一個節點有一個限制式，因進入與離開節點各 1 次，節點限制式右方係數爲 2。

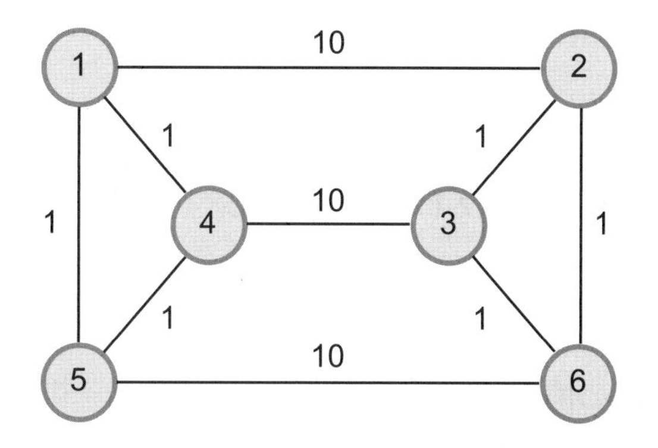

✦ 圖 6-28　推銷員旅行問題範例網路

$$
\begin{aligned}
\text{Min}\quad & 10x_{12}+x_{14}+x_{15}+x_{23}+x_{26}+x_{36}+10x_{34}+x_{45}+10x_{56} \\
\text{s.t.}\quad & x_{12}+x_{14}+x_{15}=2 \\
& x_{12}+x_{23}+x_{26}=2 \\
& x_{23}+x_{34}+x_{36}=2 \\
& x_{14}+x_{34}+x_{45}=2 \\
& x_{15}+x_{45}+x_{56}=2 \\
& x_{26}+x_{36}+x_{56}=2 \\
& x_{ij}=(0,1),\quad \forall(i,j)
\end{aligned}
$$

推銷員之途程圖形 $G'=(N',A'),\ \ N'=N,\ \ A'=\left\{(i,j)\ \mid x_{ij}=1\right\}$。很顯然上列模式的結果是下列網路，會產生圖 6-29 不合理之子迴路。

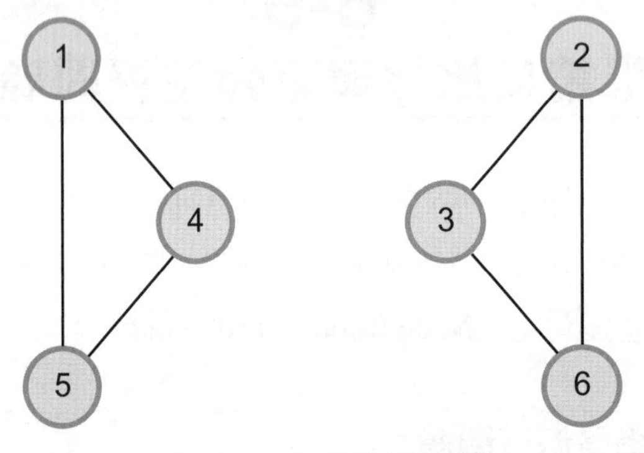

✦ 圖 6-29　子迴路課題

欲排除上列子迴路必須加入限制式 $x_{12}+x_{43}+x_{56}+x_{21}+x_{34}+x_{65}\geq 2$；使得節點集合 S＝{1,4,5}與 N－S＝{2,3,6}之間至少有進出一回。因此，對稱性推銷員旅行問題之數學模式可以寫爲

$$
\begin{aligned}
\text{Min}\quad & \sum_{(i,j)\in A} c_{ij}x_{ij} \\
\text{s.t.}\quad & \sum_{(i,j)\in A} x_{ij}+\sum_{(i,j)\in A} x_{ji}=2,\quad \forall i \\
& \sum_{i\in S}\sum_{i\notin S}(x_{ij}+x_{ji})\geq 2,\qquad \forall S \\
& x_{ij}=(0,1)\qquad\qquad \forall(i,j)
\end{aligned}
$$

由於可能造成子迴路之情況，隨著問題增大，快速成長，排除子迴路之限制式很多。因此，實務上不會建立與求解上述線性規劃模式，而採用啓發式演算法（Heuristic Algorithm）。推銷員旅行問題之啓發式演算法分爲二類或二階段：

第一類：爲建立途程的方法（Tour Construction Methods），目的是找到一個不錯的可行途程。

第二類：爲途程改良方法，（Tour Improvement Methods），由一個可行的途程，改善爲一個更優的途程。

舉「近鄰連接」的概念爲例；近鄰連接法（Nearest Neighbor Method）由起點出發後，與最接近的鄰點先連接；到達該點後，再找與已經連接的節點群，距離最近的鄰點連接；以此類推，直到所有節點都已加入連接群，再回到起點。

對稱性 TSP 問題中，節線 (i, j) 只有一個成本，亦即由 i 到 j 與由 j 至 i 之成本相同；不對稱（Asymmetric）TSP 問題，節線 (i, j) 之成本可以與節線 (j,i) 不相同。因此，不對稱性 TSP 問題的數學模式中，分別考慮進入節點與離開節點之限制式。不對稱性 TSP 問題之數學模式如下所示，其中，第 3 個限制式旨在排除可能的子迴路。

$$\begin{aligned}
\text{Min} \quad & \Sigma \ c_{ij}x_{ij} \\
\text{s.t.} \quad & \Sigma_j x_{ij} = 1 \quad \forall i \\
& \Sigma_i x_{ij} = 1 \quad \forall j \\
& \sum_{i\in S}\sum_{j\notin S} x_{ij} \geq 1 \quad \forall S \\
& x_{ij} = (0,1) \quad \forall (i, j)
\end{aligned}$$

範例二：不對稱推銷員旅行問題

以下列不對稱 TSP 問題爲範例：某工廠生產白色、黃色、紅色、與黑色內褲。因爲只有一套生產生產設備，生產不同顏色產品前必須清潔與換顏料。生產線調整時間如下表所示，其 TSP 網路如圖 6-30 所示。下週工廠必須生產四色產品，請決定生產順序以降低生產調整延誤的時間。

表 6-7　生產線之調整時間

先行作業	後續作業			
	白	黃	黑	紅
白	—	10	17	15
黃	20	—	19	18
黑	50	44	—	25
紅	45	40	20	—

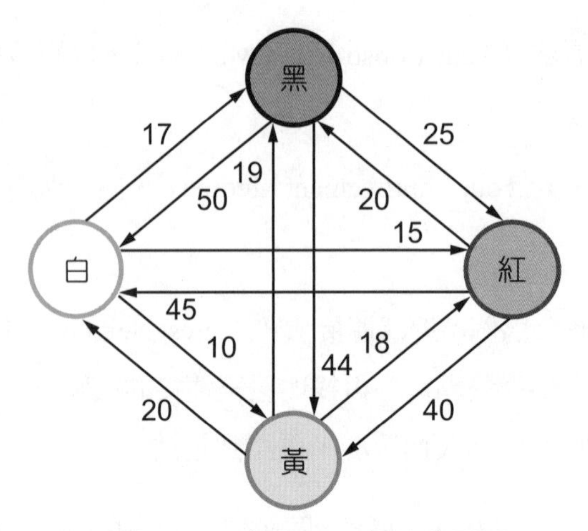

✦ 圖 6-30　應用 TSP 於生產問題

若以白色（W）產品開始，利用「鄰近連接法」，在黃（Y）、紅（R）、黑（B）之間以黃色產品之 10 分鐘最少，因此 W→Y。到達 Y 之後，在紅與黑之間以紅色產品之 18 分鐘最少，因此 W→Y→R。到達 R 之後，只有黑色產品接續，因此 W→Y→R→B→W。總共生產調整延誤時間＝10＋18＋20＋50＝98。

此題若用窮舉法處理，以白色產品開始，尚有黃、紅、黑三色接續，共有 3!＝6 種順序；假設產品形式為 11 種，則 10!＝3,628,800 種順序。所以，實務上窮舉法無法處理大問題；不過，啓發式方法無法保證最佳解。

當有了一套途程之後，可以利用途程改良方法改善途程之品質。以 Lin 於 1965 年發展之 2-opt 方法最著名。2-opt 方法在已有途程中任選 2 條節線，檢查是否可以因改變這 2 條節線而改善途程品質。

如下列圖 6-31 之範例所示，原來的(1,2)與(3,4)是否可以被(1,3)與(2,4)取代得到好結果？如果合適就進行取代。如此持續進行檢查與取代，一直到方法收斂為止。當然，此概念也可以任選 3 條節線或 R 條節線，進行各種可能取代方案之比較。不過 R 值增加，比較之複雜程度增加，增加精確度之價值受影響；一般言之，R＝3 是常用的選擇。

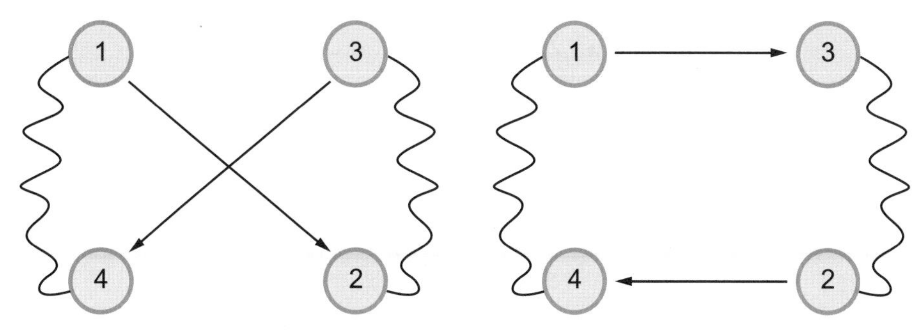

✦ 圖 6-31 改善途程 2-opt 方法示意圖

車輛途程問題（Vehicle Routing Problem,VRP）是 TSP 的延伸。物流管理實務上有許多應用課題，例如：有車輛容量限制之 VRP，有途程距離限制之 VRP，有時窗限制之（Time Windows）之 VRP，有回程取貨（Backhauls）之 VRP，有同時送貨取貨（Pickup And Delivery）之 VRP 等。VRP 與 TSP 一樣爲複雜困難（NP-hard）問題，數學模式雖可說明決策的內容與問題的特性，實務的大型問題難以直接求解。

範例三：車輛途程問題

以有車輛容量與路線時間限制之 VRP 爲例，說明一種數學模式之型態與內容；其中：x^k_{ij} 表示第 k 部車行徑路段(i, j)之次數，y^k_i 表示第 k 部車是否服務顧客 i，C_k 爲第 k 部車輛之容量限制，T_k 爲第 k 部車路線時間限制，d_i 爲顧客 i 之貨運量。模型中，

目標式(1)爲車輛途程之總成本。

限制式(2)爲每位顧客 i 均被服務。

限制式(3)爲界定車隊總數。

限制式(4)爲車流守衛。

限制式(5)爲車輛容量。

限制式(6)爲車輛路線時間。

限制式(7)旨於排除子迴路。

限制式(8)與(9)爲變數類型界定，因爲限制式(7)使得模式非常複雜與難解。

$$\text{Min}\quad \Sigma_i \Sigma_j c_{ij} \Sigma_k x^k{}_{ij} \text{.................................}(1)$$

$$\text{s.t.}\quad \Sigma_k y^k{}_i = 1 \quad \forall i \text{..............................}(2)$$

$$\Sigma_k y^k{}_0 = K \text{.....................................}(3)$$

$$\Sigma_j x^k{}_{ij} = \Sigma_j x^k{}_{ji} = y^k{}_i \quad \forall i(i,k) \text{.....}(4)$$

$$\Sigma_i d_i y^k{}_i \le C^k \quad \forall k \text{.........................}(5)$$

$$\Sigma_i t^k{}_i y^k{}_i + \Sigma_i \Sigma_j t^k{}_{ij} x^k{}_{ij} \le T^k \quad \forall k \text{...}(6)$$

$$\sum_{i \in S} \sum_{j \in S} x^k{}_{ij} \le |S| - 1 \quad \forall S \text{................}(7)$$

$$x^k{}_{ij} = (0,1) \quad \forall (i,j,k) \text{.................}(8)$$

$$y^k{}_i = (0,1) \quad \forall (i,k) \text{......................}(9)$$

實務上 VRP 問題多賴啓發式求解方法，類似 TSP 問題，方法分爲建立途程與改善途程二類。如圖 6-32 左側所示，某場站服務不同區位之 20 位顧客，各顧客之貨運量也不同，考慮卡車行駛成本、容量限制等因素，以啓發式方法求解卡車途程。

範例的啓發式方法求解過程與結果，如圖 6-32 右側所示：第一，由場站出發第 1 部卡車，到最遠的顧客 9 位於(15,20)，接著，在顧客 9 與場站連接之重力線上，找尋鄰近顧客、貨運量不超過容量的顧客；顧客 8 入選，可能因無足夠容量，路線 1 完成。第二，由場站出發第 2 部卡車，到最遠的顧客的顧客 10，以此類推。最後，完整之路線圖如圖 6-32 右側所示，共 7 部車或 7 條路線。

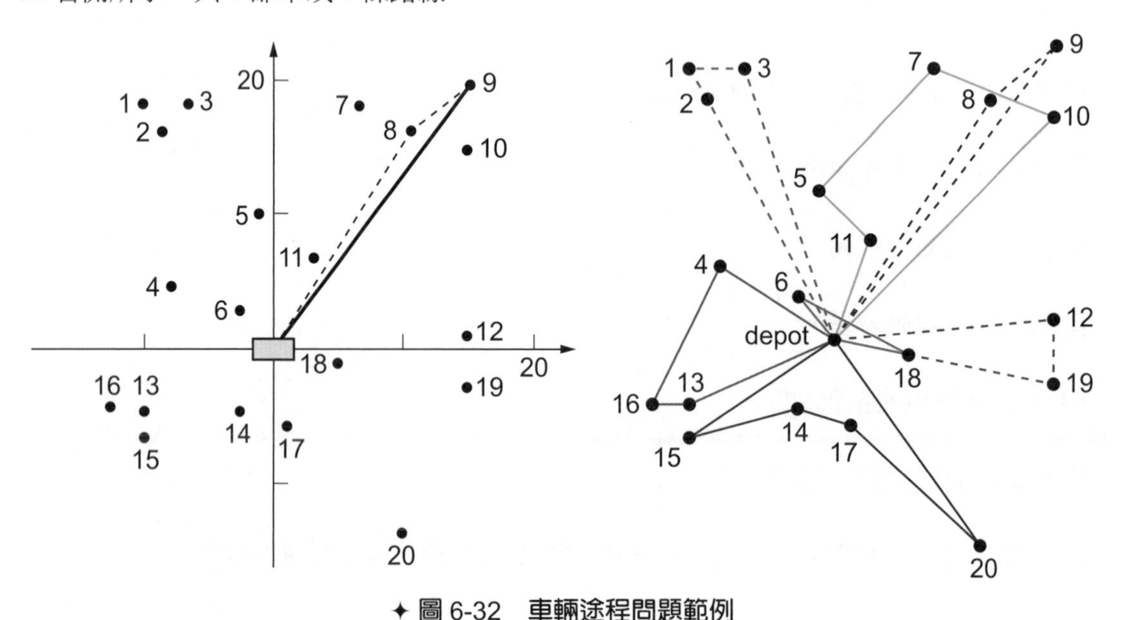

✦ 圖 6-32　車輛途程問題範例

本章習題

一、選擇題

某建屋專案之工作項目，各工作項目之先行工作項目，以及各工作項目之平均工時，如下表所示，請找出此專案之關鍵性工作項目（該工作延遲會造成整個專案延遲）。

編號	工作項目	先行工作	工時	最早開工時
1	架構	—	2	t_1
2	側牆	1	3	t_2
3	屋頂	1	1	t_2
4	窗戶	2	2.5	t_3
5	水管	2	1.5	t_3
6	電線	3,4	2	t_4
7	內部粉刷	5,6	4	t_5
8	外部粉刷	3,4	3	t_4
9	完工	7,8	0	t_6

專案網路如下圖所示，每一路段代表一項工作，每一節點代表一種狀態。

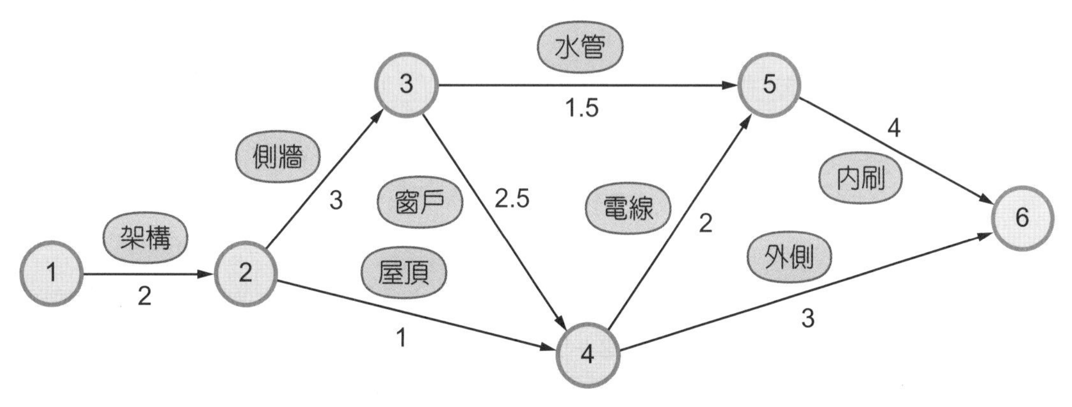

(　　) 1. 希望專案盡快完成，最小化決策之目標函數為　(A) t_1　(B) $t_6 - t_5$　(C) $t_6 - t_4$　(D) $t_6 - t_1$。

(　　) 2. 側牆作業之限制式為　(A) $t_3 \geq t_2 + 3$　(B) $t_4 \geq t_2 + 3$　(C) $t_3 \geq t_1 + 3$　(D) $t_5 \geq t_3 + 3$。

(　　)3. 電線作業之限制式為　(A) $t_3 \geq t_2 + 2$　(B) $t_4 \geq t_2 + 2$　(C) $t_5 \geq t_4 + 2$　(D) $t_5 \geq t_3 + 2$。

(　　)4. 最佳解 $(t_1 = 0, t_2 = 2, t_3 = 5, t_4 = 7.5, t_5 = 9.5, t_6 = 13.5)$，專案最短工期為　(A)5　(B)9.5　(C)21　(D)13.5。

(　　)5. 最佳解 $(t_1 = 0, t_2 = 2, t_3 = 5, t_4 = 7.5, t_5 = 9.5, t_6 = 13.5)$，專案之要徑為　(A)1－2－3－4－5－6　(B)1－2－4－6　(C)1－2－3－5－6　(D)1－2－4－5－6。

某甲居住於節點 1，必須去節點 6 工作；節線旁的數字為開車於路段的旅行距離(公里)。請建立網路模式以探討上班旅次之最短路徑。

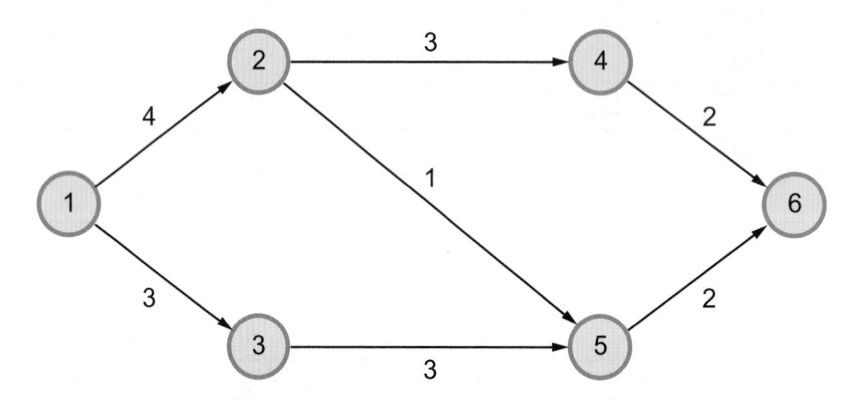

(　　)6. 決策變數為　(A)路段流量　(B)節點流量　(C)路段成本　(D)節點成本。

(　　)7. 節點 1 之限制式為　(A) $x_{12} + x_{13} = 1$　(B) $x_{12} + x_{13} = 0$　(C) $x_{12} + x_{13} = 2$　(D) $x_{14} + x_{15} = 0$。

(　　)8. 節點 2 之限制式為　(A) $-x_{12} + x_{23} = 0$　(B) $-x_{12} + x_{23} + x_{25} = 0$　(C) $-x_{12} + x_{24} + x_{25} = 0$　(D) $-x_{12} + x_{23} + x_{25} = 1$。

(　　)9. 節點 6 之限制式為　(A) $x_{46} + x_{56} = 0$　(B) $-x_{46} - x_{56} = 1$　(C) $-x_{46} - x_{56} = -1$　(D) $x_{16} + x_{26} = 1$。

(　　)10. $(x_{12} = 1, x_{13} = 0, x_{24} = 0, x_{25} = 1, x_{35} = 0, x_{46} = 0, x_{56} = 1)$ 是模式的最佳解，最短路徑為　(A)1－2－4－6　(B)1－2－5－6　(C)1－3－5－6　(D)1－3－4－6。

下列網路的各節點為建築物，節線為建築物間的可行電訊通道，節線邊的數字代表建設該通道之成本（萬元），請以最小伸展樹的演算法找出最低成本方案。

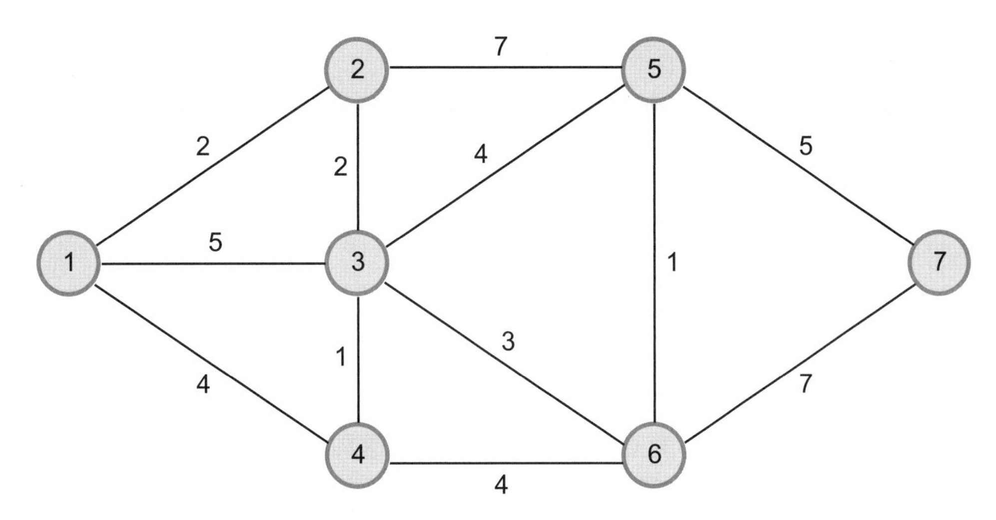

(　　) 11. 第一個可以納入最小伸展樹的節線是　(A)(1,2)　(B)(1,4)　(C)(2,3)　(D)(5,6)。

(　　) 12. 接著第二個納入最小伸展樹的節線是　(A)(1,2)　(B)(3,6)　(C)(6,7)　(D)(2,3)。

(　　) 13. 第三個納入最小伸展樹的節線是　(A)(1,2)　(B)(3,4)　(C)(5,6)　(D)(6,7)。

(　　) 14. 第四個納入最小伸展樹的節線是　(A)(1,2)　(B)(2,3)　(C)(3,4)　(D)(5,6)。

(　　) 15. 最小伸展樹的總成本為　(A)12　(B)13　(C)14　(D)15。

二、綜合題

1. 求解下列網路由節點 1 至節點 6 的最短路徑，節線旁的數字是路段長度。

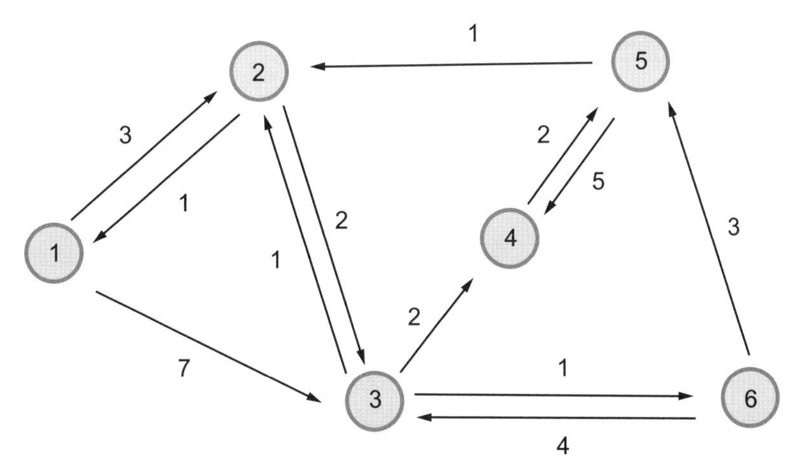

2. 求解下列網路由節點 1 至節點 7 的最大流量，節線旁的數字是路段容量。

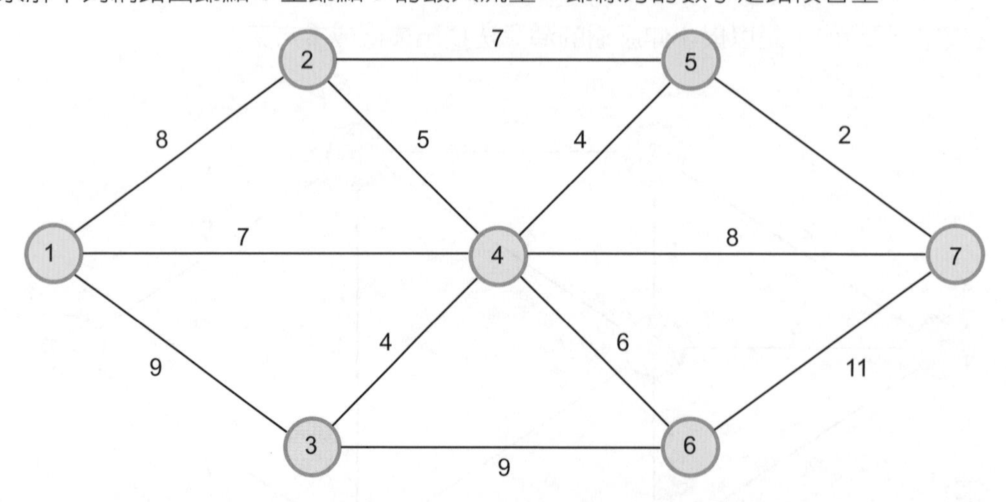

3. 某專案的工作項目與工作時間的資料如下表所示，專案網路如下圖所示，試求專案網路之要徑。

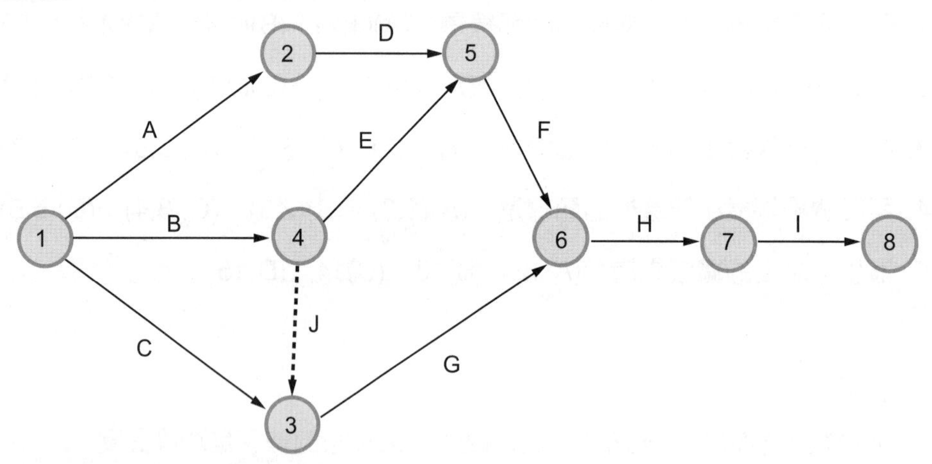

工作項目	先行工作	工作時間
A	-	5
B	-	3
C	-	10
D	A	7
E	B	10
F	D, E	5
G	B, C	9
H	F, G	4
I	H	2

非線性規劃

本章大綱

MANAGEMENT SCIENCE

7-1
無限制之單一變數問題－解析方法

首先重複第一章 1-6 節的最大利潤問題，無限制之單一變數最佳化問題；求利潤最大時的產量，Max $24Q-6Q^2$；請回顧範例之內容，與作圖求解之過程。這個問題也可以寫成定價問題，求利潤最大時的價格；Max $P\times Q-AC\times Q$，其中平均成本以 $AC=4+Q$ 代入，利潤函數中的產量變數以需求函數或平均收入函數 $Q=(28-P)/5$ 代入。接著，定義最佳解之類型與意義。

如圖 7-1 所示，A 點與 D 點是局部最大值（Local Maximum）或山峰峰頂，因其函數值比鄰近點的函數值大或相等。

B 點與 E 點是局部最小值（Local Minimum）或山谷谷底，因其函數值比鄰近點的函數值小或相等。例如，繪製與觀察函數 $\mathrm{f}(x)=x^3-3x^2-144x+432$ 的圖形，在 $x=-6$ 有局部極大值，在 $x=8$ 有局部極小值，在 $x=1$ 有反曲點（Inflection Point）。

C 點是反曲點，凹函數（山峰狀）與凸函數（山谷狀）之交界；反曲點也可能像鞍點（Saddle Point），如函數 $\mathrm{f}(x)=x^3$，於 $x=0$ 時向左看像是山峰向右看像是山谷。

D 點是整體最大值（Global Maximum）或最高峰頂，因其是所有局部最大值中最大者或相等。B 點是整體最小值（Global Minimum）或最低山谷，因其是所有局部最小值中最小者或相等。

斜率或一階導數的函數值是 0 的點稱爲關鍵點（Critical Point）或靜止點（Stationary Point），關鍵點可能是最大值、最小值、或反曲點；最大值附近的斜率隨著 x 數值增加由正到零轉負，亦即二階導數爲負。

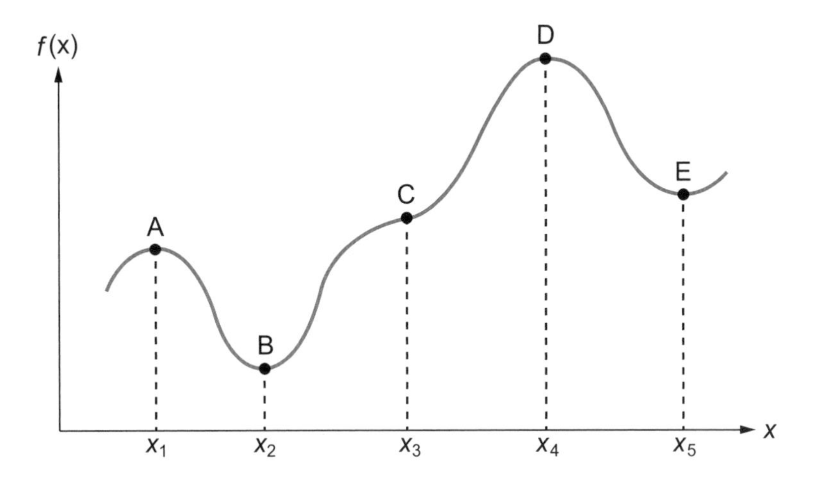

✦ 圖 7-1　單變數非線性函數的極值

表 7-1　極值的特性

	A	B	C	D	E
局部最大值	○			○	
局部最小值		○			○
反曲點			○		
整體最大值				○	
整體最小值		○			

爲了說明最佳解之必要條件與充分條件，回顧泰勒氏公式如下：

函數 $f(x)$ 之一階導數（$f'(x)$）與二階導數（$f''(x)$）存在，若 x^* 與 x 是任意兩相異點，則存在兩點間的某一點 h，使得：

$$f(x)=f(x^*)+f'(x^*)(x-x^*)+\frac{f''(h)}{2!}(x-x^*)$$

最佳解 x^* 之必要條件（一階導數條件）：$f'(x^*)=0$。如圖 7-1 所示，最小或最大之最佳解都是關鍵點，一階導數爲 0。

最佳解 x^* 之充分條件（二階導數條件）：

1. 若 $f''(x^*)<0$ 則 x^* 爲局部最大值，亦即 x^* 附近之斜率的變化爲負，或山峰形狀形。

2. 若 $f''(x^*)>0$ 則 x^* 爲局部最小值，亦即 x^* 附近之斜率的變化爲正，或碗的形狀。

3. 若$f''(x)\leq 0$，整個函數呈一座山的形狀，則x^*爲整體最大值。

4. 若$f''(x)\geq 0$，整個函數呈一個碗盆的形狀，則x^*爲整體最小值。

5. 若$f''(x)<0$則x^*爲嚴格的整體最大值（Strict Global Maximum）。

6. 若$f''(x)>0$則x^*爲嚴格的整體最小值（Strict Global Minimum）。

上述充分條件與必要條件可由泰勒公式得到說明，也可以由 7-1 圖的最佳解的線形上了解。一階導數條件找出關鍵點，關鍵點x^*使得泰勒公式右側的第二項爲零，而x^*點是否是最佳解，必須看泰勒公式右側的第三項，亦即二階導數條件。

上述充分條件或二階導數條件中，沒有使用到之$f''(x^*)=0$，此時對最大或最小無定論。最佳化的解析方法，先利用必要條件或一階導數條件求取關鍵點，再應用充分條件或二階導數條件確認其爲最大值、最小值、或反曲點。

對於前述之利潤最大化問題，Max $24Q-6Q^2$；使用必要條件，亦即一階導數條件，$\frac{d}{dQ}\left(24Q-6Q^2\right)=24-12Q=0$，利潤最大的產量 2 噸。使用充分條件，亦即二階導數條件，$\frac{d^2}{dQ^2}\left(24Q-6Q^2\right)=-12<0$，產量 2 噸是嚴格的整體最大值。此外，請利用 Mathematics 軟體之繪圖功能，觀察利潤函數之極值，以及一階與二階導數之變化。

前述討論之最佳化模式中，沒有任何限制條件；實務上不盡然如此，有時會有變數合理區間的考慮；例如，利潤最大化問題中，最佳產量必須是非負的數值。當有合理區間考慮時，最佳解可能發生在邊界點。例如，求 f(x)最大值但變數非負，$x\geq 0$；如圖 7-2 中左圖所示，A 點是最大值不是邊界點，符合前述之充分與必要條件；如圖 7-2 中右圖所示，C 點是最大值而且是邊界點，不是關鍵點不符合前述之充分與必要條件。因此求 f(x)最大值但變數非負，$x\geq 0$，一階導數條件必須改寫爲$x^*f'(x^*)=0$與$f'(x^*)\leq 0$。

首先，最大值可能是關鍵點$f'(x^*)=0$或邊界點$x^*=0$；$x^*=0$時最大值的另一個一階導數條件是$f'(x^*)\leq 0$，函數值隨著變數增加而下降。對此課題之數學特性探討，請參考本章對於不等式非線性規劃問題 K-K-T 條件之討論，以及非線性互補問題（Nonlinear Complementarity Problem）之相關文獻。

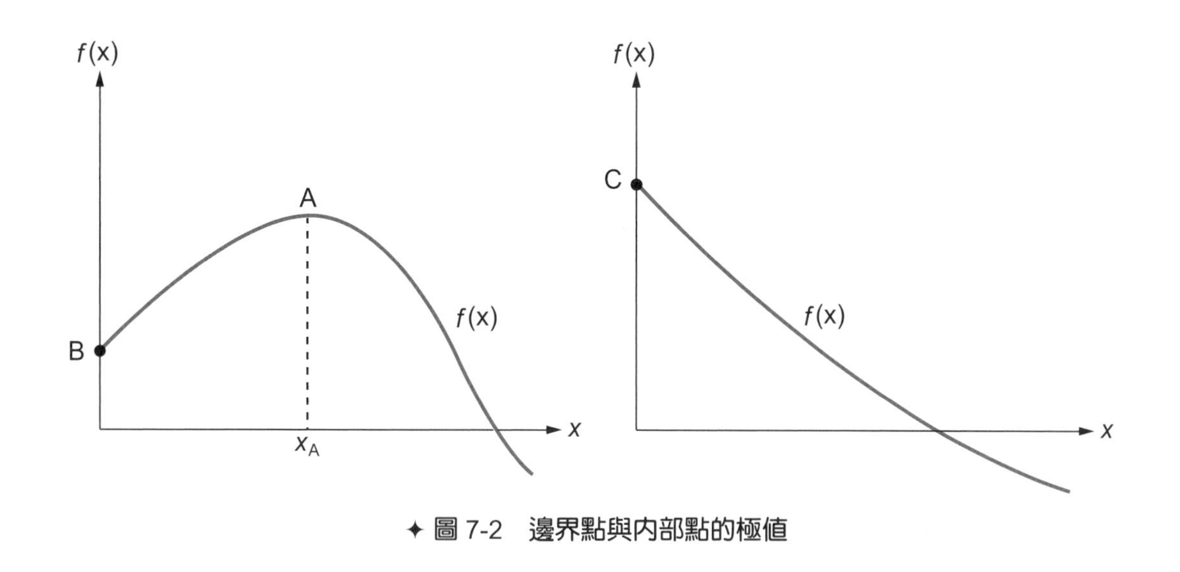

✦ 圖 7-2 邊界點與內部點的極值

7-2 無限制之單一變數問題－數值方法

實務問題不常使用微積分的解析方法，而多在電腦上使用數值分析方法；本節討論求解無限制單一變數最佳化問題的演算法：黃金分割法（Golden Section Method）、二分搜尋法（Bisection Method）、與牛頓法（Newton's Method）等。黃金分割法不需要函數微分或導數的資訊，是否有清楚的函數式子也沒關係，只要對某一變數值可以計算出一個目標函數值，就可以搜尋最佳解。二分搜尋法需要使用一階導數，牛頓法需要使用一階導數與二階導數。

以在區間$[a_0,b_0]$中搜尋最小值問題，Min f(x)，爲例。黃金分割法利用黃金分割係數(τ)的設計，在每一個搜尋步驟中只需要做一次函數運算。演算法之起始搜尋：如圖 7-3 所示，利用黃金分割係數 $0<\tau<1$，建立兩個搜尋點 l_0 與 r_0，左點之算式爲 $l_0=b_0-\tau(b_0-a_0)$，右點之算式爲 $r_0=a_0+\tau(b_0-a_0)$。做兩次函數運算後，假設左點之函數值 $\mathrm{f}(l_0)$ 比右點的函數值 $\mathrm{f}(r_0)$ 小，則存在一個最小值在區間$[a_0,r_0]$內。因此刪除右側，令 $a_1=a_0$ 與 $b_1=r_0$，繼續搜尋區間$[a_1,b_1]$。

接著，如圖 7-3 所示，利用黃金分割係數τ，在區間$[a_1,b_1]$內建立兩個搜尋點l_1與r_1，左點之算式爲 $l_1=b_1-\tau(b_1-a_1)$，右點之算式爲 $r_1=a_1+\tau(b_1-a_1)$。如果黃金分割係數使得右點 r_1 剛好是上一次搜尋之左 l_0，則每一次函數評估時都可以省去一個函數計算。因此，利用上述說明中的關係式，求解得到 $\tau=\dfrac{-1\pm\sqrt{5}}{2}$，取正數解 $\tau=0.618033\ldots$。

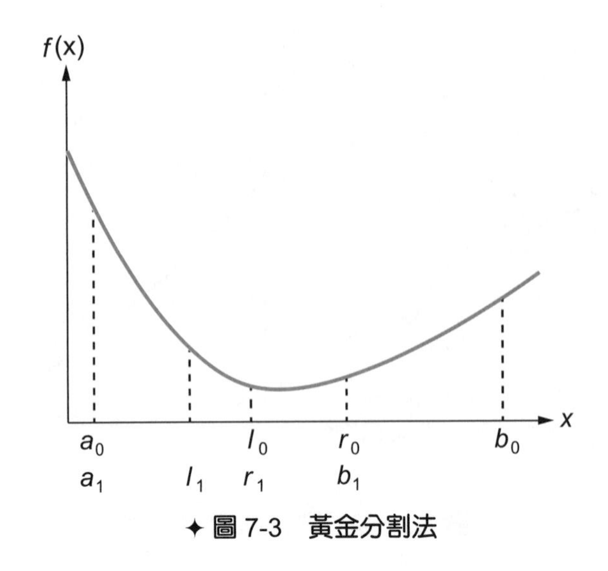

✦ 圖 7-3　黃金分割法

黃金分割法的收斂速度與黃金分割係數有關，每次蒐尋刪除左側或刪除右側之後，由建立左有搜尋點之算式，$l_{k+1}=b_k-\tau(b_k-a_k)$ 或 $r_{k+1}=a_k+\tau(b_k-a_k)$ ，可知，一次搜尋後不確定區間縮小為原來之 0.618；亦即，$(b_k-a_k)=\tau(b_{k-1}-a_{k-1})=\tau^k(b_0-a_0)$ ；可以根據此關係，與求解精確度之要求，在求解前可以決定搜尋之次數。

範例一：黃金分割法

Min $f(x)=(100-x)^2$ ，$x\in[60,150]$。目標函數如圖 7-4 所示。

[0] $l_0=94.376$，$r_0=111.623$ ；$f(l_0)=31.6$ ，$f(r_0)=244\rightarrow$[60, 111.623]

[1] $l_1=81.246$，$r_1=94.376$ ；$f(l_1)=352$ ，$f(r_1)=31.6\rightarrow$[81.246, 111.623]

[2] ……

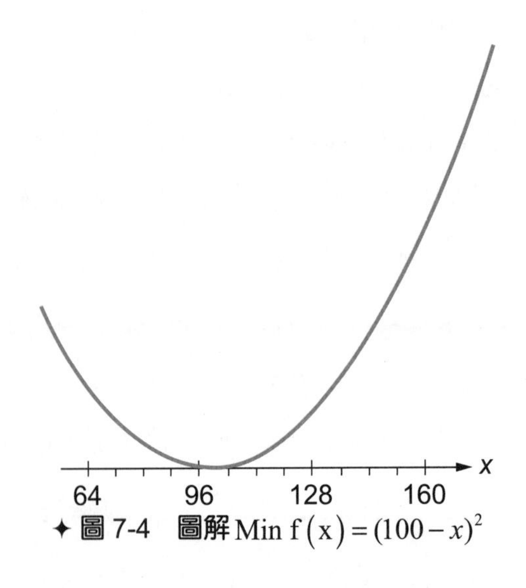

✦ 圖 7-4　圖解 Min $f(x)=(100-x)^2$

二分搜尋法對於最佳化問題 Min f(x)，使用目標函數 f(x)之一階導數 g(x)，$g(x)=f'(x)$，作爲尋優的基礎；搜尋某一點使得一階導數 g(x)的函數值爲 0。在刪除不確定區域時，也利用一階導數之數值，研判最佳解在搜尋點的那一側。在合理區間$[a_0,b_0]$內，如果$g(a_0)g(b_0)<0$，則$[a_0,b_0]$內存在某一點使得$g\left(x^*\right)=0$。此外，顧名思義，二分法一次搜尋將不確定區間縮小一半，比前述之黃金分割法稍快。

茲以探討搜尋合理區間$[a_0,b_0]$的最小化問題爲二分搜尋法之範例。首先在起始步驟時，令 k=0，檢查$g(a_0)g(b_0)<0$是否成立。

接著，在第 k 次函數運算步驟中，函數計算$g(\frac{a_k+b_k}{2})$：

1. 若$g\left(\frac{a_k+b_k}{2}\right)>0$，於$\frac{a_k+b_k}{2}$點時一階導數大於 0，表示目標函數 f(x)在上升中，因尋找最小値故刪除$\frac{a_k+b_k}{2}$點右側，令$[a_{k+1}=a_k,b_{k+1}=\frac{a_k+b_k}{2}]$與 k=k+1。

2. 若$g\left(\frac{a_k+b_k}{2}\right)<0$，於$\frac{a_k+b_k}{2}$點時一階導數小於 0，表示目標函數 f(x)在下降中，因尋找最小値故刪除$\frac{a_k+b_k}{2}$點左側，令$[a_{k+1}=\frac{a_k+b_k}{2},b_{k+1}=b_k]$與 k=k+1。

3. 若$g\left(\frac{a_k+b_k}{2}\right)=0$表示到達關鍵點，則得到最佳解$x^*=\frac{a_k+b_k}{2}$，並停止求解運算。

4. 最後，在收斂檢驗步驟中，若搜尋區間已經很小，或一階導數之函數值已經趨近於 0，則停止求解運算，最佳解爲$x^*=\frac{a_k+b_k}{2}$；否則，再回到第 k 次函數運算步驟。

範例二：二分搜尋法

Min $f(x)=x^5-5x^3-20x+3$ ，$x\in[0,3]$

最佳化問題之目標函數 f(x)如圖 7-5 左側所示，在 x=2 處有函數最小值。

[0] 目標函數之一階導數爲$g\left(x\right)=f'\left(x\right)=5x^4-15x^2-20$，如圖 6-5 右側所示，在區間$[a_0=0,b_0=3]$，$g\left(0\right)g(3)<0$，區間內存在某一點使得一階導數爲 0。

[1] $\frac{0+3}{2}=1.5$，$g(1.5)<0$；於 $x=1.5$ 處一階導數小於 0，目標函數在下降中，搜尋最小值故刪除左側。令$[a_1=1.5, b_1=3]$。

[2] $\frac{1.5+3}{2}=2.15$，$g(2.15)>0$；於 x=2.15 處一階導數大於 0，目標函數在上升中，故刪除右側。令$[a_2=1.5, b_2=2.15]$。

[3] ……

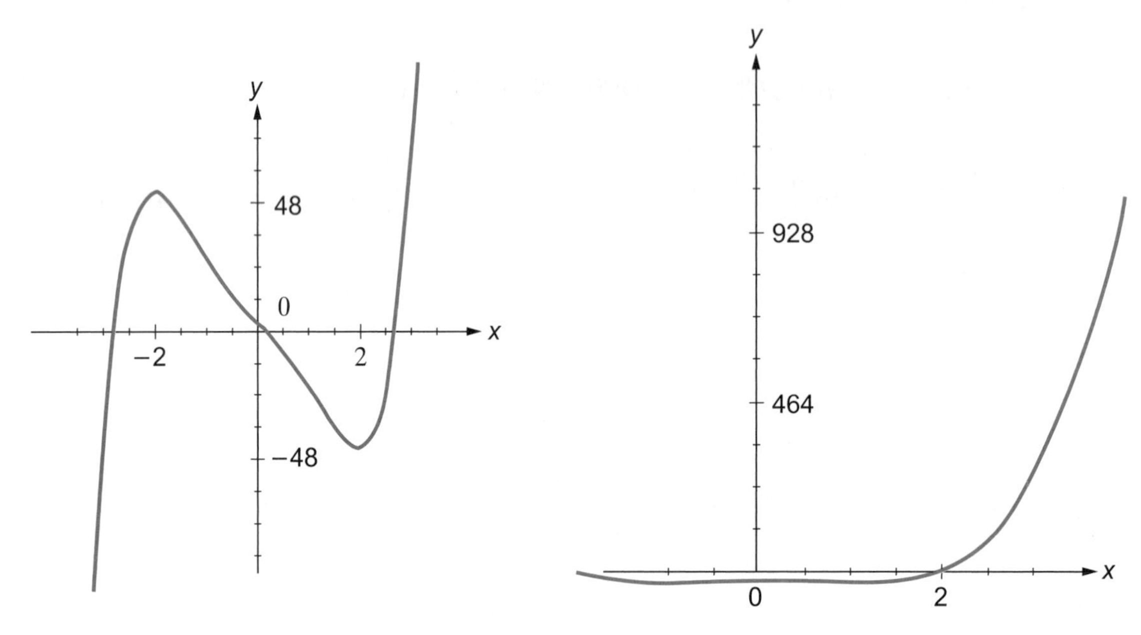

✦ 圖 7-5　圖解 $\text{Min } f(x)=x^5-5x^3-20x+3$

牛頓法使用目標函數 f(x)之一階導數 $f'(x)$ 與二階導數 $f''(x)$，求取一階導數爲 0 之關鍵點。在第 k 次函數運算步驟中，對目標函數之一階導數 $f'(x)$，根據泰勒氏公式考慮下列近似關係式：$f'(x_{k+1})\cong f'(x_k)+f''(x_k)(x_{k+1}-x_k)$；最佳解的一階導數的函數值爲 0，故令上式 $f'(x_{k+1})=0$，簡化後得到近似最佳解 $x_{k+1}=x_k-\frac{f'(x_k)}{f''(x_k)}$。

牛頓法求解有二次方的收斂速度（Quadratic Rate of Convergence），$\left|x_{k+1}-x^*\right|\le c\,|x_k-x^*|^2$；不過，牛頓法在每個函數運算步驟，做兩個函數計算，$f'(x_k)$與 $f''(x_k)$；此外，牛頓法的起始解必須相當好，否則可能不收斂。圖 7-6 縱軸顯示最佳化之一階導數函數，牛頓法依著該函數之切線找到下一個解，左側圖例快速收斂，中間圖例發

散不收斂，右側圖例擺動不收斂。

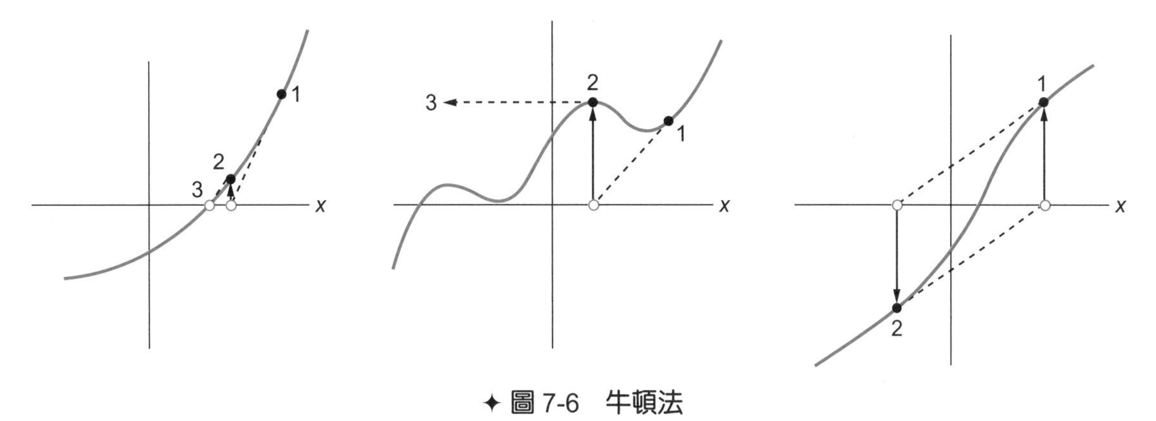

✦ 圖 7-6　牛頓法

範例三：牛頓法

$\text{Max f}(x) = x^4 - 5x^3 - 2x^2 + 24x$ ，$x \in [0,3]$

目標函數之一階導數 $f'(x) = 4x^3 - 15x^2 - 4x + 24$ ，目標函數之二階導數 $f''(x) = 12x^2 - 30x - 4$ 。目標函數（藍線）、一階導數（灰線）、二階導數函數（黑線）之圖形如圖 7-7 所示，最大值在 1 與 2 之間。設 $x_0 = 2$ 。

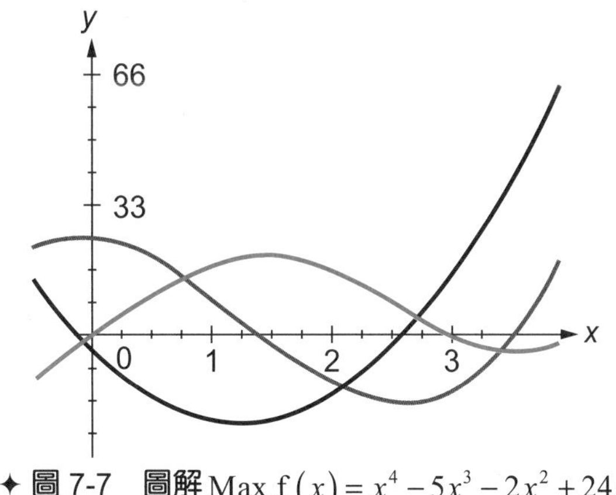

✦ 圖 7-7　圖解 $\text{Max f}(x) = x^4 - 5x^3 - 2x^2 + 24x$

$$x_1 = x_0 - \frac{f'(x_0)}{f''(x_0)} = 2 - \frac{-12}{-16} = 1.25，x_2 = x_1 - \frac{f'(x_1)}{f''(x_1)} = 1.25 - \frac{3.375}{-22.75} = 1.39，……$$

非常快就接近最佳解 1.398932475375。接著，檢查關鍵點之二階導數值為負值；因此，確認關鍵點有目標函數之最大值。

最後，爲了節省牛頓法每次運算中，函數值的估計次數，與省去推導二階導數的困難，應用差分近似法（Finite Difference Approximation），以 $f''(x_k) \approx \dfrac{f'(x_{k-1} - x_k)}{x_{k-1} - x_k}$，取代牛頓法中二階導數的部分；這種方式稱爲準牛頓法或割線法（Secant Method）。

7-3 無限制之多變數問題－解析方法

首先擴充 7-1 節的最大利潤問題爲定價與廣告決策問題，將最大利潤問題中之需求量設爲價格與廣告的函數，以反映廣告可以提升需求量之效果。假設需求函數爲 $Q = (\alpha - P)A^{\beta}$，總成本函數爲 $TC = FC + \gamma Q$；則利潤可以推導爲價格變數與廣告支出變數的函數，$PQ - (FC + \gamma Q) - A = (P - \gamma)Q - A - FC = (P - \gamma)(\alpha - P)A^{\beta} - A - FC$。定價與廣告決策問題可以簡化爲 Max $\pi = (P - \gamma)(\alpha - P)A^{\beta} - A$，決策變數爲價格 P 與廣告 A，模式中的 α、β、γ 爲已知大於零的參數。這就是一個本節將探討之無限制多變數最佳化的一個範例，解析方法與 7-1 節單一變數時類似。

跟隨 7-1 節的概念，先處理一階導數條件，推導斜率向量（Gradient Vector），設一階導數是 0 求取關鍵點，得到下列兩個方程式與兩個變數。

$$\nabla\pi(P,A) = \begin{bmatrix} \dfrac{\partial\pi}{\partial P} \\ \dfrac{\partial\pi}{\partial A} \end{bmatrix} = \begin{bmatrix} (\alpha - P)A^{\beta} - (P - \gamma)A^{\beta} \\ \beta(P - \gamma)(\alpha - P)A^{\beta} - 1 \end{bmatrix} = \begin{bmatrix} 0 \\ 0 \end{bmatrix}$$

利用代入法求解聯立方程式，獲得下列結果。

$$\begin{bmatrix} P^* \\ A^* \end{bmatrix} = \begin{bmatrix} \dfrac{\alpha + \gamma}{2} \\ (\dfrac{\beta}{4}(\alpha - \gamma)^2)^{\frac{1}{1-\beta}} \end{bmatrix}$$

接著，檢查二階導數條件已確認是否得到最大值。兩個變數利潤函數之二階導數爲一個 2×2 矩陣，稱爲赫斯矩陣（Hessian Matrix）。

$$H_{\pi}(P,A)=\begin{bmatrix}\dfrac{\partial^2\pi}{\partial P^2} & \dfrac{\partial^2\pi}{\partial P\partial A}\\ \dfrac{\partial^2\pi}{\partial A\partial P} & \dfrac{\partial^2\pi}{\partial A^2}\end{bmatrix}=\begin{bmatrix}-2A^{\beta} & \beta(\alpha-2P+\gamma)A^{\beta-1}\\ \beta(\alpha-2P+\gamma)A^{\beta-1} & \beta(\beta-1)(P-\gamma)(\alpha-P)A^{\beta-2}\end{bmatrix}$$

將關鍵點代入二階導數，觀察在關鍵點附近的狀況，可以得到下列結果。

$$H_{\pi}(P^*,A^*)=\begin{bmatrix}-2A^{\beta} & 0\\ 0 & \beta(\beta-1)(P-\gamma)(\alpha-P)A^{\beta-2}\end{bmatrix}$$

只要 $\beta<1$，廣告支出對需求量增加之邊際效果遞減，赫斯矩陣恆負，關鍵點有局部最大值；在此只做解析方法程序之展示，對二階導數條件的判定請參考下列的陳述與 7-10 節之說明。

多變數問題最佳解的定義與 7-1 節單變數問題類似。假設 $f(x)$，$x=(x_1,x_2,..x_n)$，是一個多變數實數函數；斜率向量或一階導數的函數值是 0 的點，$\nabla f\left(x^*\right)=0$，稱 x^* 爲關鍵點或靜止點，關鍵點可能是最大值、最小值、或鞍點。

x^* 點函數值比鄰近區域內的函數值大或相等者，$f(x^*)\geq f(x)$，稱 x^* 爲局部最大值；x^* 點函數值比鄰近區域內的函數值小或相等者，$f(x^*)\leq f(x)$，稱 x^* 爲局部最小值。整體最大值 x^* 是所有局部最大值中最大者或相等，對於定義域內的點 $f(x^*)\geq f(x)$；整體最小值 x^* 是所有局部最小值中最小者或相等，對於定義域內的點 $f(x^*)\leq f(x)$。

爲了說明多變數問題最佳解之必要條件與充分條件，回顧多變數之泰勒氏公式如下：設函數 $f(x)$ 之一階導數($\nabla f(x)$)與二階導數($H_f(x)$)存在，若 x^* 與 x 是任意相異兩點，則存在兩點區域內的某一點 h，使得：

$$f\left(x\right)=f\left(x^*\right)+\nabla f\left(x^*\right)\left(x-x^*\right)+\frac{1}{2!}(x-x^*)H_f(h)(x-x^*)$$

其中，等號左方是一個實數，等號右方的每一項也都是一個實數。

最佳解 x^* 之必要條件（一階導數條件）：$\nabla f\left(x^*\right)=0$。最小或最大之最佳解都是關鍵點。

最佳解 x^* 之充分條件（二階導數條件）：

1. 若 $H_f(x^*)$ 的定性爲恆負（Negative Definite, ND），則 x^* 爲局部最大值，亦即 x^* 附近區域爲山狀。
2. 若 $H_f(x^*)$ 的定性爲恆正（Positive Definite, PD），x^* 爲局部最小值，亦即 x^* 附近區域爲碗盆狀。
3. 若 $H_f(x)$ 的定性爲半恆負（Negative Semidefinite, NSD），定義域內之函數呈現山狀，則 x^* 爲整體最大值。
4. 若 $H_f(x)$ 的定性爲半恆正（Positive Semidefinite, PSD），定義域內之函數呈現碗盆狀，則 x^* 爲整體最小值。
5. 若 $H_f(x)$ 的定性爲恆負（Negative Definite, ND），定義域內之函數呈現山狀，則 x^* 爲唯一的整體最大值。
6. 若 $H_f(x)$ 的定性爲恆正（Positive Definite, PD），定義域內之函數呈現山狀，則 x^* 爲唯一的整體最小值。

表 7-2　最佳解之二階導數條件

定性	$H_f(x^*)$		$H_f(x)$	
	x^*	形狀	x^*	形狀
恆負（ND）	局部最大值	山狀	唯一的整體最大值	山狀
恆正（PD）	局部最小值	碗狀	唯一的整體最小值	碗狀
半恆負（NSD）	--	--	整體最大值	山狀
半恆正（PSD）	--	--	整體最小值	碗狀

一階導數條件找出關鍵點，關鍵點 x^* 使得泰勒公式右側的第二項爲零，則 x^* 點是否是最佳解，必須看泰勒公式右側的第三項，$\frac{1}{2!}(x-x^*)H_f(h)(x-x^*)$ 爲正數或負數，亦即二階導數條件。

範例一：無限制多變數最佳化問題之解析法

$$\text{Min } f(x)=x_1^2+3x_2^2$$

[1] $\nabla f(x)=\begin{bmatrix}2x_1\\6x_2\end{bmatrix}=0$ 求關鍵點，得到 $x^*=\begin{bmatrix}0\\0\end{bmatrix}$。

[2] $H_f(x)=\begin{bmatrix}2 & 0\\0 & 6\end{bmatrix}$爲 PD。$x^*=\begin{bmatrix}0\\0\end{bmatrix}$有目標函數整體的最小值。

7-4 無限制之多變數問題－數值方法

實務問題不常使用微積分的解析方法，而多在電腦上使用數值分析方法；本節討論求解無限制多變數最佳化問題的演算法：不需要導數資訊之虎克與吉夫法（Hooke and Jeeves' method），需要一階導數資訊之最深下沉法（The Steepest Descent Method），以及需要一階導數與二階導數資訊之牛頓法（Newton's Method）等。

有一些直接搜尋的方法，例如單一變數法（The Univariate Method），每一次做一個變數方向之搜尋，做完一輪再重複進行，一直到收斂或運算次數完成爲止。在每一次一個變數搜尋時，可以使用 7-2 節所述的或相關的各式方法，不使用導數、使用一階導數、使用二階導數、或使用近似二階導數之方法。本節介紹之虎克與吉夫法，改善單一變數法方向搜尋，適當地加入型態搜尋，可以避免一些不收斂的特殊情況，以及增快收斂速度的效果，下列爲不使用導數資訊下之演算過程。

1. 求起始基礎點之函數值。
2. 由基礎點做方向搜尋，若結果比基礎點佳到步驟[3]，否則到步驟[4]。
3. 新基礎點，做型態搜尋，接著做方向搜尋，若結果比基礎點佳再到步驟[3]，否則到步驟[2]。
4. 是否步幅已經收斂，是則停止，否則縮減步幅並回到步驟[2]。

範例一：虎克與吉夫法

以 Min $f(x)=(x_1+1)^2+x_2^2$ 兩個變數最小化的問題爲例，如圖 7-8 所示，最佳解在(−1,0)，最小值爲 0。假設啓始解爲(2.00,2.80)，方向搜尋的步幅爲[0.6,0.84]，型態搜尋採用加速方式 $x^{(k+1)}=2x^{(k)}-x^{(b)}$ 。

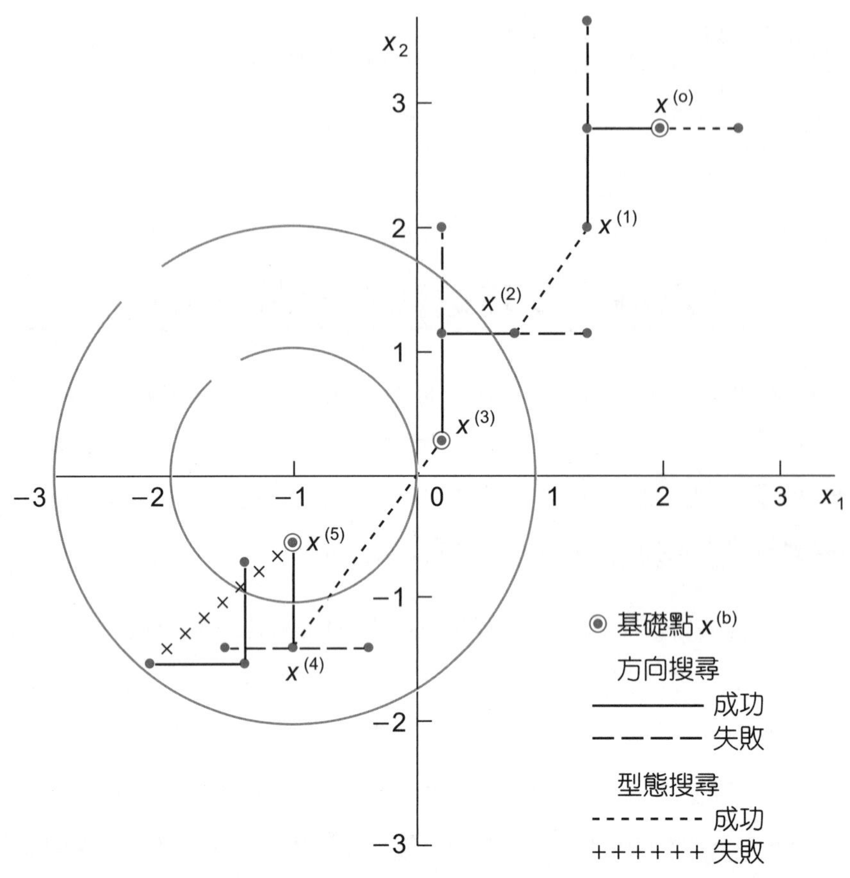

✦ 圖 7-8　**虎克與吉夫法**

1. 首先按步驟[1]求基礎點之函數值，$x^{(0)}=(2.00,2.80)$，f(2.00,2.84) = 16.95。

2. 接著按步驟[2]由基礎點做方向搜尋，經過初步方向搜尋找到 $x^{(1)}=(1.40,1.96)$，$f(1.40,1.96)$=9.62；結果比基礎點 $x^{(0)}$ 之函數值佳，因此到步驟[3]。

3. 按照[3]更新基礎點為 $x^{(1)}=(1.40,1.96)$，在 $x^{(1)}=(1.40,1.96)$ 點做 $x^{(1)}$ 與 $x^{(0)}$ 前後基礎點之間之型態搜尋，得到 $x^{(2)}=(0.80,1.12)$，接著在 $x^{(2)}=(0.80,1.12)$ 點做方向搜尋得到 $x^{(3)}=(0.20,0.28)$，其結果 $f(0.20,0.28)=0.67$ 比基礎點 f(1.40,1.96) = 9.62 佳，再到步驟[3]。

4. 按照[3]更新基礎點為 $x^{(3)}=(0.20,0.28)$，在 $x^{(3)}=(0.20,0.28)$ 點做 $x^{(3)}$ 與 $x^{(1)}$ 前後基礎點之間之型態搜尋，得到 $x^{(4)}=(-1.00,-1.40)$，接著在 $x^{(4)}=(-1.00,-1.40)$ 點做方向搜尋得到 $x^{(5)}=(-1.00,-0.53)$，其結果 f(1.00,0.53) = 0.31 比基礎點 $f(1.40,1.96)=0.67$ 佳，再到步驟[3]。

5. 按照[3]更新基礎點爲 $x^{(5)}$，在 $x^{(3)}$ 點做 $x^{(5)}$ 與 $x^{(3)}$ 前後基礎點之間之型態搜尋，得到 $x^{(6)}=(-2.20,-1.40)$，接著在 $x^{(6)}$ 點做方向搜尋得到 $x^{(7)}=(-1.60,-0.56)$，其結果 f(−1.60,−0.56)＝0.67 比基礎點 $f(1.00,0.53)=0.31$ 差，回到步驟[2]。
6. 到了步驟[2]，以基礎點 $x^{(5)}$ 做方向搜尋；餘此類推。

範例二：最深下沉法

關於最深下沉法與牛頓法，利用下列著名之最小化範例問題進行討論：$\text{Min } f(x)=100(x_2-x_1^2)^2+(1-x_1)^2$；目標函數是香蕉函數，山谷非常平緩，搜尋時不容易找到最佳解，各種演算法常用來測試求解效率；最佳解在(1,1)，f(1,1)＝0；三度空間顯示如圖 7-9 中間所示，如同一支香蕉。

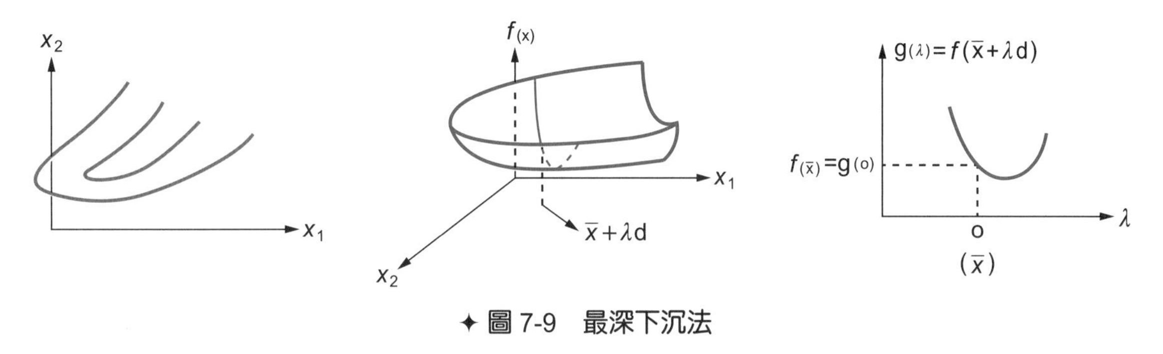

✦ 圖 7-9　最深下沉法

在某一點 $\bar{x}$ 的下山方向或下沉方向 d 是使得函數值降低的方向；亦即，

$$f\left(\bar{x}\right)>f\left(\bar{x}+\lambda d\right),\forall\ \lambda\in(0,\varepsilon)$$

其中 λ 爲由 $\bar{x}$ 朝方向 d 移動之步幅。令 $g\left(\lambda\right)=f(\bar{x}+\lambda d)$，檢查是否爲下沉方向的方式是將零代入此函數之一階導數，亦即如圖 7-9 右側所示，$g'\left(0\right)<0$，方向 d 是下沉方向。

若：$\bar{x}=(0,0)$，$d=(1,1)$；

$$g\left(\lambda\right)=f\left(\bar{x}+\lambda d\right)=100(\lambda-\lambda^2)^2+(1-\lambda)^2，$$

$$g'\left(\lambda\right)=200\left(\lambda-\lambda^2\right)\left(1-2\lambda\right)+2(1-\lambda)(-1)，$$

因 $g'\left(0\right)=-2<0$，$d=(1,1)$ 是下沉方向。此外，下沉方向之條件也可以寫爲：

$\nabla f(\bar{x})d<0$，因為$g(\lambda)=f(\bar{x}+\lambda d)$，先對$\bar{x}+\lambda d$微分，再對$\lambda$微分，$g'(0)=\nabla f(\bar{x})d$。

所以，最深下沉方向可以寫為最小化問題： $\text{Min}\nabla f(\bar{x})d$

其中向量變數 d 的長度設為 1(||d||＝1)；兩個向量相乘：

$$\nabla f(\bar{x})d=\|\nabla f(\bar{x})\|\times\|d\|\times\cos\theta$$

$\|\nabla f(\bar{x})\|$為已知常數與$\|d\|=1$，夾角 180 度$\cos\theta=-1$時產生最佳解；因此，單位長度之最深下沉方向為$d^*=-\dfrac{\nabla f(\bar{x})}{\|\nabla f(\bar{x})\|}$。

簡言之，最深下沉方向是一階導數方向的反方向；不過，這是在立足點對鄰近區域內短視的結果。綜合上述觀點，下列陳述是多變數最小化問題，最深下沉法的演算程序：

[0] 推導目標函數之一階導數，k＝0，設定起始解$x^{(0)}$。

[1] 尋找最深下沉方向，$d=-\nabla f(x^{(k)})$。

[2] 求解$\text{Min}\ g(\lambda)=f(x^{(k)}+\lambda d)$，決定移動之步幅$\lambda^*$。

[3] 更新，$x^{(k+1)}=x^{(k)}+\lambda^* d$；令 k＝k+1。

[4] 檢查是否收斂：是，停止；否，回到步驟[1]。

$\text{Min}\ f(x)=100(x_2-x_1^2)^2+(1-x_1)^2$

假設$x^{(0)}=(-1,1)$

[0] $\nabla f(x)=\begin{bmatrix}\dfrac{\partial f}{\partial x_1}\\ \dfrac{\partial f}{\partial x_2}\end{bmatrix}=\begin{bmatrix}-400(x_2-x_1^2)x_1+2(1-x_1)\\ 200(x_2-x_1^2)\end{bmatrix}$

[1] $d=-\nabla f(-1,1)=\begin{bmatrix}-4\\ 0\end{bmatrix}$

[2] $\text{Min } g(\lambda)=f\left(\begin{bmatrix}-1\\1\end{bmatrix}+\lambda\begin{bmatrix}-4\\0\end{bmatrix}\right)=f(-4\lambda-1,1)$，可使用 7-1 節的一階導數條件或 7-2 節單變數最小化方法求解 λ^*。

[3] ……

範例三：牛頓法

多變數問題的牛頓法，求解程序上與單變數問題相似，求解過程考慮立足點目標函數之二次近似關係；因此，若目標函數是二次函數，牛頓法可以一次求解就找到最佳解。

[0] 從某一啓始解 $x^{(0)}$ 開始，令 $k=0$。推導目標函數之一階導數與二階導數如下。

$$\nabla f(x)=\begin{bmatrix}\dfrac{\partial f}{\partial x_1}\\ \dfrac{\partial f}{\partial x_2}\end{bmatrix}=\begin{bmatrix}-400\left(x_2-x_1^2\right)x_1+2\left(1-x_1\right)\\ 200\left(x_2-x_1^2\right)\end{bmatrix}$$

$$H_f(x)=\begin{bmatrix}\dfrac{\partial^2 f}{\partial x_1^2} & \dfrac{\partial^2 f}{\partial x_1\partial x_2}\\ \dfrac{\partial^2 f}{\partial x_2\partial x_1} & \dfrac{\partial^2 f}{\partial x_2^2}\end{bmatrix}=\begin{bmatrix}2+800x_1^2+400(x_1^2-x_2) & 400x_1\\ -400x_1 & 200\end{bmatrix}$$

[1] 以 $x^{(k)}$ 與下列算式，求取 $x^{(k+1)}$。

$$x^{(k+1)}=x^{(k)}-[H_f(x^{(k)})]^{-1}\nabla f(x^{(k)})$$

[2] 檢驗是否收斂；目標函數或一階導數已收斂，或運算次數 k 超過某大數，停止；未收斂則令 $k=k+1$ 並回到前一運算步驟。

$$\text{Min } f(x)=100(x_2-x_1^2)^2+(1-x_1)^2$$

假設 $x^{(0)}=(1.2,1.2)$。以牛頓法求解，很快就可以收斂到最佳解；依序運算可得：$x^{(1)}=(1.19592,1.4302)$，$x^{(2)}=(1.00065,0.963172)$，$x^{(3)}=(1.00058,1.0015)$，$x^{(4)}=(1,1)$。

多變數問題也可以近似方式取代牛頓法中之二階導數，稱為割線法（Secant Method）、變動矩陣法（Variable Metric Method）、或似牛頓法（Quasi-newton Method）等。這些方法使用不同計算方式的矩陣，近似目標函數之赫斯矩陣或其反矩陣，例如 $H^{(k)} \approx H_f(x^{(k)})^{-1}$，其中 $H^{(k)}$ 矩陣必須容易計算且不必多做函數估計，在第 k 次演算時，將更新之 $H^{(k)}$ 帶入牛頓法之運算式中：$x^{(k+1)} = x^{(k)} - H^{(k)}\nabla f(x^{(k)})$

有許多近似方法，如下列公式是 Davidon-Fletcher-Powell 更新矩陣的方法：

$$H^{(k+1)} = H^{(k)} + \frac{ss^t}{s^t y} - \frac{H^{(k)}yy^t H^{(k)}}{y^t H^{(k)} y}$$

其中，$s = x^{(k)} - x^{(k-1)}$，$y = \nabla f\left(x^{(k)}\right) - \nabla f(x^{(k-1)})$。

由上列算式中顯然可知，只需利用已知的函數值不多做函數估計。這類方法之實務績效與研究成果均佳，請參見相關文獻。

7-5 等式限制之非線性規劃－拉氏定理

拉氏將有等式限制之非線性規劃問題 Min $f(x)$ s.t. $h(x)=0$，轉成沒有限制式的非線性規劃問題，中轉的工具是拉氏函數（Lagrange Function），函數中包含著原有問題之目標函數與限制式，以及一個拉氏乘數，$L(x,\lambda) = f(x) + \lambda h(x)$。當處理拉氏函數的最小化問題，如同 7-3 節所探討之沒有限制式的非線性規劃問題；如果可以得到拉氏函數最小化問題之最佳解，也就得到等式限制非線性規劃問題的最佳解。

首先以一個實際數字的例子來觀察問題特性與說明限制式發生之作用。假設之問題可以想像為消費者最大化效用之選擇問題：

$$\text{Max } f(x) = \frac{1}{(x_1-2)^2 + (x_2-3)^2 + 1} \quad \text{s.t. } x_1 + 5x_2 = 10，$$

目標式如圖 7-10 所示，是以(2,3)為圓心的圓形山，沒有限制下最大值發生在(2,3)，但(2,3)不滿足限制式。亦即，在斜率概念上，山頂(2,3)點，目標函數之一階導數條件 $\nabla f(2,3)=0$。考慮限制式時，在滿足限制式 $x_1 + 5x_2 = 10$ 的可行解中找最大值；滿足限制式可行解之函數值，將圓形山切出一條曲線，考慮限制式時的最大值，就是在這個曲線上找最高點。

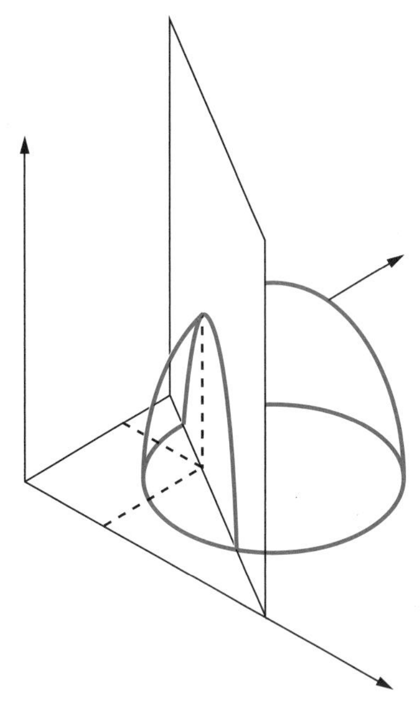

✦ 圖 7-10 限制式與目標函數

接著，再展示一個效用最大化的消費決策問題的應用範例，說明拉氏函數方法之操作。假設消費者之效用函數爲 $U(x)=x_1^{\frac{1}{2}}x_2^{\frac{1}{2}}$，兩個商品之價格都是\$1，花費在這兩種商品之所得爲\$4。

1. 拉氏函數方法的第一步是：確認效用最大化的消費決策問題爲：

$$\text{Max U }(x)=x_1^{\frac{1}{2}}x_2^{\frac{1}{2}} \quad \text{s.t. } x_1+x_2=4$$

2. 建立拉氏函數，函數中包含著原有問題之目標函數與限制式：

$$\mathcal{L}(x,\lambda)=x_1^{\frac{1}{2}}x_2^{\frac{1}{2}}+\lambda(4-x_1-x_2)$$

3. 求拉氏函數之一階導數：

$$\frac{\partial\mathcal{L}}{\partial x_1}=\frac{1}{2}x_1^{\frac{-1}{2}}x_2^{\frac{1}{2}}-\lambda=0$$

$$\frac{\partial \mathcal{L}}{\partial x_2} = \frac{1}{2} x_1^{\frac{1}{2}} x_2^{\frac{-1}{2}} - \lambda = 0$$

$$\frac{\partial \mathcal{L}}{\partial \lambda} = 4 - x_1 - x_2 = 0$$

4. 求解一階導數等於 0 的結果。由代入法可以獲得：

$$x_1^* = 2 \text{，} x_2^* = 2 \text{，} \lambda^* = \frac{1}{2}$$

5. 將滿足一階導數的結果代入目標函數得到效用值：

$$\mathrm{U}\left(x^*\right) = 2^{\frac{1}{2}} 2^{\frac{1}{2}} = 2$$

這個問題的二階導數條件成立，滿足一階導數條件的關鍵點，就是最大值。在兩度空間裡，如圖 7-11 所示，效用函數之等高線越向右上方值越大，所得支出限制式是直線，效用等高線與所得支出線相切的點就是最佳解，相切等高線之數值就是最大值。而且，圖 7-11 中的最佳解，滿足上述一階導數條件。

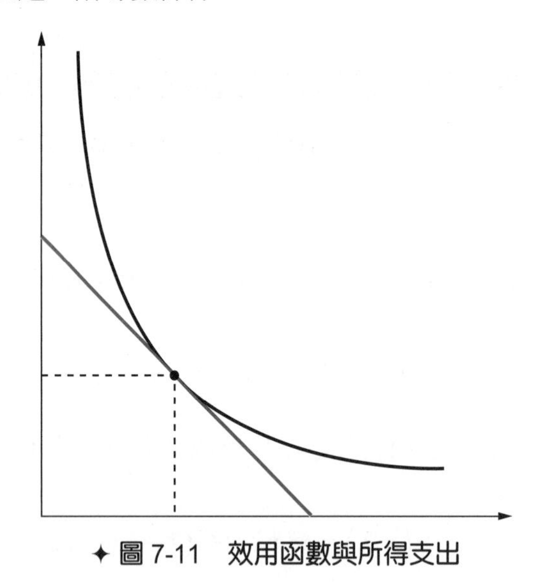

✦ 圖 7-11　效用函數與所得支出

假設問題是 Min f(x) s.t. Ax=b；其中，目標函數爲凸函數（碗狀），限制式爲線性；下列陳述說明拉氏定理：拉氏函數法的最佳解是原始等式限制問題的最佳解。拉氏函數 $\mathcal{L}(x,\lambda) = \mathrm{f}(x) + \lambda(b - Ax)$。最小化拉氏函數之一階導數條件：

$$\frac{\partial \mathcal{L}}{\partial x} = \nabla \mathrm{f}\left(x\right) - A^t \lambda = 0$$

$$\frac{\partial \mathcal{L}}{\partial \lambda} = b - Ax = 0$$

假設滿足一階導數條件的關鍵點，$(\bar{x}, \bar{\lambda})$，有拉氏函數之最小值。期望能夠說明的是：$\bar{x}$ 是原始問題的最佳解，有最小值。

首先，因爲 $(\bar{x}, \bar{\lambda})$ 是拉氏函數最小化問題之最佳解，$\bar{x}$ 滿足上述第二個一階導數條件，$\bar{x}$ 是原始問題的可行解。

第二，因爲 $(\bar{x}, \bar{\lambda})$ 是拉氏函數最小化問題之最佳解，對於任一點 (x, λ)，

$$\mathcal{L}\left(x, \lambda\right) \geq \mathcal{L}\left(\bar{x}, \bar{\lambda}\right) = \mathrm{f}(\bar{x})$$

選擇任一個滿足原始問題的可行解 x' 代入上述關係式，

$$\mathrm{f}\left(x'\right) = \mathcal{L}\left(x', \lambda\right) \geq \mathcal{L}\left(\bar{x}, \bar{\lambda}\right) = \mathrm{f}(\bar{x})$$

因此，可行解 $\bar{x}$ 的目標值小於或等於任一可行解 x'，$\mathrm{f}\left(x'\right) \geq \mathrm{f}(\bar{x})$，$\bar{x}$ 是原始問題之最佳解具有最小值。此外，在最佳解時，拉氏乘數反映限制式參數 b 改變對目標值改變的影響；亦即，參數增加一單位目標值增加之數量。拉氏函數一階導數條件是否有解，與限制式品質條件（Constraint Qualification）有關，又稱約束規範或正則性。例如，利用上述第一個一階導數關係求解拉氏乘數 λ 時，AA^t 是否可逆是關鍵；所以，A 矩陣的秩（Rank）必須足夠。因爲正則性常常滿足，實務上常常直接求解。

7-6 不等式限制之非線性規劃－K-K-T 條件

實務上的不等式非線性規劃非常多，7-1 節中最後討論非負限制下的最大利潤問題就是一個範例；本節以下列最小化問題爲範本，從事最佳化條件之討論。

$$\text{Min } \mathrm{f}(x) \ \text{ s.t. } \mathrm{g_i}\left(x\right) \leq 0, \forall \mathrm{i}$$

首先觀察一個有實際函數與數字的問題，模式如下。

$$
\begin{aligned}
\text{Min}\ \ & \mathrm{f}\left(x\right)= \ \ x_1^2 + x_2^2 - 4x_1 + 4 \\
\text{s.t.}\ \ & \mathrm{g}\left(x\right)= -x_1 + x_2 - 2 \le 0 \\
& \mathrm{g}_2\left(x\right)= \ \ x_1^2 - x_2 + 1 \le 0 \\
& \mathrm{g}_3\left(x\right)= -x_1 \le 0 \\
& \mathrm{g}_3\left(x\right)= -x_2 \le 0
\end{aligned}
$$

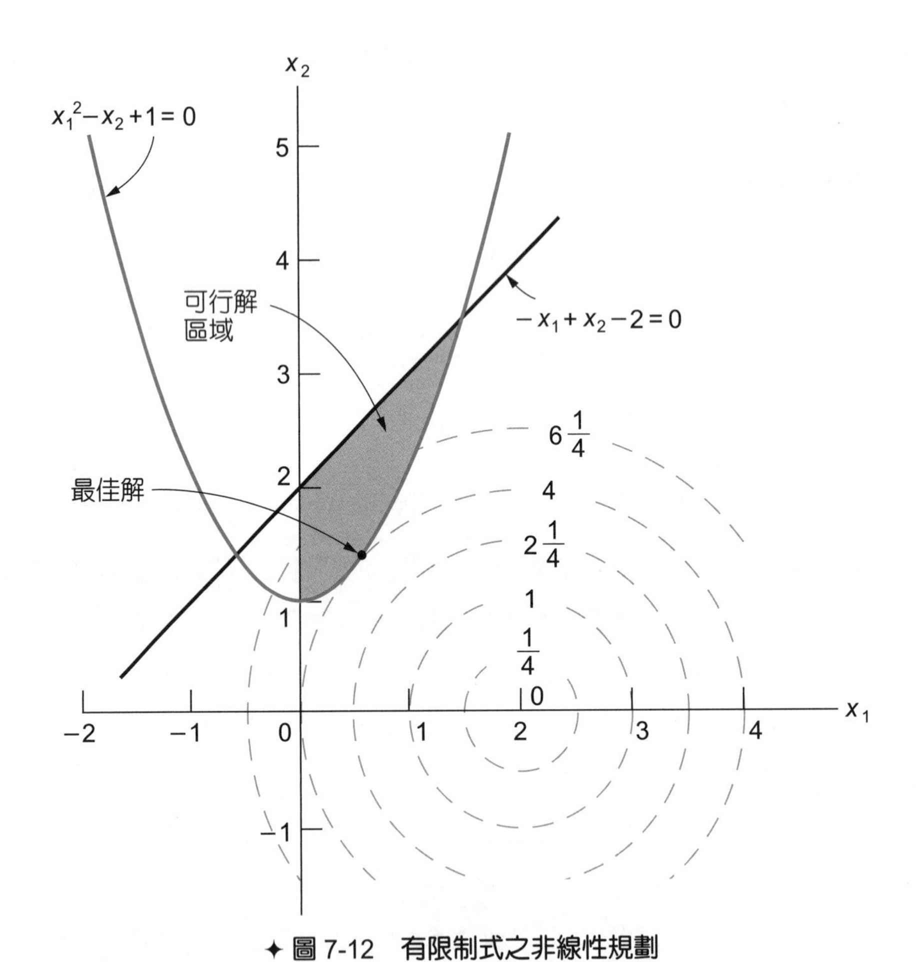

✦ 圖 7-12　有限制式之非線性規劃

模式之二度空間圖形如圖 7-12 所示，目標函數是一個碗盆狀的凸函數，在(2,0)有最小值；限制式函數都是凸函數，故可行解區域是一個凸集合；這個問題的局部最佳解與整體最佳解相同且唯一。最佳解位於第 2 條限制式與目標函數等高線相切處(0.58,1.34)；第 1、第 3、第 4 條限制式對最佳解不直接發生作用。對此類問題拉氏函數寫為 $\mathcal{L}\left(x,u\right)=\mathrm{f}\left(x\right)+\sum_i u_i g_i(x)$ 。

一階導數條件，又稱 K-K-T（Karush-Kuhn-Tucker）條件，包括：拉氏函數對 x 變數之一階導數爲 0，原有限制式，拉氏乘數與限制式之互補關係，以及拉氏乘數非負限制。

$$\nabla f(x) + \sum_i u_i \nabla g_i(x) = 0 \quad \text{(一階導數)}$$

$$g_i(x) \le 0 \text{ ，} \forall i \quad \text{(原始可行)}$$

$$u_i \ge 0 \text{ ，} \forall i \quad \text{(對偶可行)}$$

$$u_i g_i(x) = 0, \forall i \quad \text{(互補條件)}$$

相對前例，由圖 7-12 中可發現：在最佳解時第 2 條限制式與目標函數之等高線相切，兩函數的導數滿足 K-K-T 條件中的第一項 $\nabla f(x^*) + u_2 \nabla g_2(x^*) = 0$，且 $u_2 > 0$；最佳解 x^* 在可行解區域中，故滿足 K-K-T 條件中的第二項成立；只有第 2 條限制事發生作用，在最佳解時其拉氏乘數可以不是 0 的正數，其他不發生作用限制式的拉氏乘數必須是 0，故滿足 K-K-T 條件中的第三項與第四項成立。

前述範例之最佳解爲 $\bar{x} = (0.58, 1.34)$，則在 $\bar{x}$ 點處應沒有可以降低目標值之可行方向。根據泰勒公式考慮到一階導數，$f(x + \Delta x) \approx f(x) + \nabla f(x) \Delta x$，由最佳解處作極微小移動時僅有作用的限制式有影響。

所以，得到下列線性規劃問題[I]

[I] $\text{Min } \nabla f(\bar{x}) \Delta x \text{ s.t. } \nabla g_2(\bar{x}) \Delta x \le 0$

因爲 $\bar{x}$ 爲最佳解，應該沒有降低目標值之可行方向，最小目標值爲 0。此外，線性規劃問題[I]之對偶問題如下

$$\text{Max } 0u_2 \quad \text{s.t. } \nabla g_2(\bar{x})\, u_2' = \nabla f(\bar{x}), u_2' \le 0$$

令 $u_2 = -u_2'$，對偶問題改寫爲[II]：

[II] $\text{Max } 0u_2 \quad \text{s.t. } \nabla f(\bar{x}) + \nabla g_2(\bar{x}) u_2 = 0, u_2 \ge 0$

假設存在 $\bar{u}_2$ 是問題[II]的最佳解，則根據線性規劃之對偶關係，問題[I]的目標式爲 0。此時，$\bar{x}$ 滿足問題[II]的限制式，亦即 K-K-T 條件中的一階導數與互補條件。若假設問題[I]中存在 ∇x 使得 $\nabla f(\bar{x}) \nabla x < 0$，問題[I]是無限解，$\bar{x}$ 不是最小化問題之最佳解；同時根據線性規劃之對偶關係，問題[II]必然無解，亦即 $\bar{x}$ 不滿足 K-K-T 條件。

綜合上述討論，K-K-T 條件是不等式限制非線性規劃問題最佳解之必要條件。不過，求取滿足 K-K-T 條件的解時，約束規範是關鍵，例如問題：$\text{Min}(x_1-1)^2+x_2^2 \quad s.t.\ x_2-x_1^4\le 0,-x_2+x_1^4\le 0$。繪圖與探討後可以發現，因約束規範課題，問題的最佳解不滿足 K-K-T 條件。不過，限制式的品質限制通常都會通過，實務上常常不檢驗，直接求解。需要精確地解說與證明 K-K-T 條件與定理，請參考相關文獻。此外，當問題是凸性規劃（Convex Programming）時，K-K-T 條件是最佳解的充分條件。對於本節最小化問題範本，$\text{Min f}(x) \quad \text{s.t. } \text{g}_\text{i}(x)\le 0,\forall \text{i}$，凸性規劃指的是：目標函數是一個碗盆狀的凸函數，有最小值；限制式函數都是凸函數，亦即可行解區域是一個凸集合。此外，凸性規劃問題之局部最佳解就是整體最佳解；若凸性規劃問題之目標函數爲嚴格凸函數，最佳解唯一。最後，K-K-T 條件之意義簡述爲下表。

表 7-3　非線性規劃 K-K-T 條件之意義

<table>
<tr><th colspan="2" rowspan="2">K-K-T 對非線性規劃的意義</th><th colspan="2">約束規範</th></tr>
<tr><th>不滿足</th><th>滿足</th></tr>
<tr><td rowspan="2">凸性規劃</td><td>不是</td><td>--</td><td>必要條件</td></tr>
<tr><td>是</td><td>--</td><td>必要條件
充分條件</td></tr>
</table>

最後，展示一般化非線性規劃之 K-K-T 條件；應用時請注意標準一般化非線性規劃問題之定義，不同文獻因作者習慣使用不同之定義，定義不同時 K-K-T 條件的寫法就會不同。下列非線性規劃問題，包括不等式與等式的限制式：

$$\text{Min f}(x)$$

$$\text{s.t. } \text{g}_1(x)\le 0$$

…

$$\text{g}_\text{m}(x)\le 0$$

$$\text{h}_1(x)=0$$

…

$$\text{h}_\text{p}(x)=0$$

拉氏函數寫爲：$\mathcal{L}(x,u,v)=f(x)+\sum_{i=1}^{m}u_i g_i(x)+\sum_{j}^{p}v_j h_j(x)$

$$=\text{f}(x)+u^\text{t}g(x)+v^\text{t}h(x)$$

若存在 m 度空間向量u^*與 p 度空間向量v^*使得下列條件成立，某 n 度空間向量x^*稱爲 K-K-T 關鍵點。

$$\nabla_x \mathcal{L}\left(x^*, u^*, v^*\right) = 0 \qquad \text{（一階導數）}$$

$$g\left(x^*\right) \le 0,\ \ h\left(x^*\right) = 0. \qquad \text{（原始可行）}$$

$$u^* \ge 0 \qquad \text{（對偶可行）}$$

$$u^* g\left(x^*\right) = 0 \qquad \text{（互補條件）}$$

相對於 7-1 節圖 7-2 所討論單一變數問題之互補條件，多變數問題中 K-K-T 條件中的互補條件如 7-13 所示。圖 7-13 左側，不等式限制 $g(x)=0$ 不發生作用，最佳解與該限制是無關；所以，該限制式之拉氏乘數必須是 0，以消除該限制是在一階導數條件中之影響；這就是互補關係。

圖 7-13 右側，不等式限制 $g(x)=0$ 發生作用，最佳解在 $g(x)=0$ 上；所以，該限制式之拉氏乘數必須是正數，以反映目標函數等高線與限制式相切的一階導數條件，以及兩個函數之凸性特性；這就是互補關係。圖 7-13 沒有顯示限制式 $g(x)=0$ 剛好經過山谷底部最低點之狀況。

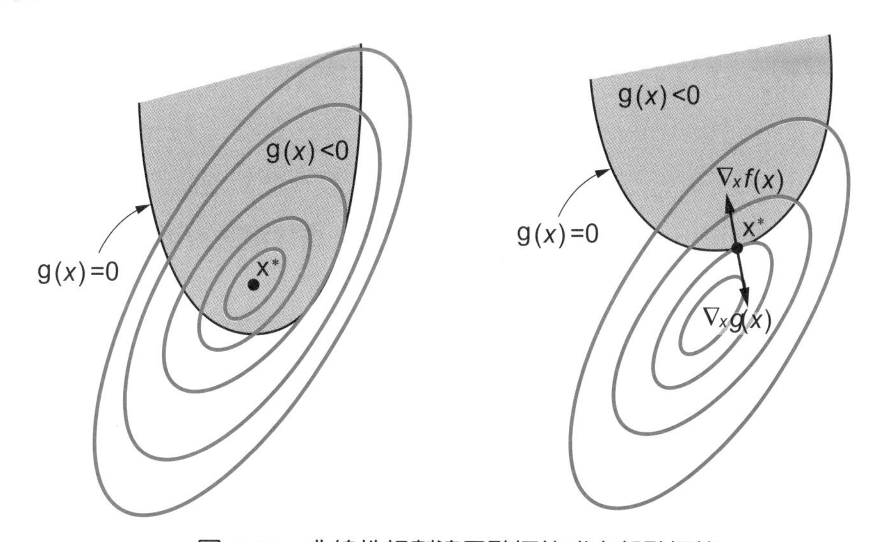

✦ 圖 7-13　非線性規劃邊界點極值或內部點極值

7-7
特殊的非線性規劃－凸性規劃、線性規劃

非線性規劃問題的類型很多，各有其理論與求解方法的發展與應用。一般常見的類型包括：

1. 無限制的非線性規劃（Unconstrained Nonlinear Programming）。
2. 線性規劃（Linear Programming）。
3. 二次規劃（Quadratic Programming）。
4. 凸性規劃（Convex Programming）。
5. 非凸性規劃（Non-convex Programming）。
6. 可分離規劃（Separable Programming）。
7. 幾何規劃（Geometric Programming）等。

此外，問題的變數可以是連續變數（Continuous Variables），離散變數（Discrete Variables），或兩者混合等。本節將說明：凸性規劃與線性規劃之特性。

凸性規劃是最佳化問題的一種類型，探討凸性函數之最小化，可行解受限於凸性集合上。對於 $\text{Min } f(x)$ s.t. $g_i(x) \le 0, \ \forall i$，凸性規劃要求目標函數是一個碗盆狀的凸函數；限制式函數都是凸函數，可行解區域是一個凸集合。對於一般化問題 $\text{Min } f(x)$ s.t. $g_i(x) \le 0, \ \forall i; \ h_j(x) = 0, \forall j$，凸性規劃要求目標函數是一個碗盆狀的凸函數；不等式限制式函數 $g_i(x)$ 都是凸函數，等式限制式函數 $h_j(x)$ 都是線性函數，可行解區域是一個凸集合。

凸性規劃問題之局部最小值就是整體最小值；此外，若目標函數爲嚴格凸函數，最小值唯一。假設 x^* 點是局部最小值，不是整體最小值；x^{**} 點是局部與整體最小值。依據假設，$f(x^*) > f(x^{**})$。因爲可行解區域是凸集合，這兩點之凸性組合仍是可行解；亦即，$\lambda x^* + (1-\lambda)x^{**}$ 點是可行解。因爲目標函數是凸函數，凸性組合點之函數值小於等於端點函數值之凸性組合，又考慮假設兩點的狀況，可以得到下列關係：

$$\begin{cases} f(\lambda x^* + (1-\lambda)x^{**}) \le \lambda f(x^*) + (1-\lambda) f(x^{**}) < f(x^*) \\ \text{當}\lambda \to 1\text{時}\ \lambda x^* + (1-\lambda)x^{**}\text{趨近於}\ x^*\text{；因爲}\ x^*\text{是局部最小值}\ f(\lambda x^* + (1-\lambda)x^{**}) \ge f(x^*) \end{cases}$$

綜合上述兩句話中的關係，$f(x^*) \le f\left(\lambda x^* + (1-\lambda)x^{**}\right) < f(x^*)$ 矛盾；因此，最初之假設不成立。亦即，凸性規劃問題之局部最小值 x^* 就是整體最小值。

如圖 7-14 所示，下列非線性規劃問題就是非凸性規劃問題。

$$\text{Min } f(x) = x_1 + x_2 \quad \text{s.t. } h(x) = x_1^2 + x_2^2 - 1 = 0$$

紅色的可行解區域，$h(x^*) = 0$，是非凸集合，限制式之一階導數是紅箭頭($\nabla h(x)$)。藍色是目標函數之等高線，越向右上方目標值越大；負的目標一階導數是藍箭頭($-\nabla f(x)$)，代表最深下沉方向。限制式成立，$h(x^*) = 0$，與一階導數條件成立，$\nabla f(x^*) + v\nabla h(x^*) = 0$，之關鍵點有兩個；一個在第一象限，另一個在第三象限，最小值是第三象限之關鍵點，第一象限之關鍵點不是最小化問題之最佳解。因此，對此非凸性規劃問題，最佳解滿足 K-K-T 條件；但滿足 K-K-T 條件不一定是最佳解，亦即 K-K-T 條件不是最佳解之充分條件。

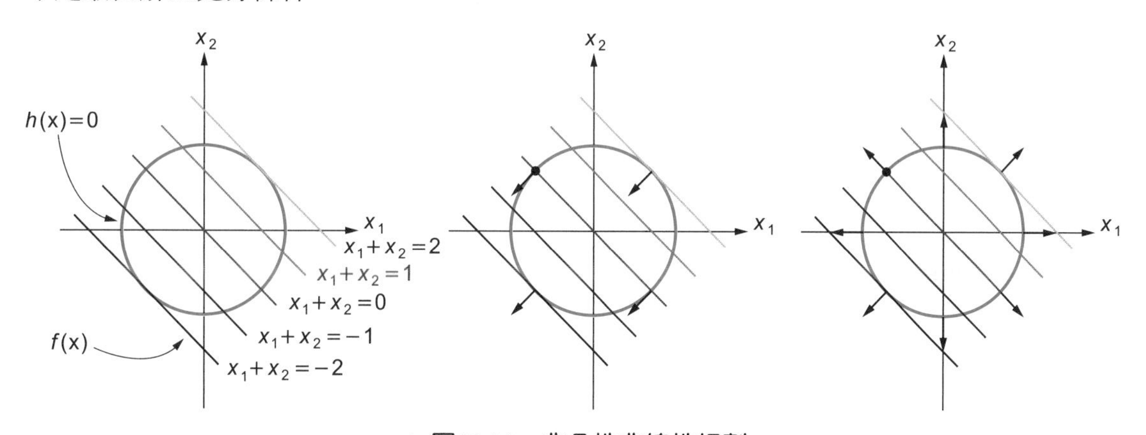

✦ 圖 7-14　非凸性非線性規劃

如圖 7-15 所示，下列非線性規劃問題是一個凸性規劃問題。

$$\text{Min } f(x) = (x_1+2)^2 + (x_2+2)^2 \quad \text{s.t. } g(x) = x_1^2 + x_2^2 - 1 \le 0$$

灰色的可行解區域，$g(x) = x_1^2 + x_2^2 - 1 \le 0$，是凸集合，黑色箭頭是該點限制式之一階導數，$\nabla g(x)$。藍色圓是目標函數之等高線，山谷位置在$(-2,-2)$點；藍色箭頭是該點負的目標式一階導數，$-\nabla f(x)$，代表該點目標函數之最深下沉方向。最佳解發生在限制式之邊界上，$g(x) = x_1^2 + x_2^2 - 1 = 0$；紅箭頭($\nabla g(x^*)$)與藍箭頭($-\nabla f(x^*)$)同方向，拉氏乘數>0，一階導數條件成立，$\nabla f(x^*) + u\nabla g(x^*) = 0$。

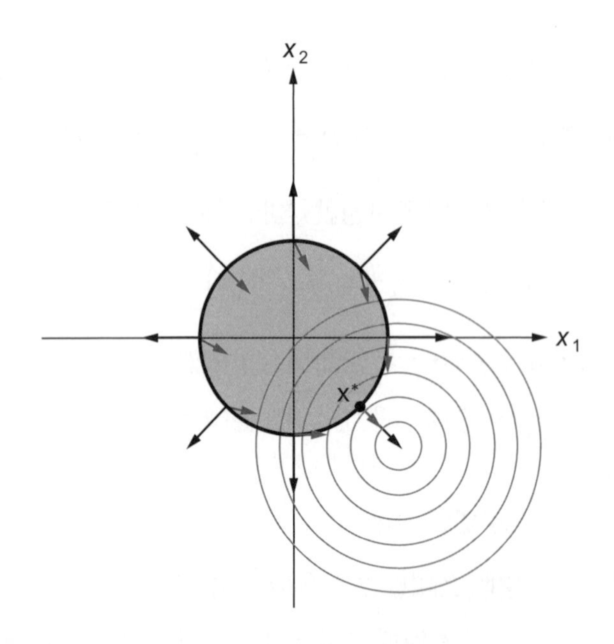

✦ 圖 7-15　凸性非線性規劃

線性規劃的理論與演算法都發展成熟，應用廣泛之管理科學工具。線性規劃的目標函數是凸性函數也是凹性函數，限制式都是線性，可行解區域是凸集合；所以，線性規劃是凸性規劃。首先，利用線性規劃之必要條件與充分條件，K-K-T 條件，可以精確說明第三章陳述之對偶關係。

● **考慮原始線性規劃問題**[P]：

Max $c^t x$ s.t. $Ax \le b, x \ge 0$，或者[P]　Max $\sum_{j=1}^{n} c_j x_j$

$$\text{s.t.} \quad \sum_{j=1}^{n} a_{ij} x_j \le b_i \qquad (i = 1, \ldots m)$$

$$x_j \ge 0 \qquad (j = 1, \ldots n)$$

拉氏函數與 K-K-T 條件條列如下：

$$\mathcal{L}(x,u,v) = -\sum_{j=1}^{n} c_j x_j + \sum_{i=1}^{m} u_i \left(\sum_{j=1}^{n} a_{ij} x_j - b_i\right) + \sum_{j=1}^{n} v_j (-x_j)$$

1. 一階導數：

$$-c_j + \sum_{i=1}^{m} u_i a_{ij} - v_j = 0 \qquad (j = 1, \ldots n)$$

2. 原始可行：

$$\sum_{j=1}^{n} a_{ij} x_j \le b_i \qquad (i = 1, \ldots m)$$

$$x_j \ge 0 \qquad (j = 1, \ldots n)$$

3. 對偶可行：

$$u_i \ge 0 \qquad (i = 1, \ldots m)$$

$$v_j \ge 0 \qquad (j = 1, \ldots n)$$

4. 互補條件：

$$u_i \left(\sum_{j=1}^{n} a_{ij} x_j - b_i \right) = 0 \qquad (i = 1, \ldots m)$$

$$v_j \left(-x_j \right) = 0 \qquad (j = 1, \ldots n)$$

(1) 當 $x_j = 0$ 時，因對偶條件 $v_j \ge 0$，一階導數簡化為 $\sum_{i=1}^{m} u_i a_{ij} \ge c_j$。

(2) 當 $x_j > 0$ 時，因互補條件 $v_j \left(-x_j \right) = 0$，可得 $v_j = 0$；一階導數則可簡化為 $\sum_{i=1}^{m} u_i a_{ij} = c_j$；兩邊乘以變數並加總，$\sum_{j=1}^{n} \sum_{i=1}^{m} u_i a_{ij} x_j = \sum_{j=1}^{n} c_j x_j$。

(3) 當限制式 $\sum_{j=1}^{n} a_{ij} x_j \le b_i$ 沒有作用時，因互補條件 $u_i = 0$。

(4) 當限制式發生作用時，$\sum_{j=1}^{n} a_{ij} x_j = b_i$，因對偶條件 $u_i \ge 0$；兩邊乘以對偶變數並加總，$\sum_{i=1}^{m} \sum_{j=1}^{n} a_{ij} x_j u_i = \sum_{i=1}^{m} b_i u_i$。

(5) 由上述第(2)點與第(4)點可得 $\sum_{j=1}^{n} c_j x_j = \sum_{i=1}^{m}\sum_{j=1}^{n} a_{ij} x_j u_i = \sum_{i=1}^{m} b_i u_i$ 。

- **接著，考慮線性規劃問題[D]：**

Min $b^t y$ s.t. $A^t y \ge c,\ y \ge 0$，或者[D] Min $\sum_{i=1}^{m} b_i y_i$

$$\text{s.t. } \sum_{i=1}^{m} a_{ij} y_i \ge c_j \qquad (j = 1, \ldots n)$$

$$y_i \ge 0 \qquad (i = 1, \ldots m)$$

拉氏函數與 K-K-T 條件如下：

$$\mathcal{L}(y, \alpha, \beta) = \sum_{i=1}^{m} b_i y_i + \sum_{j=1}^{n} \alpha_j (c_j - \sum_{i=1}^{m} a_{ij} y_i) + \sum_{i=1}^{m} \beta_i (-y_i)$$

1. 一階導數：

$$b_i - \sum_{j=1}^{n} \alpha_j a_{ij} - \beta_i = 0 \qquad (i = 1, \ldots m)$$

2. 原始可行：

$$\sum_{i=1}^{m} a_{ij} y_i \ge c_j \qquad (j = 1, \ldots n)$$

$$y_i \ge 0 \qquad (i = 1, \ldots m)$$

3. 對偶可行：

$$\beta_i \ge 0 \qquad (i = 1, \ldots m)$$

$$\alpha_j \ge 0 \qquad (j = 1, \ldots n)$$

4. 互補條件：

$$\alpha_j \left(c_j - \sum_{i=1}^{m} a_{ij} y_i \right) = 0, \qquad (j = 1, \ldots n)$$

$$\beta_i (-y_i) = 0 \qquad (i = 1, \ldots m)$$

(1) 當 $y_i = 0$ 時，因對偶條件 $\beta_i \geq 0$，一階導數簡化為 $\sum_{j=1}^{n} \alpha_j a_{ij} \leq b_i$。

(2) 當 $y_i > 0$ 時，因互補條件可得 $\beta_i = 0$；一階導數可簡化為 $\sum_{i=1}^{m} u_i a_{ij} = c_j$；兩邊乘以變數並加總，$\sum_{i=1}^{m}\sum_{j=1}^{n} \alpha_j a_{ij} y_i = \sum_{i=1}^{m} b_i y_i$。

(3) 當限制式 $\sum_{i=1}^{m} a_{ij} y_i \geq c_j$ 沒有作用時，因互補條件 $\alpha_j = 0$。

(4) 當限制式發生作用時，$\sum_{i=1}^{m} a_{ij} y_i = c_j$，因對偶條件 $\alpha_j \geq 0$；兩邊乘以對偶變數並加總，$\sum_{j=1}^{n}\sum_{i=1}^{m} a_{ij} y_i \alpha_j = \sum_{j=1}^{n} c_j \alpha_j$。

(5) 由上述第(b)點與第(d)點可得 $\sum_{j=1}^{n} c_j \alpha_j = \sum_{i=1}^{m}\sum_{j=1}^{n} a_{ij} y_i \alpha_j = \sum_{i=1}^{m} b_i y_i$。

對照問題[P]　K-K-T 條件討論，第(1)點至第(5)點，與問題[D]K-K-T 條件討論，第(a)至第(e)點，可以發現：只要 $x_j = \alpha_j$ 與 $y_i = u_i$，兩者之最佳化條件完全相同。亦即，求解其中一個問題最佳解，就得到另一問題最佳解；同時，最大化問題之最大值等於最小化問題之最小值。因此，最小化問題可行解的目標值大於或等於最大化問題可行解之目標值。換言之，

$$\sum_{j}^{n} c_j x_j \leq \sum_{j}^{n} c_j x_j^* = \sum_{i}^{m} b_i y_i^* \leq \sum_{i=1}^{m} b_i y_i$$

上述關係可以解說原始問題[P]與對偶問題[D]最佳解之特性，如表 7-4 所示，除了兩個問題同時無解的狀況。

表 7-4　原始問題[P]與對偶問題[D]最佳解之特性

D	最佳解	無限解	無解
最佳解	※		
無限解			※
無解		※	※

原始問題[P]與對偶問題[D]同時無解的狀況可參見與探討下列範例。

$$\text{Max } 2x_1 - x_2$$

$$\begin{aligned} \text{s.t. } & x_1 - x_2 \le 1 \\ & -x_1 + x_2 \le -2 \\ & x_1,\ x_2 \ \ge 0 \end{aligned}$$

此外，K-K-T 條件說明線性規劃最佳解必須原始可行、對偶可行、與互補關係成立。第三章陳述之單體法就在原始可行狀況下，保持互補關係成立的條件下，追求對偶可行；三者都達成時就找到了最佳解。當然，確保這三項條件，也有不同的演算法，如對偶單體法等；此外，線性規劃也可以不只在端點解上搜尋，像非線性規劃在可行解區域內搜尋，如內點法（Interior Point Algorithm）。這些線性規劃求解演算法的課題，請參考相關文獻。

7-8 限制式非線性規劃之數值方法－懲罰函數法與可行方向法

處理困難問題的方法常常是，將困難不會處理的問題，轉化為一連串簡單會做的問題。例如，將限制式非線性規劃，轉化成一連串無限制之非線性規劃問題，再利用 7-4 節介紹之方法處理其中每一個無限制之最佳化問題；此類方法簡稱為 SUMT（Sequential Unconstrained Minimization Technique），本節介紹之懲罰函數法（Penalty Method）即屬此類。

又如，將限制式非線性規劃，轉化成一連串線性規劃問題，再利用第三章介紹之方法處理其中每一個線性規劃問題；本節介紹之可行方向法（The Feasible Direction Method）可屬此類。當然，還有其他有效的方法，本節無篇幅介紹；例如，將限制式非線性規劃，轉化成一連串二次規劃問題等。

定義最佳化問題：

$\text{Min f}(x)$ s.t. $x \in \Omega$，其中 $\Omega = \{x | g_1(x) \le 0 \ldots h_1(x) = 0, \ldots\}$

加入懲罰函數之最小化目標函數，將原始問題轉化為下列問題：

$$\text{Min P}(x,\ \alpha) = \text{f}(x) + \alpha\psi(x)$$

懲罰函數之設計是：當 $x \notin \Omega$ 時 $\psi(x) > 0$，當 $x \in \Omega$ 時 $\psi(x) = 0$；其中，α 是懲罰參數，正數。首先，看一個簡單的數字範例問題：

$\text{Min } f(x) = x^3 \quad \text{s.t. } 1 \le x \le 3$。

令 $\psi(x) = \max\{x-3, 0\}^2 + \max\{1-x, 0\}^2$，

當 $1 \le x \le 3$ 時 $\psi(x) = 0$，當 $x > 3$ 或 $x < 1$ 時 $\psi(x) > 0$。

上述範例問題之目標函數與懲罰函數之圖形如圖 7-16 所示；當懲罰參數變大時，懲罰函數的最佳解趨向原來問題之最佳解。

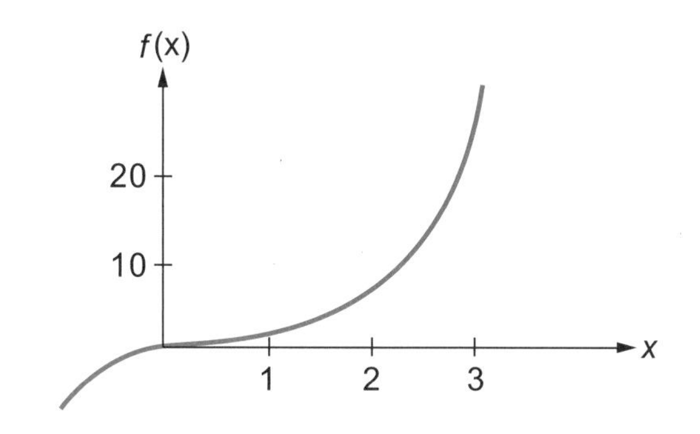

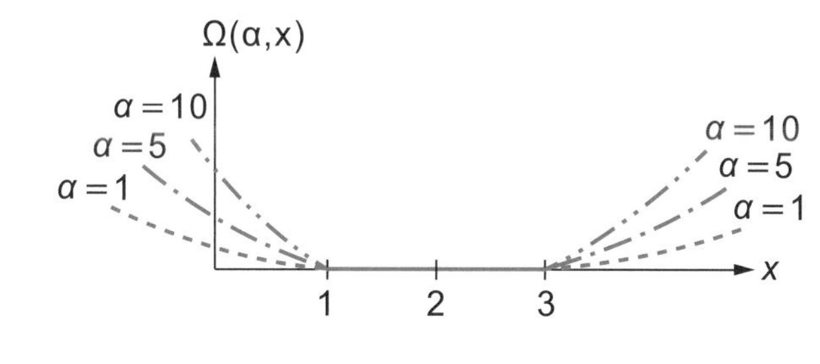

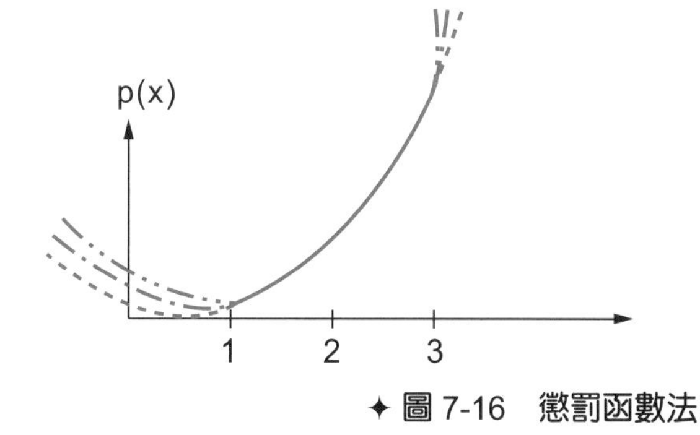

✦ 圖 7-16　懲罰函數法

常用的懲罰函數有無法微分之一次方懲罰函數（Exact Penalty Function）形式：

$$\psi(x)=\sum_{i=1}^{m}g_i(x)_+ +\sum_{j=1}^{p}|h_j(x)|\text{，其中 }g_i(x)_+ = \max\{g_i(x),0\}$$

以及可以微分之二次方懲罰函數（Quadratic Penalty Function）形式：

$$\psi(x)=\sum_{i=1}^{m}g_i(x)_+^2+\sum_{j=1}^{p}h_j(x)^2$$

二次方懲罰函數之一階導數微分的結果是：

$$\nabla\psi(x)=\sum_{i=1}^{m}2\ g_i(x)_+\nabla g_i(x)+\sum_{j=1}^{p}2\ h_j(x)\nabla h_j(x)$$

因爲簡單與可微的特性，二次方懲罰函數最常使用。其他的懲罰函數形式，請參考相關文獻。再舉一個簡單的範例說明懲罰函數之應用：

$$\text{Min } x_1^2+x_2^2\quad \text{s.t. } x_1+x_2+2\le 0$$

新最小化函數爲：

$$\text{P}(x,\alpha)=x_1^2+x_2^2+\alpha(x_1+x_2+2)_+^2$$

其中使用了二次方懲罰函數。每一次運算中，在已知之懲罰參數 α 下，使用一階導數爲 0 的最佳化條件求解，$\nabla\text{P}(x,\alpha)=0$，亦即：

$$\begin{bmatrix}2x_1\\2x_2\end{bmatrix}+2\alpha(x_1+x_2+2)_+\begin{bmatrix}1\\1\end{bmatrix}=0$$

當 $x_1+x_2+2\ge 0$ 時，$x_1=x_2=\dfrac{-2\alpha}{2\alpha+1}$；

當 $x_1+x_2+2<0$ 時，無解。

綜合言之，懲罰函數法將原始最小化問題，$\text{Min f}(x)\ \text{s.t. } x\in\Omega$，轉化爲包含懲罰函數之問題，$\text{Min P}(x,\alpha)=\text{f}(x)+\alpha\psi(x)$。

在第 k 次運算，已知懲罰參數數值 $\alpha^{(k)}$，求解沒有限制是隻最佳化問題得到 $x^{(k)}$；若懲罰函數值已經很小則停止，否則選取 $\alpha^{(k+1)}>\alpha^{(k)}$。令 k=k+1 再重複運算。這方法若在某懲罰參數正値時，求得的解使得懲罰函數為 0，該解就是原始問題的最佳解。若無法使得懲罰函數為 0 就加大懲罰參數，但當懲罰參數很大時，隨然可使所得的解接近原始問題最佳解，但也製造了數值運算的問題；因此，學者們發展了一些改良的方法，請參考相關文獻。

最後，介紹應用廣泛之可行方向法。在每次運算中，在已知的可行解上，找出一個可改善目標值的可行方向；接著，一個可行解與一個好方向，構成一個單一變數的最佳化問題，找到一個最佳步幅；於是，由可行解朝好方向走最佳步幅，到達新的可行解；重複這些操作到收斂為止。

本節以 Frank-Wolfe 法為例進行說明；處理非線性目標函數與線性限制式的問題，如 $\text{Min f}(x) \ \text{ s.t. } \ Ax \le b$。實務上有許多這類型問題；例如，交通運輸問題的限制式多為流量守恆的線性方程式。

Frank-Wolfe 法之運算步驟如下：

[0]已知 $x^{(k)}$，k = 1。

[1]如果 $\left\|\nabla \text{f}\left(x^{(k)}\right)\right\| < \varepsilon$，停止。

[2]求解 $\text{Min } \nabla \text{f}\left(x^{(k)}\right) y \ \text{ s.t. } \ Ay \le b$，得到 $y^{(k)}$。

[3]在 $0 \le \alpha \le 1$ 的範圍內求解 $\text{Min } \ \text{f}(x^{(k)} + \alpha(y^{(k)} - x^{(k)}))$，得到 $\alpha^{(k)}$。

[4] $x^{(k+1)} = x^{(k)} + \alpha^{(k)}(y^{(k)} - x^{(k)})$

[5] $\dfrac{\left\|x^{(k+1)} - x^{(k)}\right\|}{\| x^{(k+1)} \|} < \varepsilon$，或者 $\dfrac{\left|\text{f}(x^{(k+1)}) - \text{f}(x^{(k)})\right|}{\| \text{f}(x^{(k+1)}) \|} < \varepsilon$，停止。否則，k = k+1 至[1]。

上述運算步驟中，只有第 2 步與第 3 步可能需要處理複雜的計算；不過，第 2 步是線性規劃，有實用的求解方法；第 3 步是無限制單一變數問題，也有實用有效的方法。在很基本的假設狀況下，可以證明這方法收斂到滿足 K-K-T 條件的關鍵點；若目標函數為凸函數，這方法求到的解是整體的最佳解。列舉一個簡單的範例，如圖 7-17 所示，利用 Mathematics 繪圖觀察目標函數與可行解區域。

$$\text{Min } 3x_1^3 - 2x_1x_2 + 2x_2^2 - 26x_1 - 8x_2$$

$$\begin{aligned} \text{s.t. } & x_1 + x_2 \le 6 \\ & x_1 - x_2 \ge 1 \\ & x_1,\ x_2 \ge 0 \end{aligned}$$

如圖 7-17 所示，可行解區域是三角形區域，端點是(1,0)、(3.5,2.5)、與(6,0)。目標函數是橢圓形等高線，最小值在可行解區域之外的右上方。因此，最佳解發生於等高線與第一條限制式相切的位置。

目標函數之一階導數是：

$$\nabla \mathrm{f}(x) = \begin{bmatrix} 6x_1 - 2x_2 - 26 \\ -2x_1 + 4x_2 - 8 \end{bmatrix}$$

1. 若以 $x^{(1)} = (1,0)$ 爲起始可行解，$\nabla \mathrm{f}\left(x^{(1)}\right) = \begin{bmatrix} -20 \\ -10 \end{bmatrix}$。

2. 步驟 2 的線性規劃問題爲：

$$\begin{aligned} & \text{Min} - 20y_1 - 10y_2 \\ \text{s.t. } & y_1 + y_2 \le 6 \\ & y_1 - y_2 \ge 1 \\ & y_1,\ y_2 \ge 0 \end{aligned}$$

得到最佳解 $y^{(1)} = (6,0)$，可行解區域之端點。

3. 步驟 3 的單一變數問題是：

$$\text{Min f}\left(\begin{bmatrix} 1 \\ 0 \end{bmatrix} + \alpha\left(\begin{bmatrix} 6 \\ 0 \end{bmatrix} - \begin{bmatrix} 1 \\ 0 \end{bmatrix}\right)\right) = \mathrm{f}\left(1+5\alpha, 0\right) = 3(1+5\alpha)^2 - 26(1+5\alpha)$$

得到最佳解 $\alpha^{(1)} = \dfrac{2}{3}$。

4. 所以步驟 4 得到 $x^{(2)} = (\frac{13}{3}, 0)$。因為尚未收斂，再回到步驟 2 繼續做。

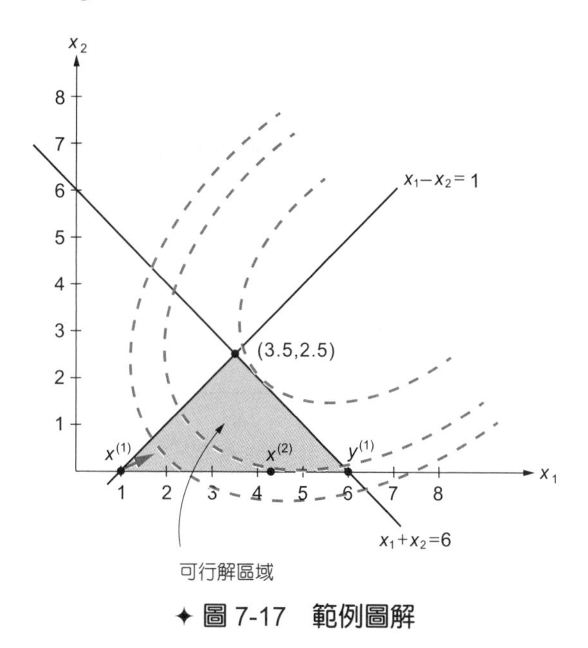

✦ 圖 7-17　範例圖解

7-9 結語

最佳化問題或數學規劃由決策變數、目標函數、限制式、模式參數所組成，其中任一項因素的特性改變時，就會產生不同型態之問題類型；因而在最佳解之理論上，以及演算法之發展上，都有不同的內容。決策變數可以是單一變數或多變數，也可以是實數、整數、或混合。

目標函數有凸函數與非凸函數，也可分為線性函數、二次函數、分段線性函數（Piece-wise-linear Function）、非線性函數；也可有特殊形式函數，如分數規劃（Fractional Programming）或幾何規劃（Geometric Programming）的目標函數；以及目標可以寫成數學函數與否等。

限制式可以有也可以無；限制式界定之區域可以是凸集合或非凸集合；限制式可以是線性或非線性，可以是凸函數或非凸函數；限制式可能滿足也可能不滿足約束規範；限制式中可以存在或不存在最佳化問題等。

最後，問題中的參數可以是確定數值或不確定數值，可以是隨機變數或模糊變數等。所以，最佳化問題類型多，最佳化演算法形式也多，作周延與系統的說明，相當困難；本章所作之說明，只是進一步深入探討的起點。

表 7-5　最佳化問題之類型

決策變數	單一變數、多變數，也可以是實數、整數、或混合。
目標函數	有凸函數與非凸函數，也可分為線性函數、二次函數、分段線性函數、非線性函數。 也可有特殊形式函數，如分數規劃或幾何規劃的目標函數；目標可以寫成數學函數與否等。
限制式	可以有也可以無。 界定之區域可以是凸集合或非凸集合。 可以是線性或非線性。 可以是凸函數或非凸函數。 限制式可以滿足約束規範分類；也可以限制是否存在最佳化問題分類等。
參數	可以是確定數值或不確定數值，隨機變數或模糊變數等。

最佳化問題中有最佳化問題，以雙層次數學規劃（Bi-level Programming）的範例，進行說明。某公司取得某產品獨家代理，是國內這類產品市場之獨佔廠商，政府對此產品徵稅；政府徵稅設計過程中，設想稅收對該廠商之影響，追求最大稅收；該廠商無力猜測政府之行爲，在各種稅制機制下，追求自己的利潤最大。因此，這種問題在對局理論（Game Theory）中是 Stackelberg 的領導者與跟隨者關係；假設需求函數爲 $P=14-3Q$，總成本函數爲 $TC=Q^2+5Q$，收入減去稅後成本之利潤函數爲 $\left[14Q-3Q^2\right]-\left[Q^2+5Q+tQ\right]=(9-t)Q-4Q^2$。非線性規劃問題是：

$$\text{Max}(t)\ \text{稅收}=tQ$$

$$\text{s.t. Max}(Q)\ \text{利潤}=(9-t)Q-4Q^2$$

上層問題是政府，決策變數是稅收；下層問題是廠商，決策變數產量（或價格）。檢查下層問題可以發現，目標函數 $(9-t)Q-4Q^2$ 對下層決策變數 Q 之二階導數爲 -8，所以下層問題是凸性規劃，一階導數條件是必要且充分最佳化條件。將下層問題之最佳化條件代入，雙層次非線性規劃問題縮減爲單一層次問題：

$$\begin{aligned} &\text{Max} \quad tQ \\ &\text{s.t.} \quad 9-t-8Q=0 \end{aligned}$$

目標函數對上層決策變數 t 之二階導數為－1/4，此問題也是凸性規劃問題，最佳解 $t^*=\frac{9}{2}$；此時廠商之最佳產量為 9/16。

此外，第六章中網路設計問題，實務上有兩類決策者，政府做長期考量，會設想路網對用路人之影響，是上層問題；用路人無力影響全局，只在可用的路網上選擇最短路徑，是下層問題。這一類網路設計問題，就應用雙層次數學規劃建立模型與求解。請參考雙層次數學規劃之相關文獻。

本章伴隨著各類型非線性規劃問題的介紹，探討了一些最佳化問題的演算法，不需要導數資訊的以及需要一階或二階導數資訊的方法。不過，在最佳化問題之數值分析上，演算法之發展與應用遠遠比這些介紹更豐富。例如，先進啓發式演算法（Metaheuristics）已經有多樣類型的發展與應用，求解過程與本章所探討的演算法不同，不依賴數學或微積分的知識，而是各有其特殊的搜尋策略。這些方法不保證尋到最佳解，但常常以少量的運算得到不錯的解。

一些這類演算法屬於地區搜尋的方法如爬山法（Hill-climbing Methods）等。另一些屬於整體搜尋的方法，如模擬退火法（Simulated Annealing）、遺傳演譯法（Genetic Algorithms）等；一些演算法是單一解搜尋方式，如模擬退火法；另一些演算法是群體搜尋方式，如遺傳演譯法。先進啓發式演算法的文獻很豐富，請參考專書的介紹。

最後，說明一些不同形式之數學模型，可以處理本章所述的問題；亦即，最佳化問題有時可以使用其他方式表達或求解。因此，當使用非線性規劃有困擾時，可以考慮其他形式的方法。這方面可以說明的內容很多，非線性互補問題（Nonlinear Complementary Problem）、變分不等式（Variational Inequality）、定點問題（Fixed Point）等；在此以變分不等式為例，說明非線性規劃與其關聯。設想下列非線性規劃：

Min $f(x)$ s.t. $x\in\Omega$，其中 $\Omega=\{x|g_1(x)\le 0\ldots h_1(x)=0,\ldots\}$

在非線性規劃問題最佳解 x^* 上，無法找到任一可行方向可以降低目標函數值，亦即，

$$0=\text{Min }\nabla f(x^*)\,x=\nabla f(x^*)(x-x^*) \quad \text{s.t. } x^*, x\in\Omega$$

令$g(x)=\nabla f(x)$，可以獲得下列變分不等式，

$$g\left(x^*\right)\left(x-x^*\right)\geq 0\;;\;x^*,x\in\Omega$$

非線性規劃問題的目標函數 f(x)是變分不等式函數 g(x)之積分。實務上有些問題可以g(x)表達，但是 g(x)卻無法積分；這時變分不等式是適合的模式。至於變分不等式之數值分析，同樣與非線性規劃的關係密切，請參考相關文獻。

7-10
附錄－凸函數與凸集合

在理論性探討最佳化問題時，必須觀察目標函數與限制函數之可能形態與狀況，以確認最佳化問題之類型，並選擇適合之分析理論與數值演算方法。圖 7-18 左側爲一個碗盆之三度空間立體形態與二度等高線形態，存在谷底或最小値；圖 7-18 右側爲一個馬鞍之三度空間立體形態與二度等高線形態，鞍底的鞍點，由某個角度看是最低點，從另一個角度又成了最高點。

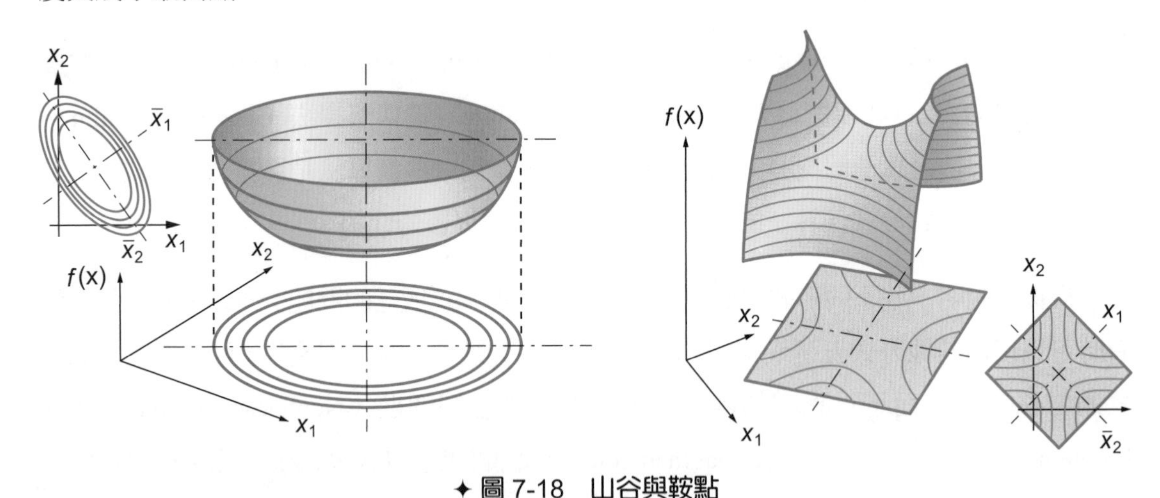

✦ 圖 7-18　山谷與鞍點

以二度空間探討兩變數函數，如圖 7-19 左側所示，有兩個山谷（最小値），一個局部最小値一個整體最小値；如圖 7-19 右側所示，某一點($x^{(k)}$)之一階導數或斜率向量，爲該點等高線切線的垂直方向，斜率向量是等高線數値增加的方向代表由這一點此方向是上山，負的斜率向量是等高線數値減少的方向代表由這一點此方向是下山。

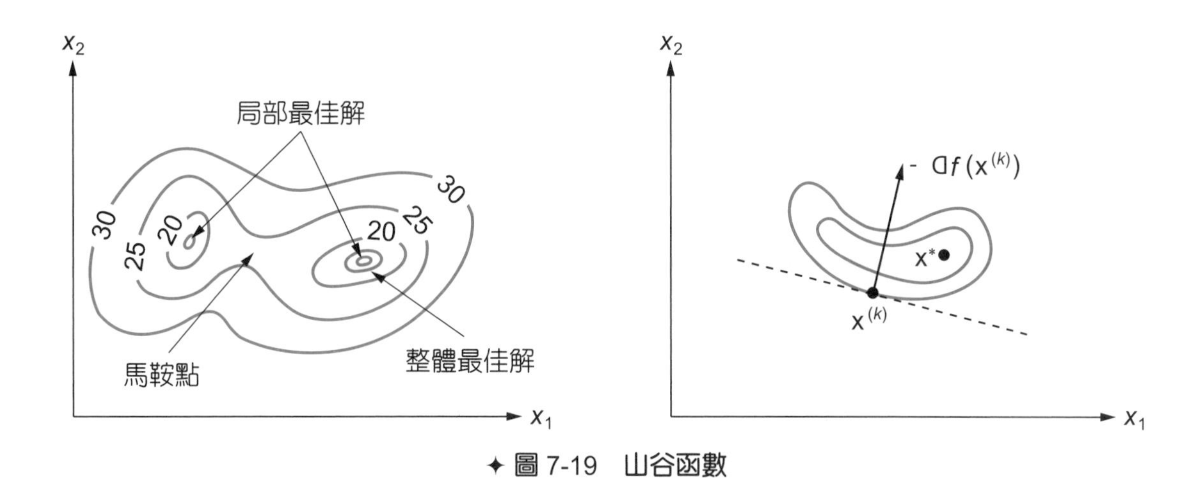

✦ 圖 7-19 山谷函數

像上述碗盆的函數，任意兩點函數值的連線線段在函數之上方，亦如圖 7-20 左側所示；或者，碗狀函數上方點的集合，$\{(x,y)\mid y \geq \mathrm{f}(x)\}$，如圖 7-21 左側所示，為凸集合；因此，碗盆狀的函數稱為凸性函數。凸集合，如圖 7-21 右側所示，集合內任意兩點連線線段上的點，仍在集合內。與碗盆相反的狀況，山峰狀的函數，任意兩點函數值的連線在函數之下方，如圖 7-20 左側所示，稱為凹性函數。

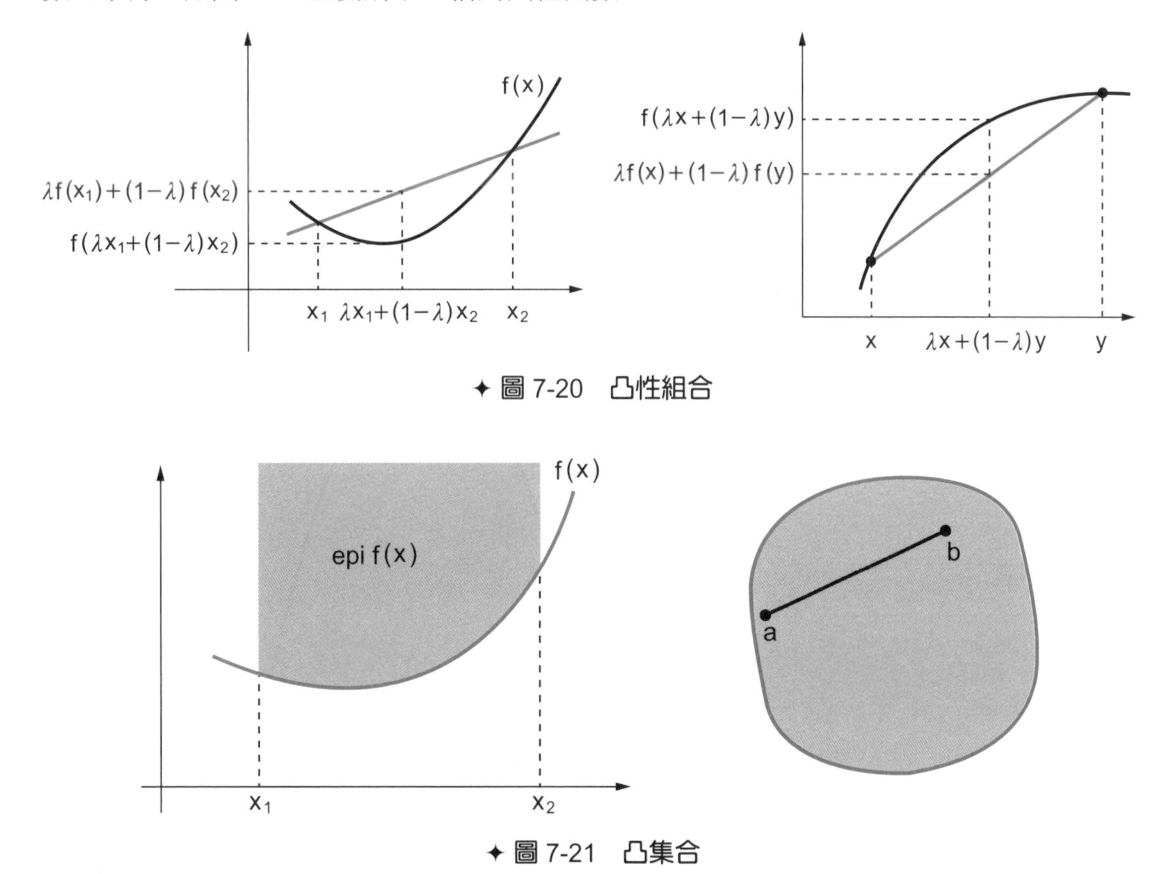

✦ 圖 7-20 凸性組合

✦ 圖 7-21 凸集合

嚴謹的說明：對任意 x_1 與 x_2 兩點；

$f\left(\lambda x_1+(1-\lambda)x_2\right)\le\lambda f(x_1)+(1-\lambda)f(x_2)$ ，其中 $0<\lambda<1$ ，

則函數 f 稱爲凸函數；如果≤改爲<，則函數 f 稱爲嚴格凸函數。反之，

$f\left(\lambda x_1+(1-\lambda)x_2\right)\ge\lambda f(x_1)+(1-\lambda)f(x_2)$ ，

函數 f 稱爲凹函數與嚴格凹函數。

關於凸函數限制式所界定之可行解區域是凸集合，可以回顧本書前幾章討論線性規劃的可行解區域的內容；關於非線性限制函數，凸函數小於或等於一個常數所形成之可行解區域，如圖 7-22 的例子所示，$\{x|g(x)=x^2+4x+3\le 0\}$ 是凸集合；但是凹函數小於或等於一個常數所形成之可行解區域 $\{x|g(x)=-x^2+4x+3\le 0\}$ 不是凸集合。又如 7.2.節中使用過的函數 $x^4-5x^3-2x^2+24x$ 有山峰有山谷，作圖可知 $\{x|g(x)=x^4-5x^3-2x^2+24x\le 0\}$，不是凸集合。此外，利用 Mathematics 繪圖功能檢驗下列區域是否爲凸集合：$x_1^2+x_2^2-2x_2\le 0$ ；$x_1^2-x_2\ge 0$ ；$\dfrac{1}{x_1}+x_2\le 2, x_1\ge 0$ 。

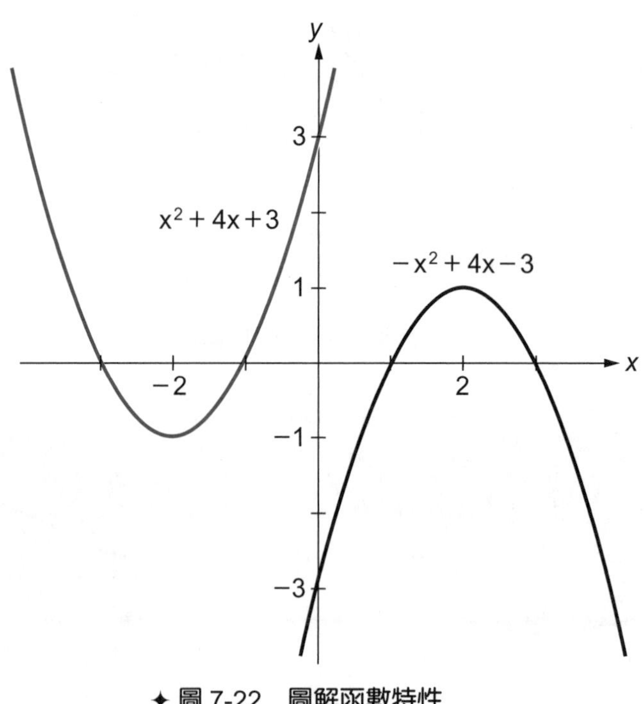

✦ 圖 7-22　圖解函數特性

分辨函數特性之方法，也就是前述各節中討論之二階導數條件。對於單變數函數，直

接觀察函數之二階導數。

1. 函數 $f(x)$是凸函數，若且惟若，函數之二階導數大於或等於零，$f''(x)\geq 0$。當$f''(x)>0$ 時函數為嚴格凸函數。

2. 函數 $f(x)$是凹函數，若且惟若，函數之二階導數小於或等於零，$f''(x)\leq 0$。當$f''(x)<0$ 時函數為嚴格凹函數。

如果探討在某一點$\bar{x}$鄰近區域，局部之函數型態，則觀察該點之二階導數，$f''(\bar{x})$。對於多變數函數 $f(x)$，觀察函數之二階導數，赫斯矩陣$H_f(x)$，的定性：

1. 若$H_f(x)$的定性為半恆正（PSD），則函數 $f(x)$是凸函數。
2. 若$H_f(x)$的定性為恆正（PD），則函數 $f(x)$是嚴格凸函數。
3. 若$H_f(x)$的定性為恆負（NSD），則函數 $f(x)$是凹函數。
4. 若$H_f(x)$的定性為恆負（ND），則函數 $f(x)$是嚴格凹函數。

若對於任一不是零的向量Δx，$\Delta x H_f(h)\Delta x>0$，二階導數赫斯矩陣為 PD；$\Delta x H_f(h)\Delta x\geq 0$，二階導數赫斯矩陣為 PSD；餘此類推。如果探討在某一點$\bar{x}$鄰近區域，局部之函數型態，則觀察該點之二階導數，赫斯矩陣$H_f(\bar{x})$。

例如，若二階導數赫斯矩陣是單位矩陣，按照定義檢查矩陣之定性可得：

$$\Delta x H_f(h)\Delta x=(\mathrm{a},\mathrm{b})\begin{bmatrix}1 & 0\\ 0 & 1\end{bmatrix}\begin{bmatrix}a\\ b\end{bmatrix}=(\mathrm{a},\mathrm{b})\begin{bmatrix}a\\ b\end{bmatrix}=a^2+b^2>0$$

故單位矩陣的定性是 PD。

例如：Min $f(x)=x_1^3-12x_1x_2+8x_2^3$

一階導數為 0 得到兩個關鍵點(2,1)與(0,0)；在(2,1)點之赫斯矩陣為 PD，該點是局部最小值；在(0,0)點之赫斯矩陣的定性是不定（ID）。

不過，通常按照定義檢查函數二階導數赫斯矩陣之定性的推導與檢驗太繁雜，實務上多使用主子行列式（Leading Principal Minors）或特徵值（Eigenvalues）等方法檢驗。主子行列式法，計算赫斯方陣的各次元主子行列式，如果數値都是非負，函數是凸函數；如果非零的數値隨著次元數出現負値與値正相間，函數爲凹函數。

例如，Min $f(x)=x_1^2+x_2^2+2x_3^2-x_1x_2-x_2x_3-x_1x_3$，最小化問題目標函數二階導數之赫斯矩陣，各次元主子行列式的數値都是正數，因此目標式爲凸函數。

又如，Max $f(x)=-x_1^2-2x_2^2-x_1x_2$，最大化問題目標函數二階導數之赫斯矩陣，各次元主子行列式的數値依次負數與正數，因此目標式爲凹函數。

特徵值法，計算赫斯方陣的特徵値，數値都是正數爲 PD，數値都是非負爲 PSD，數値中有正有負爲不定（ID）。例如，Min $f(x)=x_1^2+x_2^2+x_3^2-4x_1x_2$，目標函數二階導數赫斯矩陣之特徵値爲 2、6、與－2，因此函數之定性爲不定。

此外，還有許多分解的考量方式，只要了解一些常用的函數特性，就可以確認其所組成的複雜函數特性，經常應用之概念包括：

1. 線性函數是凸函數也是凹函數；
2. $f(x)$爲凸函數則$-f(x)$爲凹函數；
3. 若 $g(x)$爲凹函數則 $f(x)=1/g(x)$在 $g(x)>0$ 之範圍爲凸函數；
4. 若 $f_j(x)$ 是凸函數則函數 $f(x)=\sum_j \alpha_j f_j(x)$ 爲凸函數，其中 $\alpha_j \geq 0$ ；
5. 若 $f_j(x)$ 是凸函數則函數 $f(x)=\text{Maximum}\{f_1(x)..f_j(x)..\}$ 爲凸函數；
6. 若 $f(x)$是凸函數，$g(x)$是非下降的凸函數，則組合函數 $h(x)=g(f(x))$爲凸函數等等。

本章習題

一、選擇題

( )1. $\text{Min f}(x)=3x^4-4x^3+1$，請使用 Mathematics 電腦軟體求目標函數之一階導數與二階導數，並繪圖觀察在區間[0.5,1.5]內目標函數與其導數之狀況。下列敘述何者正確：(A) $x=1$ 有最小值 (B) $f(1)=0$ (C) $f'(1)>0$ (D) $f''(1)<0$。

( )2. $\text{Min f}(x)=\ln(1-x^2)$，請使用 Mathematics 電腦軟體求目標函數之一階導數與二階導數，並繪圖觀察在區間[－1,1]內目標函數與其導數之狀況。下列敘述何者正確：(A) $x=0$ 有最小值 (B) $f(0)=1$ (C) $f'(0)>0$ (D) $f''(0)<0$。

( )3. 某進口商品之需求是：$Q=14-2P$，供給是：$4Q=12P-9$，對該商品徵稅，每單位 t 元，期望得到最多稅收。下列敘述何者不正確：(A) $\text{Max} -\left(\frac{25}{4}\right)Q+\left(\frac{5}{6}\right)Q^2$ (B)均衡交易量 $=\frac{15}{4}$ (C)最大稅收 $=\frac{375}{32}$ (D) $Q=\frac{15}{4}$ 有最大值。

( )4. 某獨佔廠商產品之需求函數為 $P=26-2Q-4Q^2$，平均成本函數為 $AC=8+Q$，下列敘述何者正確：(A)利潤函數為 $18Q-3Q^2+4Q^3$ (B)利潤最大之價格為 25 (C)利潤最大之交易量為 2 (D)利潤最大值為 11。

( )5. 使用黃金分割法在$[a_0=-1,b_0=0.75]$區間求解 $\text{Max} -x^2-1$，下列敘述何者不正確：(A)開始搜尋時不確定區間的長度為 $b_0-a_0=1.75$ (B)期望不確定區間的長度降至 0.25 需要 3 次搜尋步驟 (C) $l_0=-0.3315, r_0=0.0815$ (D) $f(l_0)=-1.1099, f(r_0)=-1.0066$ 故刪除左側。

( )6. 使用二分搜尋法在$[a_0=0,b_0=3]$區間求解 $\text{Min f}(x)=3x^2-6x+2$，下列敘述何者正確：(A) $f'(1.5)>0$ 刪除右側 (B) $f'(1.5)<0$ 刪除左側 (C) $f'(1.5)=0$ 最佳解 (D)以上皆非。

( )7. 使用牛頓法，以起始點 $x_0=3$，求解 $\text{Min f}(x)=2x^2-3x+6$，下列敘述何者不正確：(A) $x_1=\frac{3}{4}$ 有最小值 (B) $f''(x)>0$ (C) $f'(x)=4x-3$ (D)最小值目標值＝－8。

(　　)8. 求解多變數最佳化問題 $\text{Min f}(x)=x_1^3-12x_1x_2+8x_2^3$，下列敘述何者不正確：(A)(2,1)是關鍵點　(B)(2,1)是關鍵點有最小值　(C)(0,0)是關鍵點　(D)(0,0)是關鍵點有最小值。

(　　)9. 求解 $\text{Min f}(x)=100(x_2-x_1^2)^2+(1-x_1)^2$，下列敘述何者正確：(A)在點 $x^{(0)}=(-1,1)$，(－1,3)是下沉方向　(B)在點 $x^{(0)}=(-1,1)$，(3,－1)是下沉方向　(C)在點 $x^{(0)}=(1,1)$，(1,3)是下沉方向　(D)在點 $x^{(0)}=(1,1)$，(3,1)是下沉方向。

(　　)10. 以牛頓法求解 $\text{Min f}(x)=(x_2-2)^2+(x_1-3)^2$，啓始解 $x^{(0)}=(0,0)$，下列敘述何者不正確：(A)最佳解在 $x=(3,2)$　(B) $\nabla\text{f}(0,0)=(-6,-4)$　(C) $\text{H}_\text{f}(0,0)=\begin{bmatrix}1\,1\\0\,0\end{bmatrix}$　(D)最小值＝0。

(　　)11. 某消費者以$100 支出消費兩項物品 x 與 y，價格分別是$5 與$10，效用函數為 $\text{U}(x,y)=\ln x+\ln y$。下列敘述何者正確：(A) $x^*=5$　(B) $y^*=5$　(C) $x^*=12$　(D) $y^*=10$。

(　　)12. 不等式非線性規劃問題 $\text{Max xy}\ \ \text{s.t.}\ \ x+y^2\le 2, x\ge 0, y\ge 0$。下列敘述何者正確：(A)非凸性規劃　(B)最大目標值為 5　(C)最佳解(0,0)　(D)最佳解$(\frac{4}{3},\sqrt{\frac{2}{3}})$。

(　　)13. 非線性規劃

$\text{Min } x_1^2+x_2^2+x_3^2+x_4^2\ \ \text{s.t.}\ \ x_1+x_2+x_3+x_4=1, x_4\le 1$

$\text{Min } x_1^2+x_2^2+x_3^2+x_4^2\ \ \text{s.t.}\ x_1+x_2+x_3+x_4=1, x_4\le 0$

$\text{Min } x_1^2+x_2^2+x_3^2+x_4^2\ \ \text{s.t.}\ x_1+x_2+x_3+x_4=1, x_4\le 1$

下列敘述何者不正確：(A)凸性規劃　(B)最佳目標函數值為 1/4　(C)最佳解發生在不等式區域內部　(D) $x_1^*=\text{x}_2^*=x_3^*=x_4^*=1/2$。

(　　)14. 非線性規劃

$\text{Min } x_1^2+x_2^2+x_3^2+x_4^2\ \ \text{s.t.}\ x_1+x_2+x_3+x_4=1, x_4\le 0$

$\text{Min } x_1^2+x_2^2+x_3^2+x_4^2\ \ \text{s.t.}\ x_1+x_2+x_3+x_4=1, x_4\le 0$

$\text{Min } x_1^2+x_2^2+x_3^2+x_4^2\ \ \text{s.t.}\ x_1+x_2+x_3+x_4=1, x_4\le 0$

$\text{Min } x_1^2+x_2^2+x_3^2+x_4^2\ \ \text{s.t.}\ x_1+x_2+x_3+x_4=1, x_4\le 0$

$\text{Min } x_1^2+x_2^2+x_3^2+x_4^2\ \ \text{s.t.}\ x_1+x_2+x_3+x_4=1, x_4\le 0$，

下列敘述何者不正確：(A)凸性規劃　(B)最佳目標函數值為 1/4　(C)最佳解發生在不等式區域內部　(D) $x_1^*=\text{x}_2^*=x_3^*=1/3$。

(　　) 15. 非線性規劃 Max x_1+x_2 s.t. $x_1^2+x_2^2\ge 1,\ x_1^2+x_2^2\le 2$ ，下列敘述何者不正確：
(A)非凸性規劃　(B)最佳解(1,1)滿足 K-K-T 條件　(C)滿足 K-K-T 條件的關鍵點就是最佳解　(D)最佳目標函數值＝2。

二、綜合題

1. 求解 Min $x_1^2+2x_2^2+x_3^2+x_1x_2-2x_3-7x_1$ 。

2. 繪圖探討下列非線性規劃模式。

$$\begin{aligned}&\text{Max}\ \ 4x+6y-x^3-2y^2\\ &\text{s.t.}\ \ x+3y\le 8\\ &\quad\ \ 5x+2y\le 14\\ &\quad\ \ x\ge 0,\ y\ge 0\end{aligned}$$

3. 利用 K-K-T 條件求解下列非線性規劃模式。

$$\begin{aligned}&\text{Min}\ \ x_1x_2+x_1x_3+x_2x_3\\ &\text{s.t.}\ \ x_1x_2x_3\ge 125\end{aligned}$$

NOTE

MANAGEMENT SCIENCE

NOTE

MANAGEMENT SCIENCE

國家圖書館出版品預行編目資料

管理科學 / 李治綱　編著. -- 初版. - -
新北市：全華圖書，2016.05
面；公分
ISBN 978-986-463-188-9(平裝)
1.管理科學
494　105004539

管理科學

作者 / 李治綱
發行人 / 陳本源
執行編輯 / 薛逸彤
封面設計 / 蕭暄蓉
出版者 / 全華圖書股份有限公司
郵政帳號 / 0100836-1 號
印刷者 / 宏懋打字印刷股份有限公司
圖書編號 / 08221
初版一刷 / 2016 年 06 月
定價 / 新台幣 390 元
ISBN / 978-986-463-188-9
全華圖書 / www.chwa.com.tw
全華網路書店 Open Tech / www.opentech.com.tw
若您對書籍內容、排版印刷有任何問題，歡迎來信指導 book@chwa.com.tw

臺北總公司(北區營業處)
地址：23671 新北市土城區忠義路 21 號
電話：(02) 2262-5666
傳真：(02) 6637-3695、6637-3696

南區營業處
地址：80769 高雄市三民區應安街 12 號
電話：(07) 381-1377
傳真：(07) 862-5562

中區營業處
地址：40256 臺中市南區樹義一巷 26 號
電話：(04) 2261-8485
傳真：(04) 3600-9806

讀者回函卡

填寫日期：　/　/

姓名：＿＿＿＿ 生日：西元＿＿年＿＿月＿＿日 性別：□男 □女

電話：（ ）＿＿＿＿ 傳真：（ ）＿＿＿＿ 手機：＿＿＿＿

e-mail：（必填）＿＿＿＿

註：數字零，請用 Φ 表示，數字 1 與英文 L 請另註明並書寫端正，謝謝。

通訊處：□□□□□

學歷：□博士 □碩士 □大學 □專科 □高中・職

職業：□工程師 □教師 □學生 □軍・公 □其他

學校／公司：＿＿＿＿ 科系／部門：＿＿＿＿

・需求書類：

□ A. 電子 □ B. 電機 □ C. 計算機工程 □ D. 資訊 □ E. 機械 □ F. 汽車 □ I. 工管 □ J. 土木

□ K. 化工 □ L. 設計 □ M. 商管 □ N. 日文 □ O. 美容 □ P. 休閒 □ Q. 餐飲 □ B. 其他

・本次購買圖書為：＿＿＿＿ 書號：＿＿＿＿

・您對本書的評價：

封面設計：□非常滿意 □滿意 □尚可 □需改善，請說明＿＿＿＿

內容表達：□非常滿意 □滿意 □尚可 □需改善，請說明＿＿＿＿

版面編排：□非常滿意 □滿意 □尚可 □需改善，請說明＿＿＿＿

印刷品質：□非常滿意 □滿意 □尚可 □需改善，請說明＿＿＿＿

書籍定價：□非常滿意 □滿意 □尚可 □需改善，請說明＿＿＿＿

整體評價：請說明＿＿＿＿

・您在何處購買本書？

□書局 □網路書店 □書展 □團購 □其他＿＿＿＿

・您購買本書的原因？（可複選）

□個人需要 □幫公司採購 □親友推薦 □老師指定之課本 □其他＿＿＿＿

・您希望全華以何種方式提供出版訊息及特惠活動？

□電子報 □ DM □廣告（媒體名稱＿＿＿＿）

・您是否上過全華網路書店？（www.opentech.com.tw）

□是 □否 您的建議＿＿＿＿

・您希望全華出版那方面書籍？＿＿＿＿

・您希望全華加強那些服務？＿＿＿＿

～感謝您提供寶貴意見，全華將秉持服務的熱忱，出版更多好書，以饗讀者。

全華網路書店 http://www.opentech.com.tw　　客服信箱 service@chwa.com.tw

2011.03 修訂

親愛的讀者：

感謝您對全華圖書的支持與愛護，雖然我們很慎重的處理每一本書，但恐仍有疏漏之處，若您發現本書有任何錯誤，請填寫於勘誤表內寄回，我們將於再版時修正，您的批評與指教是我們進步的原動力，謝謝！

全華圖書　敬上

勘誤表

書號		書名		作者	
頁數	行數	錯誤或不當之詞句		建議修改之詞句	

我有話要說：（其它之批評與建議，如封面、編排、內容、印刷品質等・・・）